平成３０年産

野 菜 生 産 出 荷 統 計
大臣官房統計部

令 和 ２ 年 ８ 月

農 林 水 産 省

目　　次

[付:品目別目次]

利 用 者 の た め に

1 調査の概要

(1) 調査の目的

　　作物統計調査の作付面積調査及び作況調査の野菜調査（以下「本調査」という。）として実施したものであり、野菜の作付面積、収穫量、出荷量等の現状とその動向を明らかにし、食料・農業・農村基本計画における野菜を安定的に供給するための生産努力目標の策定及びその達成に向けた生産対策及び需給調整・流通改善対策の推進、農業保険法（昭和22年法律第185号）に基づく畑作物共済事業の適正な運営等のための資料を整備することを目的としている。

(2) 調査の根拠

　　作物統計調査は、統計法（平成19年法律第53号）第9条第1項に基づく総務大臣の承認を受けて実施した基幹統計調査である。

(3) 調査の機構

　　本調査は、農林水産省大臣官房統計部及び地方組織を通じて行った。

(4) 調査の体系

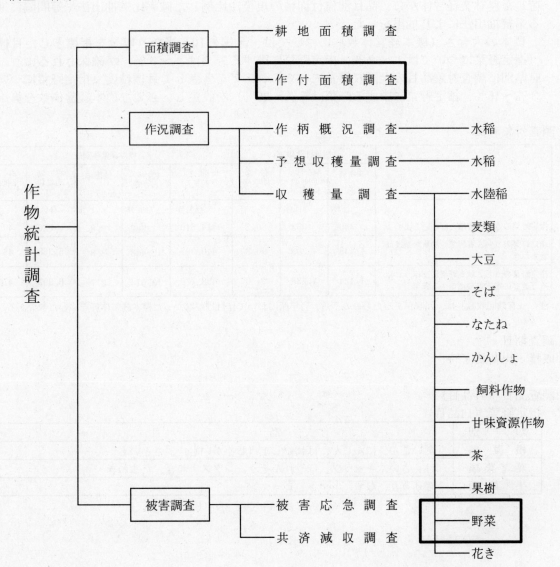

(5) 調査の範囲

平成30年産については、主産県を調査の対象としている。

なお、全ての都道府県を調査対象とする全国調査（直近では作付面積調査及び収穫量調査ともに平成28年産）を作付面積調査は3年、収穫量調査は6年ごとに実施している。全国調査以外の年にあっては、全国調査年における作付面積の全国値のおおむね80％を占めるまでの上位都道府県、野菜指定産地に指定された区域を含む都道府県、畑作物共済事業を実施する都道府県及び特定野菜等供給産地育成価格差補給事業を実施する都道府県を調査対象（主産県）としている。

(6) 調査対象者の選定

ア 作付面積調査（全数調査）

調査対象品目を取り扱っている全ての農協等及び野菜生産出荷安定法（昭和41年法律第103号）第10条第1項に規定する登録生産者とした。

イ 収穫量調査

（ア）関係団体調査（全数調査）

調査対象品目を取り扱っている全ての農協等及び野菜生産出荷安定法第10条第1項に規定する登録生産者とした。

（イ）標本経営体調査（標本調査）

都道府県ごとの収穫量に占める関係団体の取扱数量の割合が8割に満たない都道府県については、2015年農林業センサスにおいて調査対象品目を販売目的で作付けし、関係団体以外に出荷した農林業経営体から、品目別作付面積の規模に比例した確率比例抽出法や等間隔に抽出する系統抽出法により抽出をした。

標本の大きさ（標本経営体数）については、全国の10a当たり収量を指標とした目標精度（指定野菜については1～2％、指定野菜に準ずる野菜は2～3％）が確保されるよう、都道府県別に調査対象品目の全国収穫量に占めるシェアを考慮して目標精度（指定野菜については3％～15％、指定野菜に準ずる野菜は5％～20％）を設定し、必要な標本経営体数を算出した。

(7) 調査対象者数

	関係団体調査			標本経営体調査				
	団体数 ①	有効 回収数 ②	有効 回収率 ③=②/①	母集団 の大きさ ④	標本の 大きさ ⑤	抽出率 ⑥=⑤/④	有効 回収数 ⑦	有効 回収率 ⑧=⑦/⑤
	団体	団体	％	経営体	経営体	％	経営体	％
指定野菜のうち、春植えばれいしょ	440	353	80.2	14,510	1,282	8.8	620	48.4
指定野菜のうち、春野菜、夏秋野菜及びたまねぎ	1,435	1,303	90.8	440,397	12,433	2.8	5,358	43.1
指定野菜のうち、秋冬野菜及びほうれんそう並びに指定野菜に準ずる野菜	1,424	1,338	94.0	498,720	13,574	2.7	6,399	47.1

注：「有効回収数」は、回収があったもののうち、当年産において作付けがなかった標本経営体等を除いた数である。

(8) 調査期日

収穫・出荷終了時

(9) 調査品目（41品目）

ア 指定野菜（14品目）

類　別	品　　　目
根 菜 類	だいこん、にんじん、ばれいしょ（じゃがいも）、さといも
葉 茎 菜 類	はくさい、キャベツ、ほうれんそう、レタス、ねぎ、たまねぎ
果 菜 類	きゅうり、なす、トマト、ピーマン

イ　指定野菜に準ずる野菜（27品目）

類　別	品　目
根　菜　類	かぶ、ごぼう、れんこん、やまのいも
葉　茎　菜　類	こまつな、ちんげんさい、ふき、みつば、しゅんぎく、みずな、セルリー、アスパラガス、カリフラワー、ブロッコリー、にら、にんにく
果　菜　類	かぼちゃ、スイートコーン、さやいんげん、さやえんどう、グリーンピース、そらまめ（乾燥したものを除く。）、えだまめ
香　辛　野　菜	しょうが
果実的野菜	いちご、メロン（温室メロンを含む。）、すいか

(10)　調査事項
　　ア　作付面積調査
　　　　調査品目別及び季節区分別の作付面積
　　イ　収穫量調査
　（ア）　関係団体調査
　　　　調査品目別及び季節区分別の作付面積、出荷量及び用途別出荷量（指定野菜に限る。）
　（イ）　標本経営体調査
　　　　調査品目別及び季節区分別の作付面積、出荷量及び自家用、無償の贈与の量

(11)　調査方法
　　ア　作付面積調査
　　　　関係団体に対する往復郵送調査又はオンライン調査により行った。
　　イ　収穫量調査
　　　　関係団体に対する往復郵送調査又はオンライン調査及び標本経営体調査に対する往復郵送調査により行った。

(12)　集計方法
　　ア　都道府県値
　　　　農林水産省地方組織に提出された調査票は、農林水産省地方組織において集計した。
　（ア）　作付面積の集計は、関係団体調査結果を基に、職員又は統計調査員による巡回・見積り及び職員による情報収集により補完している。
　（イ）　収穫量の集計は、関係団体調査及び標本経営体調査結果から得られた10a当たり収量に作付面積を乗じて算出し、必要に応じて統計調査員による巡回又は職員による情報収集により補完している。
　（ウ）　出荷量の集計は、関係団体調査結果から得られた出荷量及び標本経営体調査結果から得られた10a当たり出荷量等を基に算出している。
　　　　また、季節区分のある品目であって、主産県調査年において調査を行っていない季節区分がある場合の品目計は、全国調査を行った平成28年産の調査結果に基づき、次により推計した。

$$品目計 = \frac{平成28年産の品目計 \times 当年産の調査対象季節区分の値の合計値}{平成28年産における当年産の調査対象季節区分の値の合計値}$$

　（エ）　用途別出荷量の集計は、関係団体調査結果から得られた用途別出荷量等を基に算出してる。
　　　　また、季節区分のある品目であって、主産県調査年において調査を行っていない季節区分がある場合の品目計は、全国調査を行った平成28年産の調査結果に基づき、次により推計した。

$$品目計 = \frac{平成28年産の年間計出荷量 \times 当年産の調査対象季節区分の用途別出荷量}{平成28年産の調査対象季節区分の出荷量}$$

イ　全国値

　　農林水産省地方組織から報告された都道府県値を用い、農林水産省大臣官房統計部において集計した。

　　また、本年産調査は主産県を対象とする調査であることから、全国調査を行った平成28年産の調査結果に基づき、次により推計した。

$$全国値 = \frac{平成28年産の全国値 \times 当年産の調査対象都道府県値の合計値}{平成28年産における当年産の調査対象都道府県値の合計値}$$

(13)　市町村別の作付面積、収穫量及び出荷量

　　指定野菜（14品目）のうち野菜指定産地に包括されている市町村及びばれいしょのうち北海道の全市町村について表章した。

(14)　調査の精度

　ア　作付面積調査

　　関係団体に対する全数調査結果を用いて全国値を算出していることから、目標精度を設定していない。

　イ　収穫量調査

　　本調査結果（主産県計）の10a当たり収量を指標とした実績精度を標準誤差率（標準誤差の推定値÷推定値×100）により示すと、次のとおりである。

　　(ア)　指定野菜

類別	品目	季節区分	実績精度(%)	類別	品目	季節区分	実績精度(%)
根菜類	だいこん	春	2.0	葉茎菜類	レタス	春	1.5
		夏	2.1			夏秋	1.1
		秋冬	1.4			冬	1.4
	にんじん	春夏	1.1		ねぎ	春	1.9
		秋	1.6			夏	2.2
		冬	1.3			秋冬	1.3
	ばれいしょ	春植え	0.4		たまねぎ	-	0.6
		秋植え	3.2	果菜類	きゅうり	冬春	2.5
	さといも	秋冬	2.0			夏秋	2.1
葉茎菜類	はくさい	春	2.9		なす	冬春	4.4
		夏	1.0			夏秋	2.4
		秋冬	1.0		トマト	冬春	1.2
	キャベツ	春	1.2			夏秋	1.6
		夏秋	0.7		ピーマン	冬春	1.9
		冬	1.5			夏秋	2.6
	ほうれんそう	-	1.6				

　　(イ)　指定野菜に準ずる野菜

類別	品目	実績精度(%)	類別	品目	実績精度(%)
根菜類	かぶ	2.7	果菜類	かぼちゃ	1.6
	ごぼう	5.1		スイートコーン	1.4
	れんこん	6.4		さやいんげん	5.6
	やまのいも	7.4		さやえんどう	2.6
葉茎菜類	こまつな	1.7		グリーンピース	4.5
	ちんげんさい	1.8		そらまめ	4.4
	ふき	1.8		えだまめ	2.9
	しゅんぎく	3.3	香辛野菜	しょうが	3.2
	みずな	1.4	果実的野菜	いちご	2.2
	アスパラガス	1.6		メロン	2.2
	カリフラワー	4.2		すいか	1.6
	ブロッコリー	0.9			
	にら	0.1			
	にんにく	1.0			

　　注：　みつば及びセルリーについては、主要な都道府県において関係団体の取扱数量の割合が8割を超え、標本経営体調査を行っていないことから実績精度の計算は行っていない。

2 用語の説明

(1) 作付面積

は種又は植付けをしたもののうち、発芽又は定着した延べ面積をいう。

また、温室、ハウス等の施設に作付けされている場合の作付面積は、作物の栽培に直接必要な土地を含めた利用面積とした。したがって、温室・ハウス等の施設間の通路等は施設の管理に必要な土地であり、作物の栽培には直接的に必要な土地とみなされないことから作付面積には含めていない。

なお、れんこん、ふき、みつば、アスパラガス及びにらの作付面積は、株養成期間又は育苗中で、は種又は植付けをしたその年に収穫がない面積を除いた。

(2) 10 a 当たり収量

実際に収穫された10 a 当たりの収穫量をいい、具体的には作付面積の10 a 当たりの収穫量とする。

(3) 収穫量

収穫したもののうち、生食用又は加工用として流通する基準を満たすものの重量をいう。

また、収穫量の計量形態は、出荷の関連から出荷形態による重量とした。例えば、だいこんの出荷形態が葉付きの場合は、収穫量も葉付きで、えだまめの出荷形態が枝付きの場合は、収穫量も枝付きで計上した。

なお、野菜需給均衡総合推進対策事業及び都道府県等が独自に実施した需給調整事業により産地廃棄された量は、収穫量に含めたが出荷量には含めていない。

(4) 出荷量

収穫量のうち、生食用、加工用又は業務用として販売した量をいい、生産者が自家消費した量及び種子用、飼料用として販売したものは含めない。

また、出荷量の計量形態は、集出荷団体等の送り状の控え又は出荷台帳に記入された出荷時点における出荷荷姿の表示数量（レッテルの表示量目）を用いる。

(5) 生食向け出荷、加工向け出荷及び業務用向け出荷

用途別出荷量については、調査時における仕向けにより区分した。

ア 「生食向け出荷」とは、生食用として出荷したものをいう。

なお、生食向け出荷量は、(4)の出荷量からイの加工向け及びウの業務用向け（ばれいしょを除く。）の出荷量を差し引いた重量である。

イ 「加工向け出荷」とは、加工場又は加工する目的の業者に出荷したもの及び加工されることが明らかなものをいう。この場合、長期保存に供する冷凍用は加工向けに含めた。

ウ 「業務用向け出荷」とは、学校給食、レストラン等の外・中食業者へ出荷したものをいう。

(6) 指定野菜

野菜生産出荷安定法第2条に規定する「消費量が相対的に多く又は多くなることが見込まれる野菜であって、その種類、通常の出荷時期等により政令で定める種別に属するもの」をいう。

具体的には、野菜生産出荷安定法施行令（昭和41年政令第224号）第1条に掲げる次の品目をいう。

なお、本調査においては、ピーマンにはししとう、レタスにはサラダ菜を含むものとして調査を行っている。

キャベツ（春キャベツ、夏秋キャベツ及び冬キャベツ）、きゅうり（冬春きゅうり及び夏秋きゅうり）、さといも（秋冬さといも）、だいこん（春だいこん、夏だいこん及び秋冬だいこん）、トマト（冬春トマト及び夏秋トマト）、なす（冬春なす及び夏秋なす）、にんじん（春夏にんじん、秋にんじん及び冬にんじん）、ねぎ（春ねぎ、夏ねぎ及び秋冬ねぎ）、はくさい（春はくさい、夏はくさい及び秋冬はくさい）、ピーマン（冬春ピーマン及び夏秋ピーマン）、レタス（春レタス、夏秋レタス及び冬レタス）、たまねぎ、ばれいしょ及びほうれんそう

(7)　指定野菜に準ずる野菜

　　本調査における「指定野菜に準ずる野菜」とは、野菜生産出荷安定法施行規則（昭和41年農林省令第36号）第8条に掲げる品目のうち次に掲げるものをいう。

　　なお、本調査においては、メロンの数値には温室メロンの数値を含むものとして調査を行っている。

　　アスパラガス、いちご、えだまめ、かぶ、かぼちゃ、カリフラワー、グリーンピース、ごぼう、こまつな、さやいんげん、さやえんどう、しゅんぎく、しょうが、すいか、スイートコーン、セルリー、そらまめ（乾燥したものを除く。）、ちんげんさい、にら、にんにく、ふき、ブロッコリー、みずな、みつば、メロン、やまのいも及びれんこん

(8)　年産区分及び季節区分(別表「品目別年産区分・季節区分一覧表」参照)
　ア　年産区分
　　　原則として、春、夏、秋、冬の4季節区分（収穫・出荷時期区分）を合計して1年産として取り扱った。
　　　なお、この基準に合わない品目については、主な作型と主たる出荷期間により年産を区分した。
　イ　季節区分
　　　年間を通じて栽培される品目については、産地、作型によって特定期間に出荷が集中するので、これらを考慮し、主たる出荷期間により季節区分を設定した。
　　　具体的には、野菜生産出荷安定法施行令第1条に定められた区分である。

(9)　野菜指定産地
　　野菜生産出荷安定法第4条の規定に基づき農林水産大臣が指定し告示した産地をいう（平成30年4月27日農林水産省告示第967号）。

(10)　集出荷団体
　　生産者から青果物販売の委託を受けて青果物を出荷する総合農協、専門農協又は有志で組織する任意組合をいう。

3　利用上の注意

(1)　品目の見直し
　　野菜生産出荷安定法施行規則の改正に伴い、平成22年産から葉茎菜類1品目（みずな）を調査品目に追加した。

(2)　全国農業地域の区分とその範囲
　　本書に掲載した統計の全国農業地域及び地方農政局の区分とその範囲は、次のとおりである。
　ア　全国農業地域

全国農業地域名	所属都道府県名
北海道	北海道
東北	青森、岩手、宮城、秋田、山形、福島
北陸	新潟、富山、石川、福井
関東・東山	茨城、栃木、群馬、埼玉、千葉、東京、神奈川、山梨、長野
東海	岐阜、静岡、愛知、三重
近畿	滋賀、京都、大阪、兵庫、奈良、和歌山
中国	鳥取、島根、岡山、広島、山口
四国	徳島、香川、愛媛、高知
九州	福岡、佐賀、長崎、熊本、大分、宮崎、鹿児島
沖縄	沖縄

イ　地方農政局

地方農政局名	所　属　都　道　府　県　名
東 北 農 政 局	アの東北の所属都道府県名と同じ。
北 陸 農 政 局	アの北陸の所属都道府県名と同じ。
関 東 農 政 局	茨城、栃木、群馬、埼玉、千葉、東京、神奈川、山梨、長野、静岡
東 海 農 政 局	岐阜、愛知、三重
近 畿 農 政 局	アの近畿の所属都道府県名と同じ。
中国四国農政局	鳥取、島根、岡山、広島、山口、徳島、香川、愛媛、高知
九 州 農 政 局	アの九州の所属都道府県名と同じ。

注：　東北農政局、北陸農政局、近畿農政局及び九州農政局の結果については、全国農業地域区分における
　　　各地域の結果と同じであることから、統計表章はしていない。

(3)　統計数値の四捨五入について

本書に掲載した統計数値は、各表示単位（ha、kg、t）に基づき次の方法により四捨五入してお
り、合計値と内訳の計が一致しない場合がある。

原　　　数		7桁以上 （100万）	6桁 （10万）	5桁 （1万）	4桁 （1,000）	3桁以下 （100）
四捨五入する桁（下から）		3桁	2桁		1桁	四捨五入 しない
例	四捨五入する前（原数）	1,234,567	123,456	12,345	1,234	123
	四捨五入した数値（統計数値）	1,235,000	123,500	12,300	1,230	123

(4)　「（参考）対平均収量比」について

統計表の「（参考）対平均収量比」とは、10 a 当たり平均収量（原則として、直近 7 か年のうち
最高及び最低を除いた 5 か年の平均値）に対する当年産の10 a 当たり収量の比率である。

なお、10 a 当たり平均収量について、直近 7 か年の実収量のデータが得られない場合は次の方法
により作成するものとし、3 か年分の実収量のデータが得られない場合は作成していない。

ア　6 年分の実収量のデータが得られた場合は、最高及び最低を除いた 4 か年の平均値

イ　5 年分の実収量のデータが得られた場合は、最高及び最低を除いた 3 か年の平均値

ウ　3 年又は 4 年分の実収量のデータが得られた場合は、それらの単純平均

(5)　この統計表で使用した記号は、次のとおりである。

「0」：　単位に満たないもの（例：0.4ha　→　0ha）

「－」：　事実のないもの

「…」：　事実不詳又は調査を欠くもの

「x」：　個人又は法人その他の団体に関する秘密を保護するため、統計数値を公表しないもの

「nc」：　計算不能

(6)　秘匿方法について

統計調査結果について、生産者数が 2 以下の場合には、個人又は法人その他の団体に関する調査
結果の秘密保護の観点から、当該結果を「x」表示とする秘匿措置を施している。

なお、全体（計）からの差引きにより、秘匿措置を講じた当該結果が推定できる場合には、本来
秘匿措置を施す必要のない箇所についても「x」表示としている。

8

(7) この統計表に掲載された数値を他に転載する場合は、「野菜生産出荷統計」（農林水産省）による旨を記載してください。

(8) 本統計の累年データについては、農林水産省ホームページの統計情報に掲載している分野別分類の「作付面積・生産量、被害、家畜の頭数など」、品目別分類「野菜」の「作況調査（野菜）」で御覧いただけます。
【 https://www.maff.go.jp/j/tokei/kouhyou/sakumotu/sakkyou_yasai/index.html#l 】

4 お問合せ先
農林水産省　大臣官房統計部　生産流通消費統計課　園芸統計班
電話：（代表）０３－３５０２－８１１１　内線３６８０
　　　　（直通）０３－６７４４－２０４４
ＦＡＸ：　　　０３－５５１１－８７７１

※ 本調査に関する御意見、御要望は、上記問合せ先のほか、農林水産省ホームページでも受け付けております。
【 https://www.contactus.maff.go.jp/j/form/tokei/kikaku/160815.html 】

別表1

品目別調査対象都道府県（主産県）一覧表

1　指定野菜（14品目）

都道府県	だいこん			にんじん			ばれいしょ		さといも		はくさい			キャベツ		
	春	夏	秋冬	春夏	秋	冬	春植え	秋植え	秋冬	その他	春	夏	秋冬	春	夏秋	冬
北 海 道	○	○	○	○	○		○	○			○	○	○		○	○
青　　森	○	○	○	○	○	○	○	○				○			○	
岩　　手		○	○	○					○				○		○	
宮　　城			○										○	○	○	
秋　　田			○										○	○	○	
山　　形			○						○				○			
福　　島			○			○	○	○	○				○	○		
茨　　城	○		○						○		○		○	○	○	○
栃　　木	○	○	○						○				○			
群　　馬		○	○						○			○	○	○	○	
埼　　玉	○		○	○		○			○				○	○		○
千　　葉	○		○						○				○	○	○	
東　　京			○			○			○					○	○	○
神 奈 川	○		○						○					○	○	○
新　　潟			○	○		○			○				○			
富　　山		○	○						○				○	○		
石　　川			○			○										
福　　井	○		○						○							○
山　　梨															○	
長　　野		○					○	○			○	○	○	○		
岐　　阜	○	○	○	○		○			○				○	○		
静　　岡	○		○	○			○	○	○				○			○
愛　　知	○		○			○			○			○	○			○
三　　重				○	○	○			○	○			○	○		○
滋　　賀			○										○			○
京　　都														○		
大　　阪									○				○			○
兵　　庫		○	○	○									○	○		○
奈　　良			○													
和 歌 山			○	○							○		○	○		○
鳥　　取						○							○		○	○
島　　根															○	○
岡　　山	○	○	○	○		○	○	○			○		○	○	○	○
広　　島	○	○	○				○	○					○			
山　　口	○	○	○						○				○			○
徳　　島			○	○									○	○		○
香　　川	○		○			○							○			○
愛　　媛									○				○			○
高　　知																
福　　岡	○		○						○				○	○		○
佐　　賀							○	○								○
長　　崎	○		○								○		○			
熊　　本	○	○	○	○		○			○		○		○	○	○	○
大　　分			○			○			○		○		○			
宮　　崎			○			○							○			○
鹿 児 島	○			○		○			○		○		○			○
沖　　縄				○		○				○						

1 指定野菜（14品目）（続き）

都道府県	ほうれんそう	レタス			ねぎ			たまねぎ	きゅうり		なす		トマト		ピーマン	
		春	夏秋	冬	春	夏	秋冬		冬春	夏秋	冬春	夏秋	冬春	夏秋	冬春	夏秋
北　海　道	○		○			○	○	○		○			○	○		○
青　　　森			○		○	○				○			○	○		○
岩　　　手	○	○	○			○	○		○	○		○		○		○
宮　　　城	○				○	○	○		○	○		○		○		○
秋　　　田	○					○	○			○		○		○		○
山　　　形						○	○			○		○		○		○
福　　　島	○						○		○	○		○	○	○		○
茨　　　城	○	○	○	○	○	○	○	○	○	○		○	○	○	○	○
栃　　　木	○	○		○		○	○		○	○	○	○	○	○		○
群　　　馬	○	○	○		○	○	○	○	○	○		○	○	○		○
埼　　　玉	○	○		○	○	○	○		○	○	○	○	○	○		
千　　　葉	○			○	○	○	○		○	○	○	○	○	○		○
東　　　京	○															
神　奈　川	○						○		○	○		○	○	○		
新　　　潟						○	○		○	○		○	○	○		○
富　　　山	○					○	○	○		○		○	○	○		
石　　　川						○	○			○			○	○		
福　　　井	○					○	○					○				
山　　　梨									○	○				○		
長　　　野	○	○	○			○	○	○				○		○		○
岐　　　阜	○						○	○	○	○		○	○	○		○
静　　　岡				○	○	○	○	○					○	○		
愛　　　知	○			○	○	○	○	○	○		○	○	○	○		
三　　　重					○	○	○	○	○				○	○		○
滋　　　賀	○								○	○			○	○		
京　　　都	○				○					○			○	○		
大　　　阪				○	○	○		○		○	○	○				
兵　　　庫	○	○		○	○		○	○		○		○	○	○		○
奈　　　良	○	○					○		○	○	○	○				
和　歌　山								○	○				○		○	○
鳥　　　取	○				○	○	○							○		○
島　　　根																
岡　　　山			○	○	○	○	○	○		○	○		○			○
広　　　島	○				○	○			○	○			○	○		
山　　　口	○								○	○		○	○			
徳　　　島		○		○	○					○	○		○	○		
香　　　川		○		○	○	○	○	○			○	○	○			
愛　　　媛	○			○			○			○		○	○			
高　　　知						○			○		○		○		○	○
福　　　岡	○	○		○	○	○	○	○	○	○	○	○	○	○		
佐　　　賀	○	○		○	○		○	○	○	○	○		○			
長　　　崎	○	○		○	○	○		○	○	○			○			
熊　　　本	○	○		○			○	○	○	○	○	○	○	○		○
大　　　分		○	○		○	○	○			○			○	○		○
宮　　　崎	○						○		○	○	○		○	○	○	○
鹿　児　島				○	○	○	○			○		○	○		○	○
沖　　　縄			○	○									○		○	

別表1

品目別調査対象都道府県（主産県）一覧表（続き）

2　特定野菜（27品目）

都道府県	かぶ	ごぼう	れんこん	やまのいも	こまつな	ちんげんさい	ふき	みつば	しゅんぎく	みずな	セルリー	アスパラガス	カリフラワー	ブロッコリー
北 海 道	○	○		○	○	○	○	○		○	○	○	○	○
青　　森	○	○		○			○		○			○	○	○
岩　　手				○			○		○			○		○
宮　　城					○	○			○	○				
秋　　田				○			○					○	○	
山　　形	○				○		○					○	○	
福　　島	○					○	○	○	○			○	○	○
茨　　城	○	○	○	○	○	○			○	○	○	○	○	○
栃　　木	○	○					○		○			○		○
群　　馬		○		○	○	○	○		○	○				○
埼　　玉	○			○	○	○			○	○			○	○
千　　葉	○	○		○	○	○	○	○	○		○		○	○
東　　京	○				○								○	○
神 奈 川	○				○								○	○
新　　潟	○				○		○		○			○	○	
富　　山	○													
石　　川					○									○
福　　井														
山　　梨				○										
長　　野				○		○	○		○		○	○	○	○
岐　　阜	○			○					○					
静　　岡					○	○	○	○			○		○	○
愛　　知	○		○		○	○	○	○	○		○		○	○
三　　重	○													○
滋　　賀	○								○	○				
京　　都	○				○			○	○	○				○
大　　阪					○			○	○				○	
兵　　庫			○		○	○			○	○				○
奈　　良					○				○	○				
和 歌 山					○									○
鳥　　取				○		○								○
島　　根	○											○		○
岡　　山			○	○					○			○	○	
広　　島					○		○		○	○		○		○
山　　口			○						○					○
徳　　島	○		○		○	○	○						○	○
香　　川					○							○	○	○
愛　　媛							○		○					○
高　　知														○
福　　岡	○				○	○		○	○	○	○	○	○	○
佐　　賀			○									○		○
長　　崎					○							○		○
熊　　本		○	○			○						○	○	○
大　　分								○						○
宮　　崎		○												
鹿 児 島		○				○				○				○
沖　　縄						○								

2 特定野菜（27品目）（続き）

都道府県	にら	にんにく	かぼちゃ	スイートコーン	さやいんげん	さやえんどう	グリーンピース	そらまめ	えだまめ	しょうが	いちご	メロン	すいか
北 海 道	○	○	○	○	○	○	○		○		○	○	○
青 森		○	○	○	○	○		○	○		○	○	○
岩 手		○			○	○			○				
宮 城			○	○	○	○		○	○		○		
秋 田			○		○	○		○	○			○	○
山 形	○		○						○			○	○
福 島	○	○	○	○	○	○	○		○		○		
茨 城	○		○	○	○	○		○		○	○		○
栃 木	○			○	○						○		
群 馬	○			○	○				○		○		
埼 玉				○	○				○	○	○		
千 葉	○		○	○	○	○			○		○	○	○
東 京													
神 奈 川			○		○				○				○
新 潟			○		○	○		○	○		○		○
富 山									○				
石 川			○									○	○
福 井												○	○
山 梨				○	○								
長 野			○	○	○	○							○
岐 阜				○		○			○		○		
静 岡			○		○					○	○	○	○
愛 知			○		○					○	○	○	○
三 重			○			○					○		
滋 賀							○						○
京 都						○				○			
大 阪							○	○	○				
兵 庫	○			○		○	○	○	○		○		○
奈 良							○				○		○
和 歌 山			○			○	○	○					○
鳥 取				○				○	○			○	○
島 根													
岡 山			○			○	○			○		○	○
広 島			○		○	○							
山 口			○								○		○
徳 島		○		○		○			○	○			
香 川		○		○	○	○			○		○		
愛 媛			○			○		○	○		○		○
高 知	○					○				○			
福 岡	○					○		○			○		○
佐 賀			○								○		
長 崎	○		○			○		○		○	○		○
熊 本	○	○	○					○	○	○	○	○	○
大 分	○	○	○			○							
宮 崎	○	○	○	○						○	○	○	
鹿 児 島		○	○		○	○	○	○		○			○
沖 縄			○		○								

別表2

品目別年産区分・季節区分一覧表

類別	品目名	年産区分 （主たる収穫・出荷期間）	季節区分名	季 節 区 分 （主たる収穫・出荷期間）	備　考
根 菜 類	だいこん	平成　　　平成 30年4月〜31年3月	春 夏 秋冬	4月 〜 6月 7月 〜 9月 10月 〜 3月	
	かぶ	29年9月〜30年8月	―	―	
	にんじん	30年4月〜31年3月	春夏 秋 冬	4月 〜 7月 8月 〜 10月 11月 〜 3月	
	ごぼう	30年4月〜31年3月	―	―	
	れんこん	30年4月〜31年3月	―	―	
	ばれいしょ （じゃがいも）	30年4月〜31年3月	春植え 〃 秋植え	都府県産 4月 〜 8月 北海道産 9月 〜 10月 11月 〜 3月	
	さといも	30年4月〜31年3月	秋冬 その他	6月 〜 3月 4月 〜 5月	
	やまのいも	30年4月〜31年3月	―	―	
葉 茎 菜 類	はくさい	30年4月〜31年3月	春 夏 秋冬	4月 〜 6月 7月 〜 9月 10月 〜 3月	
	こまつな	30年1月〜30年12月	―	―	
	キャベツ	30年4月〜31年3月	春 夏秋 冬	4月 〜 6月 7月 〜 10月 11月 〜 3月	
	ちんげんさい	30年1月〜30年12月	―	―	
	ほうれんそう	30年4月〜31年3月	―	―	
	ふき	30年1月〜30年12月	―	―	
	みつば	30年1月〜30年12月	―	―	
	しゅんぎく	30年1月〜30年12月	―	―	
	みずな	30年1月〜30年12月	―	―	
	セルリー	30年1月〜30年12月	―	―	
	アスパラガス	30年1月〜30年12月	―	―	
	カリフラワー	30年4月〜31年3月	―	―	
	ブロッコリー	30年4月〜31年3月	―	―	
	レタス	30年4月〜31年3月	春 夏秋 冬	4月 〜 5月 6月 〜 10月 11月 〜 3月	レタスには、サラダ菜を含む。
	ねぎ	30年4月〜31年3月	春 夏 秋冬	4月 〜 6月 7月 〜 9月 10月 〜 3月	
	にら	30年1月〜30年12月	―	―	
	たまねぎ	30年4月〜31年3月	― ―	都府県産 4月 〜 3月 北海道産 8月 〜 3月	
	にんにく	30年1月〜30年12月	―	―	
果 菜 類	きゅうり	29年12月〜30年11月	冬春 夏秋	12月 〜 6月 7月 〜 11月	
	かぼちゃ	30年1月〜30年12月	―	―	
	なす	29年12月〜30年11月	冬春 夏秋	12月 〜 6月 7月 〜 11月	
	トマト	29年12月〜30年11月	冬春 夏秋	12月 〜 6月 7月 〜 11月	トマトには、加工用トマト、ミニトマトを含む。
	ピーマン	29年11月〜30年10月	冬春 夏秋	11月 〜 5月 6月 〜 10月	ピーマンには、ししとうを含む。
	スイートコーン	30年1月〜30年12月	―	―	
	さやいんげん	30年1月〜30年12月	―	―	
	さやえんどう	29年9月〜30年8月	―	―	
	グリーンピース	29年9月〜30年8月	―	―	
	そらまめ	30年1月〜30年12月	―	―	
	えだまめ	30年1月〜30年12月	―	―	
香辛 野菜	しょうが	30年4月〜31年3月	―	―	
果実 的野 菜	いちご	29年10月〜30年9月	―	―	
	メロン	30年1月〜30年12月	―	―	メロンには、温室メロンを含む。
	すいか	30年1月〜30年12月	―	―	

注：季節区分名欄で「その他」とは、統計処理上品目別に設定した季節区分の主たる収穫・出荷期間以外の月を一括したものである。

I　調査結果の概要

1 平成30年産野菜の作付面積、収穫量及び出荷量の動向

　平成30年産の野菜（41品目）の作付面積は46万4,100haで、前年産に比べ4,600ha（1％）減少した。

　収穫量は1,303万6,000ｔ、出荷量は1,119万7,000ｔで、前年産に比べそれぞれ30万8,000ｔ（2％）、22万2,000ｔ（2％）減少した。

図1　野菜の作付面積、収穫量及び出荷量の推移

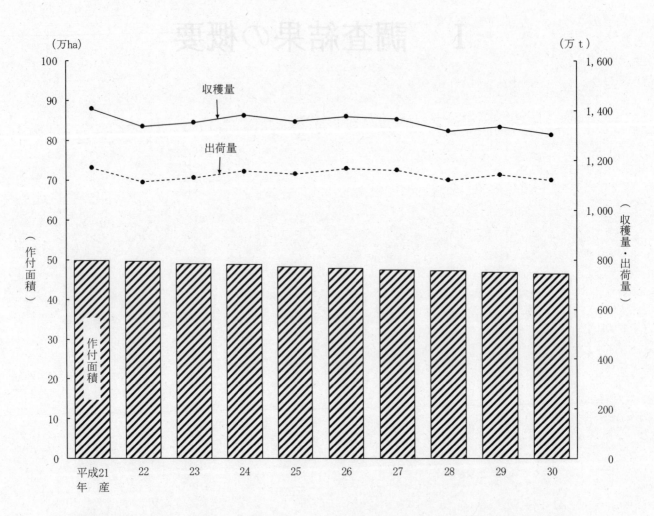

　注：　平成22年産からみずなを調査品目に追加したため、平成21年産以前の作付面積、収穫量及び出荷量の数値にはみずなは含まれていない。

表1　平成30年産野菜の作付面積、10a当たり収量、収穫量及び出荷量（全国）

品　　目	作付面積	10a当たり収量	収穫量	出荷量	対前年産比				(参考)対平均収量比
					作付面積	10a当たり収量	収穫量	出荷量	
	ha	kg	t	t	%	%	%	%	%
計	464,100	…	13,036,000	11,197,000	99	nc	98	98	nc
根　菜　類	159,800	…	4,778,000	3,989,000	98	nc	97	97	nc
だ い こ ん	31,400	4,230	1,328,000	1,089,000	98	102	100	100	99
か　　ぶ	4,300	2,740	117,700	97,900	97	101	99	99	98
に ん じ ん	17,200	3,340	574,700	512,500	96	100	96	96	101
ご ぼ う	7,710	1,750	135,300	117,200	97	98	95	95	94
れ ん こ ん	4,000	1,530	61,300	51,600	101	99	100	100	102
ばれいしょ（じゃがいも）	76,500	2,950	2,260,000	1,889,000	99	95	94	95	97
さ と い も	11,500	1,260	144,800	95,300	96	102	97	98	100
や ま の い も	7,120	2,210	157,400	134,400	100	99	99	100	100
葉　茎　菜　類	184,300	…	5,342,000	4,713,000	100	nc	100	100	nc
は く さ い	17,000	5,230	889,900	734,400	99	102	101	101	102
こ ま つ な	7,250	1,590	115,600	102,500	103	99	103	103	97
キ ャ ベ ツ	34,600	4,240	1,467,000	1,319,000	99	103	103	103	101
ち ん げ ん さ い	2,170	1,940	42,000	37,500	99	99	97	99	98
ほ う れ ん そ う	20,300	1,120	228,300	194,800	99	101	100	101	93
ふ き	538	1,900	10,200	8,560	97	99	95	94	97
み つ ば	931	1,610	15,000	14,000	97	99	97	97	106
し ゅ ん ぎ く	1,880	1,490	28,000	22,600	97	99	97	96	97
み ず な	2,510	1,720	43,100	39,000	102	101	102	103	101
セ ル リ ー	573	5,430	31,100	29,500	99	98	97	96	98
ア ス パ ラ ガ ス	5,170	513	26,500	23,200	97	104	101	101	102
カ リ フ ラ ワ ー	1,200	1,640	19,700	16,600	98	101	98	98	96
ブ ロ ッ コ リ ー	15,400	999	153,800	138,900	103	103	106	107	100
レ タ ス	21,700	2,700	585,600	553,200	100	101	100	102	100
ね ぎ	22,400	2,020	452,900	370,300	99	100	99	99	97
に ら	2,020	2,900	58,500	52,900	98	100	98	98	101
た ま ね ぎ	26,200	4,410	1,155,000	1,042,000	102	92	94	95	96
に ん に く	2,470	818	20,200	14,400	102	96	98	99	93
果　菜　類	96,500	…	2,233,000	1,894,000	98	nc	96	96	nc
き ゅ う り	10,600	5,190	550,000	476,100	98	100	98	99	103
か ぼ ち ゃ	15,200	1,050	159,300	125,200	96	83	79	78	85
な す	8,970	3,350	300,400	236,100	98	100	98	98	101
ト マ ト	11,800	6,140	724,200	657,100	98	100	98	98	101
ピ ー マ ン	3,220	4,360	140,300	124,500	99	96	95	96	101
ス イ ー ト コ ー ン	23,100	942	217,600	174,400	102	92	94	94	95
さ や い ん げ ん	5,330	702	37,400	24,900	95	99	94	94	101
さ や え ん ど う	2,910	674	19,600	12,500	95	95	90	91	103
グ リ ー ン ピ ー ス	760	782	5,940	4,680	98	94	93	92	103
そ ら ま め	1,810	801	14,500	10,100	95	98	94	94	97
え だ ま め	12,800	498	63,800	48,700	99	95	94	94	95
香　辛　野　菜									
し ょ う が	1,750	2,660	46,600	36,400	98	98	96	96	97
果　実　的　野　菜	21,800	…	635,300	563,800	98	nc	98	98	nc
い ち ご	5,200	3,110	161,800	148,600	98	100	99	99	106
メ ロ ン	6,630	2,310	152,900	138,700	98	101	99	99	103
す い か	9,970	3,220	320,600	276,500	98	99	97	97	99

注：　「（参考）対平均収量比」とは、10a当たり平均収量（原則として直近7か年のうち、最高及び最低を除いた5か年の平均値）に対する当年産の10a当たり収量の比率である。

2 指定野菜の品目別の概要

(1) だいこん

ア 作付面積

作付面積は3万1,400haで、前年産に比べ600ha（2％）減少した。

イ 10a当たり収量

10a当たり収量は4,230kgで、前年産に比べ90kg（2％）上回った。

ウ 収穫量

収穫量は132万8,000tで、前年産並みとなった。

エ 出荷量

出荷量は108万9,000tで、前年産並みとなった。

オ 季節区分別の概況

(ア) 春だいこん

作付面積は4,450haで、前年産に比べ80ha（2％）減少した。

10a当たり収量は4,730kgで、前年産に比べ120kg（2％）下回った。

収穫量は21万400t、出荷量は19万1,700tで、前年産に比べそれぞれ9,300t（4％）、8,500t（4％）減少した。

(イ) 夏だいこん

作付面積は5,990haで、前年産に比べ280ha（4％）減少した。これは、北海道において、スイートコーン、豆類へ転換されたためである。

10a当たり収量は4,010kgで、前年産に比べ140kg（3％）下回った。

収穫量は24万200t、出荷量は21万8,900tで、前年産に比べそれぞれ2万200t（8％）、1万8,900t（8％）減少した。

(ウ) 秋冬だいこん

作付面積は2万1,000haで、前年産に比べ200ha（1％）減少した。

10a当たり収量は4,180kgで、前年産に比べ190kg（5％）上回った。これは、おおむね天候に恵まれ生育が良好であったためである。

収穫量は87万6,900t、出荷量は67万8,300tで、前年産に比べそれぞれ3万1,900t（4％）、2万8,900t（4％）増加した。

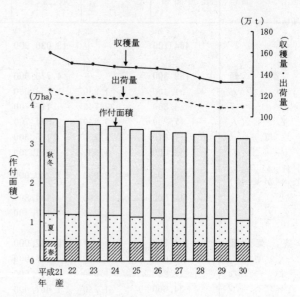

図2 だいこんの作付面積、収穫量及び出荷量の推移

表2 平成30年産だいこんの作付面積、収穫量及び出荷量（全国）

品　目	作付面積	10a当たり収量	収　穫　量	出　荷　量	対　前　年　産　比 作付面積	10a当たり収量	収穫量	出荷量	（参考）対平均収量比
	ha	kg	t	t	%	%	%	%	%
だ　い　こ　ん	31,400	4,230	1,328,000	1,089,000	98	102	100	100	99
春	4,450	4,730	210,400	191,700	98	98	96	96	99
夏	5,990	4,010	240,200	218,900	96	97	92	92	103
秋　冬	21,000	4,180	876,900	678,300	99	105	104	104	97

（2）　にんじん

ア　作付面積

作付面積は1万7,200haで、前年産に比べ700ha（4%）減少した。

イ　10a当たり収量

10a当たり収量は3,340kgで、前年産並みとなった。

ウ　収穫量

収穫量は57万4,700tで、前年産に比べ2万1,800t（4%）減少した。

エ　出荷量

出荷量は51万2,500tで、前年産に比べ2万1,200t（4%）減少した。

オ　季節区分別の概況

（ア）　春夏にんじん

作付面積は4,190haで、前年産に比べ100ha（2%）減少した。

10a当たり収量は3,710kgで、前年産に比べ160kg（4%）下回った。

収穫量は15万5,500t、出荷量は14万2,900tで前年産に比べそれぞれ1万400t（6%）、1万800t（7%）減少した。

（イ）　秋にんじん

作付面積は5,410haで、前年産に比べ430ha（7%）減少した。これは、北海道において、小麦、豆類へ転換されたためである。

10a当たり収量は3,300kgで、前年産に比べ240kg（7%）下回った。これは、北海道において、6月中旬以降の低温・日照不足により肥大が抑制されたためである。

収穫量は17万8,500t、出荷量は16万1,400tで、前年産に比べそれぞれ2万8,100t（14%）、2万6,000t（14%）減少した。

（ウ）　冬にんじん

作付面積は7,630haで、前年産に比べ170ha（2%）減少した。

10a当たり収量は3,160kgで、前年産に比べ290kg（10%）上回った。これは、台風等により作柄の悪かった前年産に比べ、おおむね天候に恵まれ生育が良好であったためである。

収穫量は24万1,000t、出荷量は20万8,200tで、前年産に比べそれぞれ1万7,000t（8%）、1万5,600t（8%）増加した。

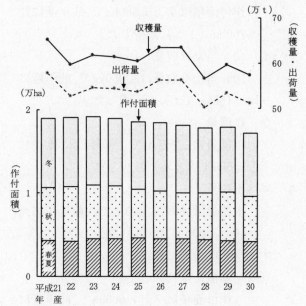

図3　にんじんの作付面積、収穫量及び出荷量の推移

表3　平成30年産にんじんの作付面積、収穫量及び出荷量（全国）

品　　目	作付面積	10a当たり収量	収　穫　量	出　荷　量	対　前　年　産　比 作付面積	10a当たり収量	収　穫　量	出　荷　量	（参考）対平均収量比
	ha	kg	t	t	%	%	%	%	%
に ん じ ん	17,200	3,340	574,700	512,500	96	100	96	96	101
春　夏	4,190	3,710	155,500	142,900	98	96	94	93	99
秋	5,410	3,300	178,500	161,400	93	93	86	86	102
冬	7,630	3,160	241,000	208,200	98	110	108	108	101

（3）　ばれいしょ（じゃがいも）

　ア　作付面積

　　　作付面積は 7 万6,500haで、前年産に比べ700ha（1 ％）減少した。

　イ　10 a 当たり収量

　　　10 a 当たり収量は2,950kgで、前年産に比べ150kg（5 ％）下回った。

　ウ　収穫量

　　　収穫量は226万 t で、前年産に比べ13万5,000 t （6 ％）減少した。

　エ　出荷量

　　　出荷量は188万9,000 t で、前年産に比べ10万7,000 t （5 ％）減少した。

　オ　季節区分別の概況

　（ア）　春植えばれいしょ

　　　作付面積は 7 万4,000haで、前年産に比べ500ha（1 ％）減少した。

図 4　ばれいしょの作付面積、収穫量及び出荷量の推移

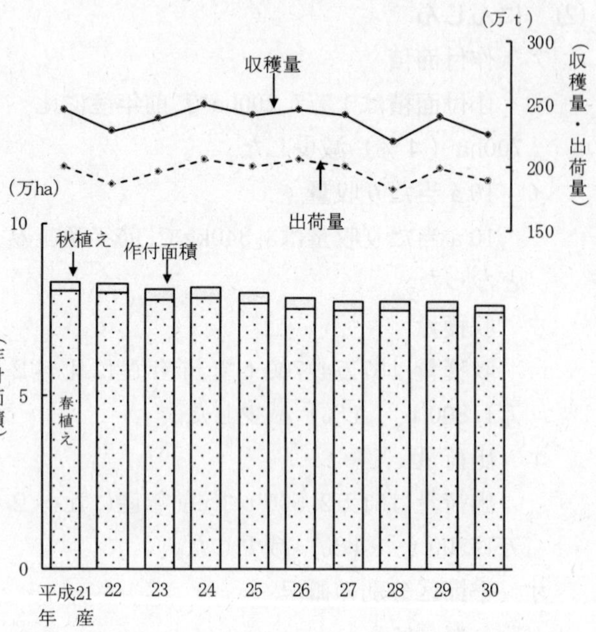

　　　10 a 当たり収量は2,990kgで、前年産に比べ170kg（5 ％）下回った。これは、作付けの多い北海道において、6 月以降の天候不順により、着いも数が少なく、小玉傾向となったためである。

　　　収穫量は221万5,000 t 、出荷量は185万5,000 t で、前年産に比べそれぞれ14万 t （6 ％）、11万1,000 t （6 ％）減少した。

　（イ）　秋植えばれいしょ

　　　作付面積は2,510haで、前年産に比べ130ha（5 ％）減少した。これは、長崎県において、他野菜への転換やほ場整備のため作付休止があったこと等による。

　　　10 a 当たり収量は1,820kgで、前年産に比べ300kg（20％）上回った。これは、天候に恵まれ肥大が良好であったこと等による。

　　　収穫量は 4 万5,600 t 、出荷量は 3 万4,700 t で、前年産に比べそれぞれ5,500 t （14％）、4,600 t （15％）増加した。

表 4　平成30年産ばれいしょの作付面積、収穫量及び出荷量（全国）

| 品　　　目 | 作付面積 | 10 a 当たり収量 | 収　穫　量 | 出　荷　量 | 対　前　年　産　比 | | | | （参考）対平均収量比 |
					作付面積	10 a 当たり収量	収穫量	出荷量	
	ha	kg	t	t	％	％	％	％	％
ばれいしょ	76,500	2,950	2,260,000	1,889,000	99	95	94	95	97
春植え	74,000	2,990	2,215,000	1,855,000	99	95	94	94	96
秋植え	2,510	1,820	45,600	34,700	95	120	114	115	113

（4） さといも

ア　作付面積

作付面積は 1 万1,500haで、前年産に比べ500ha（4％）減少した。

イ　10 a 当たり収量

10 a 当たり収量は1,260kgで、前年産に比べ20kg（2％）上回った。

ウ　収穫量

収穫量は14万4,800 t で、前年産に比べ3,800 t （3％）減少した。

エ　出荷量

出荷量は 9 万5,300 t で、前年産に比べ1,700 t （2％）減少した。

オ　季節区分別の概況

秋冬さといも

作付面積は 1 万1,500haで、前年産に比べ400ha（3％）減少した。これは、生産者の高齢化による作付中止や規模縮小等があったためである。

10 a 当たり収量は1,260kgで、前年産に比べ10kg（1％）上回った。

収穫量は14万4,700 t 、出荷量は 9 万5,300 t で、前年産に比べそれぞれ3,800 t （3％）、1,600 t （2％）減少した。

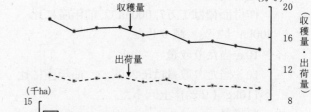
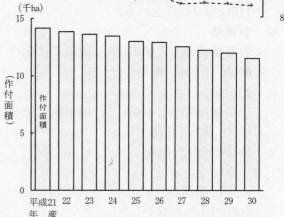

図5　さといもの作付面積、収穫量及び出荷量の推移

表5　平成30年産さといもの作付面積、収穫量及び出荷量（全国）

品　　目	作付面積	10 a 当たり収量	収　穫　量	出　荷　量	対　前　年　産　比				（参考）対平均収量比
					作付面積	10 a 当たり収量	収穫量	出荷量	
	ha	kg	t	t	％	％	％	％	％
さ と い も	11,500	1,260	144,800	95,300	96	102	97	98	100
うち秋冬	11,500	1,260	144,700	95,300	97	101	97	98	100

(5) はくさい

ア 作付面積

作付面積は1万7,000haで、前年産に比べ200ha（1%）減少した。

イ 10a当たり収量

10a当たり収量は5,230kgで、前年産に比べ110kg（2%）上回った。

ウ 収穫量

収穫量は88万9,900tで、前年産に比べ9,000t（1%）増加した。

エ 出荷量

出荷量は73万4,400tで、前年産に比べ7,600t（1%）増加した。

オ 季節区分別の概況

(ア) 春はくさい

作付面積は1,840haで、前年産に比べ10ha（1%）減少した。

10a当たり収量は6,310kgで、前年産に比べ100kg（2%）下回った。

収穫量は11万6,100t、出荷量は10万6,900tで、前年産に比べそれぞれ2,400t（2%）、2,100t（2%）減少した。

(イ) 夏はくさい

作付面積は2,420haで、前年産に比べ40ha（2%）減少した。

10a当たり収量は7,400kgで、前年産に比べ100kg（1%）下回った。

収穫量は17万9,200t、出荷量は16万2,700tで、前年産に比べそれぞれ5,300t（3%）、4,500t（3%）減少した。

(ウ) 秋冬はくさい

作付面積は1万2,700haで、前年産に比べ200ha（2%）減少した。

10a当たり収量は4,680kgで、前年産に比べ200kg（4%）上回った。

収穫量は59万4,800t、出荷量は46万4,800tで、前年産に比べそれぞれ1万6,900t（3%）、1万4,100t（3%）増加した。

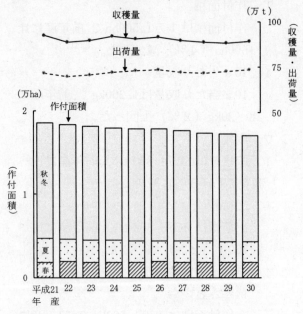

図6 はくさいの作付面積、収穫量及び出荷量の推移

表6 平成30年産はくさいの作付面積、収穫量及び出荷量（全国）

品　　目	作付面積	10a当たり収量	収　穫　量	出　荷　量	対　前　年　産　比				(参考)対平均収量比
					作付面積	10a当たり収量	収穫量	出荷量	
	ha	kg	t	t	%	%	%	%	%
は　く　さ　い	17,000	5,230	889,900	734,400	99	102	101	101	102
春	1,840	6,310	116,100	106,900	99	98	98	98	104
夏	2,420	7,400	179,200	162,700	98	99	97	97	103
秋　冬	12,700	4,680	594,800	464,800	98	104	103	103	102

(6) キャベツ

ア 作付面積

作付面積は3万4,600haで、前年産に比べ200ha（1％）減少した。

イ 10a当たり収量

10a当たり収量は4,240kgで、前年産に比べ140kg（3％）上回った。

ウ 収穫量

収穫量は146万7,000tで、前年産に比べ3万9,000t（3％）増加した。

エ 出荷量

出荷量は131万9,000tで、前年産に比べ3万9,000t（3％）増加した。

オ 季節区分別の概況

（ア）春キャベツ

作付面積は9,040haで、前年産並みとなった。

10a当たり収量は4,170kgで、前年産並みとなった。

収穫量は37万6,800t、出荷量は34万600tで、前年産に比べそれぞれ2,500t（1％）、2,000t（1％）減少した。

（イ）夏秋キャベツ

作付面積は1万200haで、前年産に比べ100ha（1％）減少した。

10a当たり収量は4,900kgで、前年産に比べ120kg（3％）上回った。

収穫量は49万9,500t、出荷量は44万7,900tで、前年産に比べそれぞれ7,100t（1％）、7,700t（2％）増加した。

（ウ）冬キャベツ

作付面積は1万5,400haで、前年産並みとなった。

10a当たり収量は3,830kgで、前年産に比べ220kg（6％）上回った。これは、おおむね天候に恵まれ生育が良好であったためである。

収穫量は59万100t、出荷量は53万100tで、前年産に比べそれぞれ3万4,300t（6％）、3万2,800t（7％）増加した。

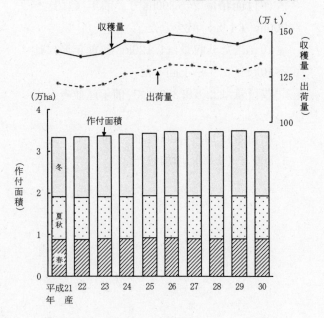

図7　キャベツの作付面積、収穫量及び出荷量の推移

表7　平成30年産キャベツの作付面積、収穫量及び出荷量（全国）

品　　目	作付面積	10a当たり収量	収　穫　量	出　荷　量	対前年産比 作付面積	10a当たり収量	収穫量	出荷量	(参考)対平均収量比
	ha	kg	t	t	％	％	％	％	％
キャベツ	34,600	4,240	1,467,000	1,319,000	99	103	103	103	101
春	9,040	4,170	376,800	340,600	100	100	99	99	101
夏　秋	10,200	4,900	499,500	447,900	99	103	101	102	106
冬	15,400	3,830	590,100	530,100	100	106	106	107	97

(7)　ほうれんそう

　　作付面積は 2 万300haで、前年産に比べ
200ha（ 1 ％）減少した。

　　10 a 当たり収量は1,120kgで、前年産に比
べ10kg（ 1 ％）上回った。

　　収穫量は22万8,300 t で、前年産並みとな
った。

　　出荷量は19万4,800 t で、前年産に比べ
1,500 t （ 1 ％）増加した。

図 8　ほうれんそうの作付面積、収穫量及び出荷量の推移

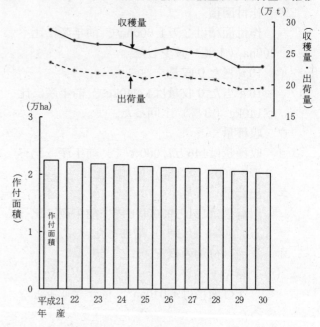

表 8　平成30年産ほうれんそうの作付面積、収穫量及び出荷量（全国）

| 品　　目 | 作付面積 | 10 a 当たり収　量 | 収　穫　量 | 出　荷　量 | 対　前　年　産　比 | | | | (参考)対平均収量比 |
					作付面積	10 a 当たり収　量	収穫量	出荷量	
	ha	kg	t	t	％	％	％	％	％
ほうれんそう	20,300	1,120	228,300	194,800	99	101	100	101	93

(8) レタス

ア 作付面積

作付面積は２万1,700haで、前年産並み
となった。

イ 10ａ当たり収量

10ａ当たり収量は2,700kgで、前年産に
比べ20kg（１％）上回った。

ウ 収穫量

収穫量は58万5,600ｔで、前年産並みと
なった。

エ 出荷量

出荷量は55万3,200ｔで、前年産に比べ
１万900ｔ（２％）増加した。

オ 季節区分別の概況

(ｱ) 春レタス

作付面積は4,390haで、前年産に比べ
90ha（２％）減少した。

10ａ当たり収量は2,750kgで、前年産並みとなった。

収穫量は12万700ｔ、出荷量は11万3,400ｔで、前年産に比べそれぞれ2,500ｔ（２％）、2,300
ｔ（２％）減少した。

(ｲ) 夏秋レタス

作付面積は9,260haで、前年産並みとなった。

10ａ当たり収量は3,010kgで、前年産に比べ160kg（５％）下回った。これは、長野県にお
いて、７月以降の高温・少雨の影響により、肥大不良となったためである。

収穫量は27万8,500ｔ、出荷量は26万7,200ｔで、前年産に比べそれぞれ１万6,000ｔ（５％）、
6,500ｔ（２％）減少した。

(ｳ) 冬レタス

作付面積は8,030haで、前年産に比べ40ha（１％）増加した。

10ａ当たり収量は2,320kgで、前年産に比べ250kg（12％）上回った。これは、台風等によ
り作柄の悪かった前年産に比べ、おおむね天候に恵まれ生育が良好であったためである。

収穫量は18万6,300ｔ、出荷量は17万2,700ｔで、前年産に比べそれぞれ２万800ｔ（13％）、
１万9,900ｔ（13％）増加した。

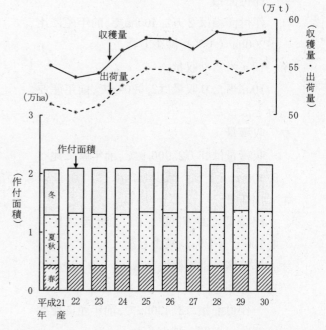

図９　レタスの作付面積、収穫量及び出荷量の推移

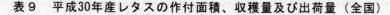

表９　平成30年産レタスの作付面積、収穫量及び出荷量（全国）

品　　　目	作付面積	10ａ当たり収　量	収　穫　量	出　荷　量	対　前　年　産　比				（参考）対平均収量比
					作付面積	10ａ当たり収　量	収　穫　量	出　荷　量	
	ha	kg	t	t	％	％	％	％	％
レ　タ　ス	21,700	2,700	585,600	553,200	100	101	100	102	100
春	4,390	2,750	120,700	113,400	98	100	98	98	104
夏　秋	9,260	3,010	278,500	267,200	100	95	95	98	98
冬	8,030	2,320	186,300	172,700	101	112	113	113	101

(9) ね ぎ

ア 作付面積

作付面積は2万2,400haで、前年産に比べ200ha（1％）減少した。

イ 10ａ当たり収量

10ａ当たり収量は2,020kgで、前年産並みとなった。

ウ 収穫量

収穫量は45万2,900ｔで、前年産に比べ5,900ｔ（1％）減少した。

エ 出荷量

出荷量は37万300ｔで、前年産に比べ4,100ｔ（1％）減少した。

オ 季節区分別の概況

(ア) 春ねぎ

作付面積は3,430haで、前年産に比べ30ha（1％）減少した。

10ａ当たり収量は2,260kgで、前年産に比べ120kg（5％）下回った。これは、千葉県において、低温の影響により、生育が抑制されたためである。

収穫量は7万7,500ｔ、出荷量は6万8,700ｔで、前年産に比べそれぞれ4,900ｔ（6％）、4,200ｔ（6％）減少した。

(イ) 夏ねぎ

作付面積は4,920haで、前年産に比べ80ha（2％）減少した。

10ａ当たり収量は1,750kgで、前年産に比べ80kg（4％）下回った。

収穫量は8万6,200ｔ、出荷量は7万6,600ｔで、前年産に比べそれぞれ5,300ｔ（6％）、4,700ｔ（6％）減少した。

(ウ) 秋冬ねぎ

作付面積は1万4,000haで、前年産に比べ100ha（1％）減少した。

10ａ当たり収量は2,070kgで、前年産に比べ50kg（2％）上回った。

収穫量は28万9,300ｔ、出荷量は22万5,100ｔで、前年産に比べそれぞれ4,400ｔ（2％）、4,900ｔ（2％）増加した。

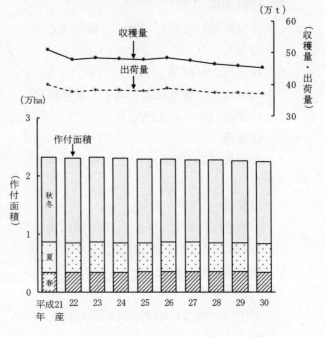

図10 ねぎの作付面積、収穫量及び出荷量の推移

表10 平成30年産ねぎの作付面積、収穫量及び出荷量（全国）

品　　目	作付面積	10ａ当たり収量	収　穫　量	出　荷　量	対　前　年　産　比				(参考)対平均収量比
					作付面積	10ａ当たり収量	収穫量	出荷量	
	ha	kg	t	t	％	％	％	％	％
ね　　　ぎ	22,400	2,020	452,900	370,300	99	100	99	99	97
春	3,430	2,260	77,500	68,700	99	95	94	94	93
夏	4,920	1,750	86,200	76,600	98	96	94	94	97
秋　冬	14,000	2,070	289,300	225,100	99	102	102	102	99

(10) たまねぎ

作付面積は2万6,200haで、前年産に比べ600ha（2%）増加した。

10a当たり収量は4,410kgで、前年産に比べ390kg（8%）下回った。これは、北海道において、7月中旬以降の高温・少雨により倒伏が早まり、球肥大が進まなかったことによる。

収穫量は115万5,000tで、前年産に比べ7万3,000t（6%）減少した。

出荷量は104万2,000tで、前年産に比べ5万7,000t（5%）減少した。

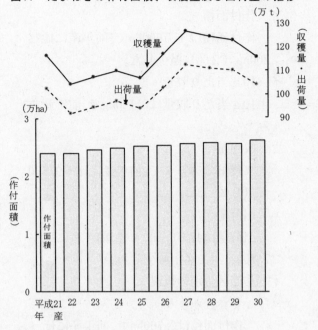

図11　たまねぎの作付面積、収穫量及び出荷量の推移

表11　平成30年産たまねぎの作付面積、収穫量及び出荷量（全国）

| 品　目 | 作付面積 | 10a当たり収量 | 収　穫　量 | 出　荷　量 | 対　前　年　産　比 | | | | | （参考）対平均収量比 |
					作付面積	10a当たり収量	収穫量	出荷量		
	ha	kg	t	t	%	%	%	%		%
た　ま　ね　ぎ	26,200	4,410	1,155,000	1,042,000	102	92	94	95		96

(11) きゅうり

ア 作付面積

作付面積は1万600haで、前年産に比べ200ha（2％）減少した。

イ 10a当たり収量

10a当たり収量は5,190kgで、前年産並みとなった。

ウ 収穫量

収穫量は55万tで、前年産に比べ9,500t（2％）減少した。

エ 出荷量

出荷量は47万6,100tで、前年産に比べ7,100t（1％）減少した。

オ 季節区分別の概況

（ア） 冬春きゅうり

作付面積は2,760haで、前年産に比べ70ha（2％）減少した。

10a当たり収量は1万800kgで、前年産並みとなった。

収穫量は29万8,100t、出荷量は28万500tで、前年産に比べそれぞれ6,700t（2％）、6,000t（2％）減少した。

（イ） 夏秋きゅうり

作付面積は7,810haで、前年産に比べ130ha（2％）減少した。

10a当たり収量は3,220kgで、前年産並みとなった。

収穫量は25万1,800t、出荷量は19万5,600tで、前年産に比べそれぞれ3,000t（1％）、1,100t（1％）減少した。

図12 きゅうりの作付面積、収穫量及び出荷量の推移

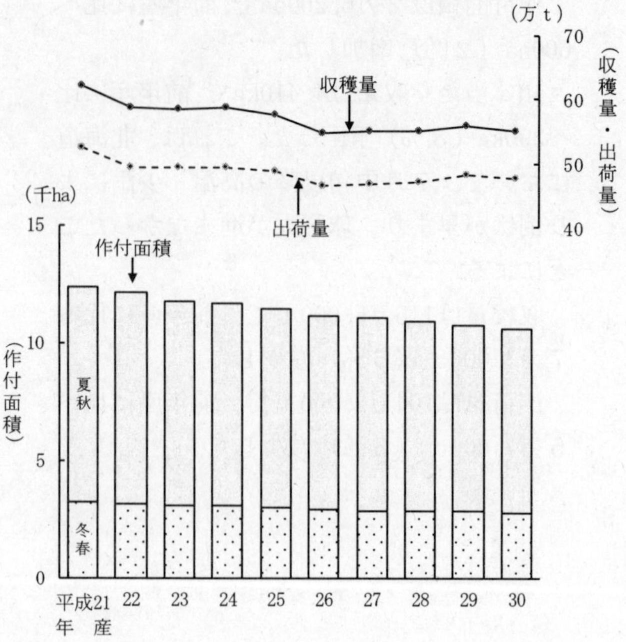

表12 平成30年産きゅうりの作付面積、収穫量及び出荷量（全国）

品　目	作付面積	10a当たり収量	収　穫　量	出　荷　量	対　前　年　産　比				(参考)対平均収量比
					作付面積	10a当たり収量	収穫量	出荷量	
	ha	kg	t	t	％	％	％	％	％
きゅうり	10,600	5,190	550,000	476,100	98	100	98	99	103
冬春	2,760	10,800	298,100	280,500	98	100	98	98	107
夏秋	7,810	3,220	251,800	195,600	98	100	99	99	101

(12)　な　す

　ア　作付面積

　　作付面積は8,970haで、前年産に比べ190ha（2％）減少した。

　イ　10a当たり収量

　　10a当たり収量は3,350kgで、前年産並みとなった。

　ウ　収穫量

　　収穫量は30万400tで、前年産に比べ7,400t（2％）減少した。

　エ　出荷量

　　出荷量は23万6,100tで、前年産に比べ5,300t（2％）減少した。

　オ　季節区分別の概況

　（ア）　冬春なす

　　作付面積は1,080haで、前年産並みとなった。

　　10a当たり収量は1万800kgで、前年産に比べ200kg（2％）下回った。

　　収穫量は11万6,900t、出荷量は11万300tで、前年産に比べそれぞれ2,300t（2％）、2,100t（2％）減少した。

　（イ）　夏秋なす

　　作付面積は7,890haで、前年産に比べ190ha（2％）減少した。

　　10a当たり収量は2,330kgで、前年産並みとなった。

　　収穫量は18万3,500t、出荷量は12万5,800tで、前年産に比べそれぞれ5,100t（3％）、3,200t（2％）減少した。

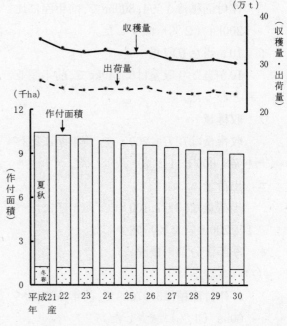

図13　なすの作付面積、収穫量及び出荷量の推移

表13　平成30年産なすの作付面積、収穫量及び出荷量（全国）

品　　　目	作付面積	10a当たり収量	収　穫　量	出　荷　量	対　前　年　産　比				（参考）対平均収量比
					作付面積	10a当たり収量	収穫量	出荷量	
	ha	kg	t	t	％	％	％	％	％
な　　す	8,970	3,350	300,400	236,100	98	100	98	98	101
冬　春	1,080	10,800	116,900	110,300	100	98	98	98	104
夏　秋	7,890	2,330	183,500	125,800	98	100	97	98	99

(13) トマト

ア 作付面積

作付面積は1万1,800haで、前年産に比べ200ha（2％）減少した。

イ 10a当たり収量

10a当たり収量は6,140kgで、前年産並みとなった。

ウ 収穫量

収穫量は72万4,200tで、前年産に比べ1万3,000t（2％）減少した。

エ 出荷量

出荷量は65万7,100tで、前年産に比べ1万700t（2％）減少した。

オ 季節区分別の概況

(ア) 冬春トマト

作付面積は3,970haで、前年産に比べ60ha（1％）減少した。

10a当たり収量は1万300kgで、前年産に比べ320kg（3％）上回った。

収穫量は40万9,600t、出荷量は38万8,800tで、前年産に比べそれぞれ7,300t（2％）、7,100t（2％）増加した。

(イ) 夏秋トマト

作付面積は7,810haで、前年産に比べ170ha（2％）減少した。

10a当たり収量は4,030kgで、前年産に比べ170kg（4％）減少した。

収穫量は31万4,600t、出荷量は26万8,300tで、前年産に比べそれぞれ2万300t（6％）、1万7,800t（6％）減少した。

図14 トマトの作付面積、収穫量及び出荷量の推移

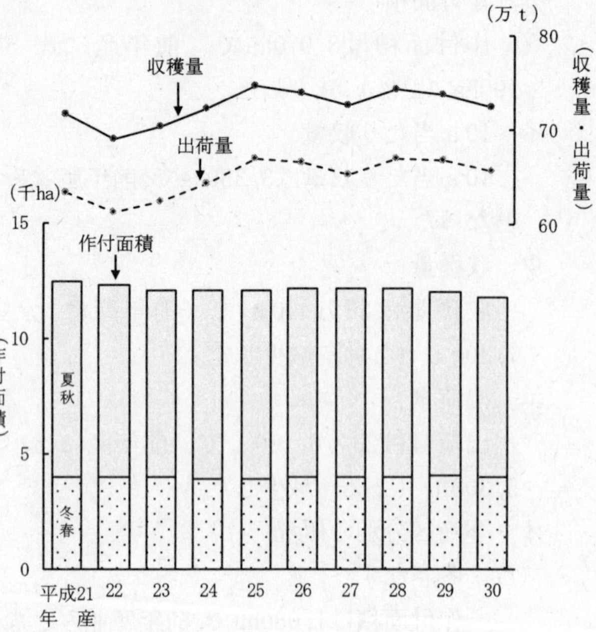

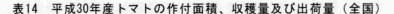

表14 平成30年産トマトの作付面積、収穫量及び出荷量（全国）

品　　　目	作付面積	10a当たり収量	収　穫　量	出　荷　量	対　前　年　産　比				(参考)対平均収量比
					作付面積	10a当たり収量	収穫量	出荷量	
	ha	kg	t	t	%	%	%	%	%
ト　マ　ト	11,800	6,140	724,200	657,100	98	100	98	98	101
冬　春	3,970	10,300	409,600	388,800	99	103	102	102	105
夏　秋	7,810	4,030	314,600	268,300	98	96	94	94	95

(14) ピーマン

ア 作付面積

作付面積は3,220haで、前年産に比べ30ha（1％）減少した。

イ 10a当たり収量

10a当たり収量は4,360kgで、前年産に比べ160kg（4％）下回った。

ウ 収穫量

収穫量は14万300tで、前年産に比べ6,700t（5％）減少した。

エ 出荷量

出荷量は12万4,500tで、前年産に比べ5,300t（4％）減少した。

オ 季節区分別の概況

(ｱ) 冬春ピーマン

作付面積は741haで、前年産並みとなった。

10a当たり収量は1万200kgで、前年産に比べ400kg（4％）下回った。

収穫量は7万5,900t、出荷量は7万1,900tで、前年産に比べそれぞれ2,200t（3％）、2,000t（3％）減少した。

(ｲ) 夏秋ピーマン

作付面積は2,480haで、前年産に比べ30ha（1％）減少した。

10a当たり収量は2,600kgで、前年産に比べ150kg（5％）下回った。これは、夏場の高温・少雨の影響により生育が抑制されたことによる。

収穫量は6万4,400t、出荷量は5万2,600tで、前年産に比べそれぞれ4,500t（7％）、3,300t（6％）減少した。

図15　ピーマンの作付面積、収穫量及び出荷量の推移

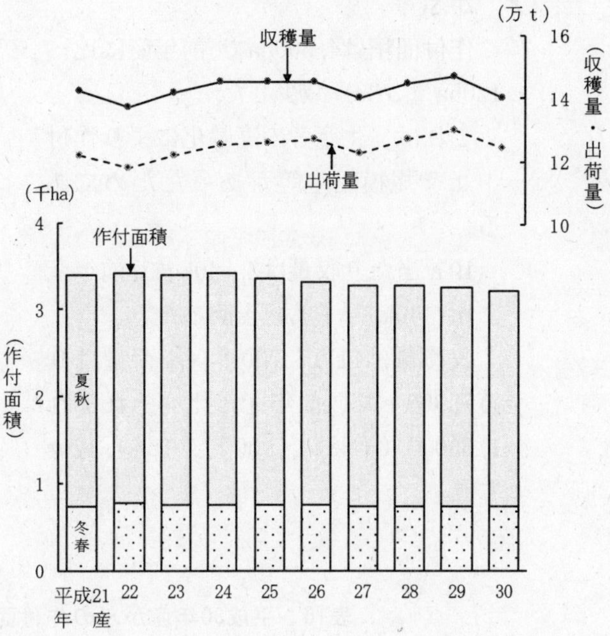

表15　平成30年産ピーマンの作付面積、収穫量及び出荷量（全国）

品　　目	作付面積	10a当たり収量	収　穫　量	出　荷　量	対　前　年　産　比					(参考)対平均収量比
					作付面積	10a当たり収量	収穫量	出荷量	
	ha	kg	t	t	％	％	％	％	％
ピ　ー　マ　ン	3,220	4,360	140,300	124,500	99	96	95	96	101
冬　春	741	10,200	75,900	71,900	100	96	97	97	100
夏　秋	2,480	2,600	64,400	52,600	99	95	93	94	98

3　指定野菜に準ずる野菜の品目別の概要

(1)　根菜類

ア　かぶ

作付面積は4,300haで、前年産に比べ120ha（3％）減少した。

これは、生産者の高齢化により作付中止や規模縮小等があったためである。

10a当たり収量は2,740kgで、前年産に比べ40kg（1％）上回った。

収穫量は11万7,700t、出荷量は9万7,900tで、前年産に比べそれぞれ1,600t（1％）、900t（1％）減少した。

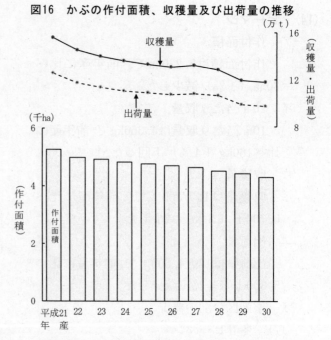

図16　かぶの作付面積、収穫量及び出荷量の推移

表16　平成30年産かぶの作付面積、収穫量及び出荷量（全国）

| 品　　目 | 作付面積 | 10a当たり収量 | 収　穫　量 | 出　荷　量 | 対　前　年　産　比 | | | | | （参考）対平均収量比 |
					作付面積	10a当たり収量	収穫量	出荷量		
	ha	kg	t	t	％	％	％	％		％
かぶ	4,300	2,740	117,700	97,900	97	101	99	99		98

イ　ごぼう

作付面積は7,710haで、前年産に比べ240ha（3％）減少した。

これは、生産者の高齢化により作付中止や規模縮小等があったためである。

10a当たり収量は1,750kgで、前年産に比べ40kg（2％）下回った。

収穫量は13万5,300t、出荷量は11万7,200tで、前年産に比べそれぞれ6,800t（5％）、5,600t（5％）減少した。

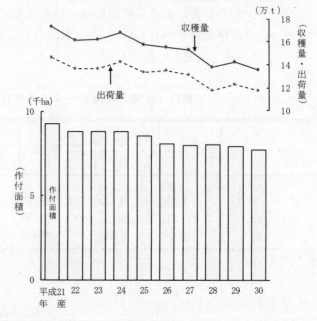

図17　ごぼうの作付面積、収穫量及び出荷量の推移

表17　平成30年産ごぼうの作付面積、収穫量及び出荷量（全国）

| 品　　目 | 作付面積 | 10a当たり収量 | 収　穫　量 | 出　荷　量 | 対　前　年　産　比 | | | | | （参考）対平均収量比 |
					作付面積	10a当たり収量	収穫量	出荷量		
	ha	kg	t	t	％	％	％	％		％
ごぼう	7,710	1,750	135,300	117,200	97	98	95	95		94

ウ れんこん

作付面積は4,000haで、前年産に比べ30ha（1％）増加した。

10a当たり収量は1,530kgで、前年産に比べ20kg（1％）下回った。

収穫量は6万1,300t、出荷量は5万1,600tで、それぞれ前年産並みであった。

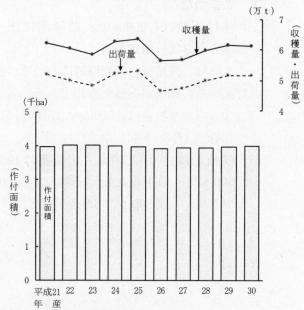

図18 れんこんの作付面積、収穫量及び出荷量の推移

表18 平成30年産れんこんの作付面積、収穫量及び出荷量（全国）

| 品　　目 | 作付面積 | 10a当たり収　　量 | 収　穫　量 | 出　荷　量 | 対　前　年　産　比 | | | | （参考）対平均収量比 |
					作付面積	10a当たり収　　量	収　穫　量	出　荷　量	
	ha	kg	t	t	％	％	％	％	％
れんこん	4,000	1,530	61,300	51,600	101	99	100	100	102

エ やまのいも

作付面積は7,120haで、前年産並みとなった。

10a当たり収量は2,210kgで、前年産に比べ20kg（1％）下回った。

収穫量は15万7,400tで前年産に比べ1,900t（1％）減少し、出荷量は13万4,400tで、前年産並みであった。

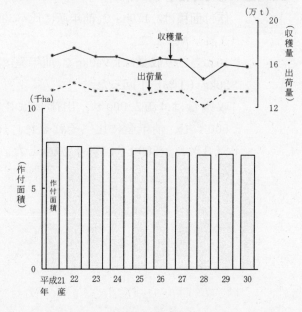

図19 やまのいもの作付面積、収穫量及び出荷量の推移

表19 平成30年産やまのいもの作付面積、収穫量及び出荷量（全国）

| 品　　目 | 作付面積 | 10a当たり収　　量 | 収　穫　量 | 出　荷　量 | 対　前　年　産　比 | | | | （参考）対平均収量比 |
					作付面積	10a当たり収　　量	収　穫　量	出　荷　量	
	ha	kg	t	t	％	％	％	％	％
やまのいも	7,120	2,210	157,400	134,400	100	99	99	100	100

(2) 葉茎菜類

ア こまつな

作付面積は7,250haで、前年産に比べ240ha（3%）増加した。

これは、茨城県、福岡県等において、他野菜からの転換があったためである。

10a当たり収量は1,590kgで、前年産に比べ10kg（1%）下回った。

収穫量は11万5,600t、出荷量は10万2,500tで、前年産に比べそれぞれ3,500t（3%）、3,300t（3%）増加した。

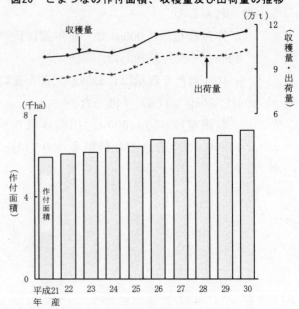

図20 こまつなの作付面積、収穫量及び出荷量の推移

表20 平成30年産こまつなの作付面積、収穫量及び出荷量（全国）

品　　　目	作付面積	10a当たり収量	収穫量	出荷量	対前年産比				（参考）対平均収量比
					作付面積	10a当たり収量	収穫量	出荷量	
こまつな	ha 7,250	kg 1,590	t 115,600	t 102,500	% 103	% 99	% 103	% 103	% 97

イ ちんげんさい

作付面積は2,170haで、前年産に比べ30ha（1%）減少した。

10a当たり収量は1,940kgで、前年産に比べ20kg（1%）下回った。

収穫量は4万2,000t、出荷量は3万7,500tで、前年産に比べそれぞれ1,100t（3%）、500t（1%）減少した。

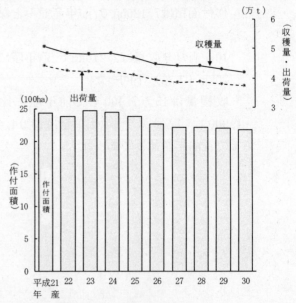

図21 ちんげんさいの作付面積、収穫量及び出荷量の推移

表21 平成30年産ちんげんさいの作付面積、収穫量及び出荷量（全国）

品　　　目	作付面積	10a当たり収量	収穫量	出荷量	対前年産比				（参考）対平均収量比
					作付面積	10a当たり収量	収穫量	出荷量	
ちんげんさい	ha 2,170	kg 1,940	t 42,000	t 37,500	% 99	% 99	% 97	% 99	% 98

ウ ふき

作付面積は538haで、前年産に比べ19ha
（3％）減少した。

これは、生産者の高齢化により作付中止
や規模縮小があったためである。

10ａ当たり収量は1,900kgで、前年産に比
べ20kg（1％）下回った。

収穫量は1万200ｔ、出荷量は8,560ｔで、
前年産に比べそれぞれ500ｔ（5％）、570
ｔ（6％）減少した。

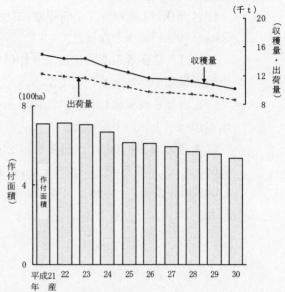

図22　ふきの作付面積、収穫量及び出荷量の推移

表22　平成30年産ふきの作付面積、収穫量及び出荷量（全国）

品　　　目	作付面積	10ａ当たり収量	収　穫　量	出　荷　量	対　前　年　産　比					（参考）対平均収量比
					作付面積	10ａ当たり収量	収穫量	出荷量		
ふき	ha 538	kg 1,900	t 10,200	t 8,560	% 97	% 99	% 95	% 94		% 97

エ みつば

作付面積は931haで、前年産に比べ26ha
（3％）減少した。

これは、生産者の高齢化により作付中止
や規模縮小があったためである。

10ａ当たり収量は1,610kgで、前年産並み
であった。

収穫量は1万5,000ｔ、出荷量は1万
4,000ｔで、前年産に比べそれぞれ400ｔ
（3％）減少した。

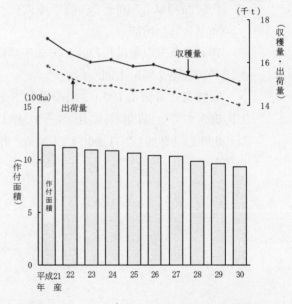

図23　みつばの作付面積、収穫量及び出荷量の推移

表23　平成30年産みつばの作付面積、収穫量及び出荷量（全国）

品　　　目	作付面積	10ａ当たり収量	収　穫　量	出　荷　量	対　前　年　産　比				（参考）対平均収量比
					作付面積	10ａ当たり収量	収穫量	出荷量	
みつば	ha 931	kg 1,610	t 15,000	t 14,000	% 97	% 100	% 97	% 97	% 106

オ しゅんぎく

作付面積は1,880haで、前年産に比べ50ha（3%）減少となった。

これは、生産者の高齢化により作付中止や規模縮小があったためである。

10a当たり収量は1,490kgで、前年産に比べ10kg（1%）下回った。

収穫量は2万8,000t、出荷量は2万2,600tで、前年産に比べそれぞれ1,000t（3%）、900t（4%）減少した。

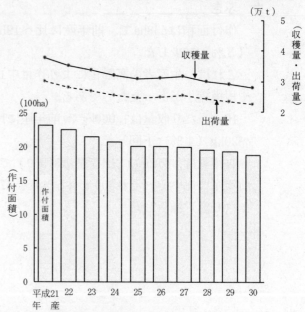

図24 しゅんぎくの作付面積、収穫量及び出荷量の推移

表24 平成30年産しゅんぎくの作付面積、収穫量及び出荷量（全国）

| 品　　目 | 作付面積 | 10a当たり収量 | 収　穫　量 | 出　荷　量 | 対　前　年　産　比 | | | | （参考）対平均収量比 |
					作付面積	10a当たり収量	収　穫　量	出　荷　量	
	ha	kg	t	t	%	%	%	%	%
しゅんぎく	1,880	1,490	28,000	22,600	97	99	97	96	97

カ みずな

作付面積は2,510haで、前年産に比べ50ha（2%）増加した。

10a当たり収量は1,720kgで、前年産に比べ10kg（1%）上回った。

収穫量は4万3,100t、出荷量は3万9,000tで、前年産に比べそれぞれ1,000t（2%）、1,000t（3%）増加した。

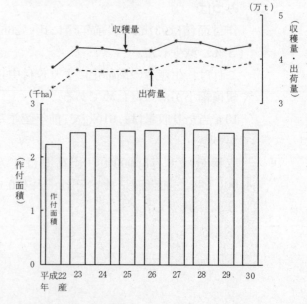

図25 みずなの作付面積、収穫量及び出荷量の推移

注： 平成22年産からみずなを調査品目に追加した。

表25 平成30年産みずなの作付面積、収穫量及び出荷量（全国）

| 品　　目 | 作付面積 | 10a当たり収量 | 収　穫　量 | 出　荷　量 | 対　前　年　産　比 | | | | （参考）対平均収量比 |
					作付面積	10a当たり収量	収　穫　量	出　荷　量	
	ha	kg	t	t	%	%	%	%	%
みずな	2,510	1,720	43,100	39,000	102	101	102	103	101

キ セルリー

作付面積は573haで、前年産に比べ7ha（1％）減少した。

10a当たり収量は5,430kgで、前年産に比べ120kg（2％）下回った。

収穫量は3万1,100t、出荷量は2万9,500tで、前年産に比べそれぞれ1,100t（3％）、1,100t（4％）減少した。

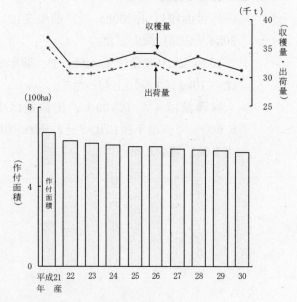

図26 セルリーの作付面積、収穫量及び出荷量の推移

表26 平成30年産セルリーの作付面積、収穫量及び出荷量（全国）

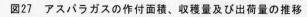

品　　目	作付面積	10a当たり収量	収穫量	出荷量	対　前　年　産　比					（参考）対平均収量比
					作付面積	10a当たり収量	収穫量	出荷量		
	ha	kg	t	t	％	％	％	％		％
セルリー	573	5,430	31,100	29,500	99	98	97	96		98

ク アスパラガス

作付面積は5,170haで、前年産に比べ160ha（3％）減少した。

これは、生産者の高齢化により作付中止や他作物へ転換されたためである。

10a当たり収量は513kgで、前年産に比べ21kg（4％）上回った。

収穫量は2万6,500t、出荷量は2万3,200tで、前年産に比べそれぞれ300t（1％）、200t（1％）増加した。

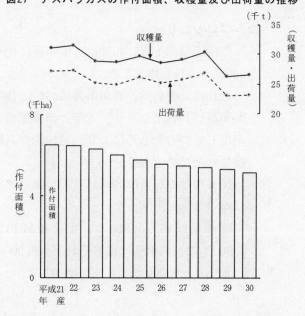

図27 アスパラガスの作付面積、収穫量及び出荷量の推移

表27 平成30年産アスパラガスの作付面積、収穫量及び出荷量（全国）

品　　目	作付面積	10a当たり収量	収穫量	出荷量	対　前　年　産　比				（参考）対平均収量比
					作付面積	10a当たり収量	収穫量	出荷量	
	ha	kg	t	t	％	％	％	％	％
アスパラガス	5,170	513	26,500	23,200	97	104	101	101	102

ケ　カリフラワー

　作付面積は 1,200ha で、前年産に比べ30ha（2％）減少した。

　10 a 当たり収量は 1,640kg で、前年産に比べ 10kg（1％）上回った。

　収穫量は 1 万 9,700 t 、出荷量は 1 万6,600 t で、前年産に比べそれぞれ 400 t（2％）減少した。

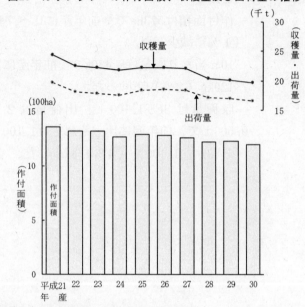

図28　カリフラワーの作付面積、収穫量及び出荷量の推移

表28　平成30年産カリフラワーの作付面積、収穫量及び出荷量（全国）

| 品　　目 | 作付面積 | 10 a 当たり収　　量 | 収　穫　量 | 出　荷　量 | 対　前　年　産　比 | | | | (参考)対平均収量比 |
					作付面積	10 a 当たり収　量	収　穫　量	出荷量	
	ha	kg	t	t	％	％	％	％	％
カリフラワー	1,200	1,640	19,700	16,600	98	101	98	98	96

コ　ブロッコリー

　作付面積は 1 万5,400haで、前年産に比べ500ha（3％）増加した。

　これは、徳島県、香川県等において作付振興が行われたことや、近年、市場価格が安定していること等により、他作物から転換されたためである。

　10 a 当たり収量は999kgで、前年産に比べ29kg（3％）上回った。

　収穫量は15万3,800 t 、出荷量は13万8,900 t で、前年産に比べそれぞれ9,200 t（6％）、8,700 t（7％）増加した。

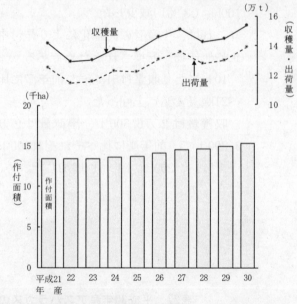

図29　ブロッコリーの作付面積、収穫量及び出荷量の推移

表29　平成30年産ブロッコリーの作付面積、収穫量及び出荷量（全国）

| 品　　目 | 作付面積 | 10 a 当たり収　　量 | 収　穫　量 | 出　荷　量 | 対　前　年　産　比 | | | | (参考)対平均収量比 |
					作付面積	10 a 当たり収　量	収　穫　量	出荷量	
	ha	kg	t	t	％	％	％	％	％
ブロッコリー	15,400	999	153,800	138,900	103	103	106	107	100

サ にら

作付面積は2,020haで、前年産に比べ40ha（2％）減少した。

10 a 当たり収量は2,900kgで、前年産並みであった。

収穫量は5万8,500 t、出荷量は5万2,900 t で、前年産に比べそれぞれ1,100 t （2％）、1,000 t （2％）減少した。

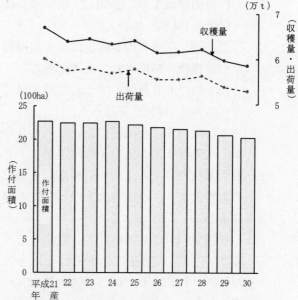

図30 にらの作付面積、収穫量及び出荷量の推移

表30 平成30年産にらの作付面積、収穫量及び出荷量（全国）

品　　　目	作付面積	10 a 当たり収　　量	収　穫　量	出　荷　量	対　前　年　産　比				（参考）対平均収量比
					作付面積	10 a 当たり収　　量	収　穫　量	出　荷　量	
にら	ha 2,020	kg 2,900	t 58,500	t 52,900	% 98	% 100	% 98	% 98	% 101

シ にんにく

作付面積は2,470haで、前年産に比べ40ha（2％）増加した。

10 a 当たり収量は818kgで、前年産に比べ34kg（4％）下回った。

収穫量は2万200 t 、出荷量は1万4,400 t で、前年産に比べそれぞれ500 t （2％）、100 t （1％）減少した。

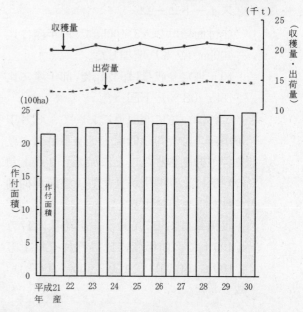

図31 にんにくの作付面積、収穫量及び出荷量の推移

表31 平成30年産にんにくの作付面積、収穫量及び出荷量（全国）

品　　　目	作付面積	10 a 当たり収　　量	収　穫　量	出　荷　量	対　前　年　産　比				（参考）対平均収量比
					作付面積	10 a 当たり収　　量	収　穫　量	出　荷　量	
にんにく	ha 2,470	kg 818	t 20,200	t 14,400	% 102	% 96	% 98	% 99	% 93

（3）　果菜類

ア　かぼちゃ

　　作付面積は１万5,200haで、前年産に比べ600ha（４％）減少した。

　　これは、生産者の高齢化による規模縮小や他作物へ転換されたためである。

　　10ａ当たり収量は1,050kgで、前年産に比べ220kg（17％）下回った。

　　これは、主に北海道において、６月中旬から７月上旬の低温・日照不足による着果不良や、７月下旬からの高温・少雨の影響により、小玉傾向となったこと等による。

　　収穫量は15万9,300ｔ、出荷量は12万5,200ｔで、前年産に比べそれぞれ４万2,000ｔ（21％）、３万5,800ｔ（22％）減少した。

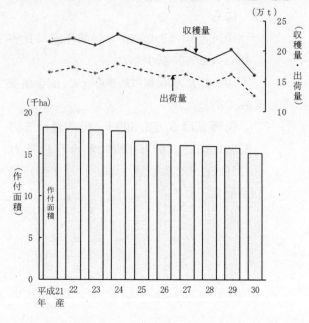

図32　かぼちゃの作付面積、収穫量及び出荷量の推移

表32　平成30年産かぼちゃの作付面積、収穫量及び出荷量（全国）

品　　　目	作付面積	10ａ当たり収量	収　穫　量	出　荷　量	対　前　年　産　比					（参考）対平均収量比
					作付面積	10ａ当たり収量	収穫量	出荷量		
	ha	kg	t	t	％	％	％	％		％
かぼちゃ	15,200	1,050	159,300	125,200	96	83	79	78		85

イ　スイートコーン

　　作付面積は２万3,100haで、前年産に比べ400ha（２％）増加した。

　　10ａ当たり収量は942kgで、前年産に比べ78kg（８％）下回った。

　　これは、主に北海道において、６月中旬から７月上旬の低温・日照不足により生育が抑制されたことに加え、９月上旬の台風により倒伏が発生し、登熟が抑制されたこと等による。

　　収穫量は21万7,600ｔ、出荷量は17万4,400ｔで、前年産に比べそれぞれ１万4,100ｔ（６％）、１万1,900ｔ（６％）減少した。

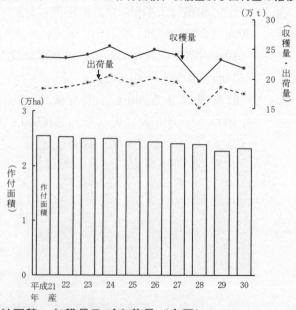

図33　スイートコーンの作付面積、収穫量及び出荷量の推移

表33　平成30年産スイートコーンの作付面積、収穫量及び出荷量（全国）

品　　　目	作付面積	10ａ当たり収量	収　穫　量	出　荷　量	対　前　年　産　比				（参考）対平均収量比
					作付面積	10ａ当たり収量	収穫量	出荷量	
	ha	kg	t	t	％	％	％	％	％
スイートコーン	23,100	942	217,600	174,400	102	92	94	94	95

ウ さやいんげん

作付面積は5,330haで、前年産に比べ260ha（5％）減少した。

これは、生産者の高齢化により作付中止や規模縮小があったためである。

10 a 当たり収量は702kgで、前年産に比べ10kg（1％）下回った。

収穫量は3万7,400 t、出荷量は2万4,900 tで、前年産に比べそれぞれ2,400 t（6％）、1,500 t（6％）減少した。

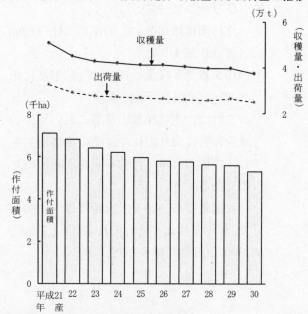

図34　さやいんげんの作付面積、収穫量及び出荷量の推移

表34　平成30年産さやいんげんの作付面積、収穫量及び出荷量（全国）

| 品 目 | 作付面積 | 10 a 当たり収量 | 収 穫 量 | 出 荷 量 | 対 前 年 産 比 | | | | （参考）対平均収量比 |
					作付面積	10 a 当たり収量	収穫量	出荷量	
	ha	kg	t	t	%	%	%	%	%
さやいんげん	5,330	702	37,400	24,900	95	99	94	94	101

エ さやえんどう

作付面積は2,910haで、前年産に比べ140ha（5％）減少した。

これは、生産者の高齢化により作付中止や規模縮小等があったためである。

10 a 当たり収量は674kgで、前年産に比べ37kg（5％）下回った。

これは、鹿児島県等において、低温等の影響により生育が抑制され、作柄の良かった前年産を下回ったためである。

収穫量は1万9,600 t、出荷量は1万2,500 tで、前年産に比べそれぞれ2,100 t（10％）、1,300 t（9％）減少した。

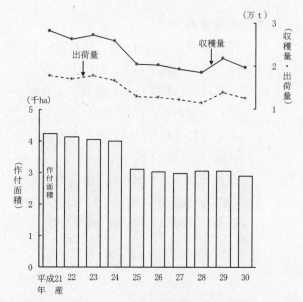

図35　さやえんどうの作付面積、収穫量及び出荷量の推移

注：　平成24年産までさやえんどうに含めていたグリンピースを平成25年産からさやえんどうと区分した。

表35　平成30年産さやえんどうの作付面積、収穫量及び出荷量（全国）

| 品 目 | 作付面積 | 10 a 当たり収量 | 収 穫 量 | 出 荷 量 | 対 前 年 産 比 | | | | （参考）対平均収量比 |
					作付面積	10 a 当たり収量	収穫量	出荷量	
	ha	kg	t	t	%	%	%	%	%
さやえんどう	2,910	674	19,600	12,500	95	95	90	91	103

オ　グリーンピース

　作付面積は760haで、前年産に比べ12ha（2%）減少した。

　10a当たり収量は782kgで、前年産に比べ48kg（6%）下回った。

　これは、主に和歌山県等において、台風の影響により倒伏や茎葉の損傷が発生し、作柄の良かった前年産を下回ったためである。

　収穫量は5,940t、出荷量は4,680tで、前年産に比べそれぞれ470t（7%）、380t（8%）減少した。

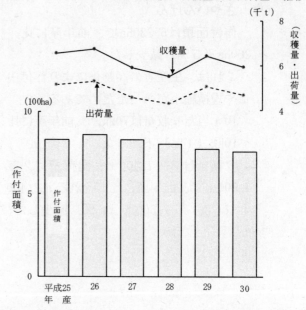

図36　グリーンピースの作付面積、収穫量及び出荷量の推移

注：　平成24年産までさやえんどうに含めていたグリンピースを平成25年産からさやえんどうと区分した。

表36　平成30年産グリーンピースの作付面積、収穫量及び出荷量（全国）

| 品　　　目 | 作付面積 | 10a当たり収量 | 収　穫　量 | 出　荷　量 | 対　前　年　産　比 | | | | （参考）対平均収量比 |
					作付面積	10a当たり収量	収　穫　量	出　荷　量	
	ha	kg	t	t	%	%	%	%	%
グリーンピース	760	782	5,940	4,680	98	94	93	92	103

カ　そらまめ

　作付面積は1,810haで、前年産に比べ90ha（5%）減少した。

　これは、他野菜への転換等により減少したためである。

　10a当たり収量は801kgで、前年産に比べ15kg（2%）下回った。

　収穫量は1万4,500t、出荷量は1万100tで、前年産に比べそれぞれ1,000t（6%）、600t（6%）減少した。

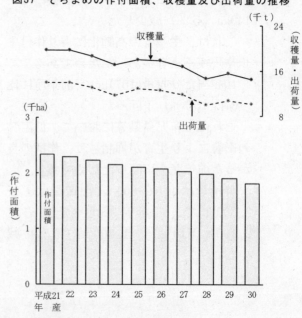

図37　そらまめの作付面積、収穫量及び出荷量の推移

表37　平成30年産そらまめの作付面積、収穫量及び出荷量（全国）

| 品　　　目 | 作付面積 | 10a当たり収量 | 収　穫　量 | 出　荷　量 | 対　前　年　産　比 | | | | （参考）対平均収量比 |
					作付面積	10a当たり収量	収　穫　量	出　荷　量	
	ha	kg	t	t	%	%	%	%	%
そらまめ	1,810	801	14,500	10,100	95	98	94	94	97

キ　えだまめ

作付面積は１万2,800haで、前年産に比べ100ha（１％）減少した。

10ａ当たり収量は498kgで、前年産に比べ27kg（５％）下回った。

これは、秋田県、兵庫県等において、７月中旬から８月中旬にかけての高温・少雨により、着さや数が減少したこと等による。

収穫量は６万3,800ｔ、出荷量は４万8,700ｔで、前年産に比べそれぞれ3,900ｔ（６％）、3,100ｔ（６％）減少した。

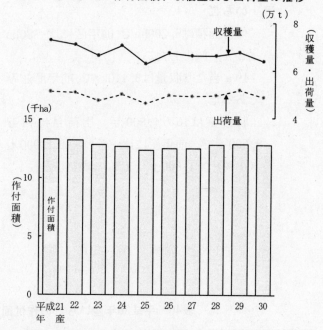
図38　えだまめの作付面積、収穫量及び出荷量の推移

表38　平成30年産えだまめの作付面積、収穫量及び出荷量（全国）

| 品　　目 | 作付面積 | 10ａ当たり収量 | 収　穫　量 | 出　荷　量 | 対　前　年　産　比 | | | | （参考）対平均収量比 |
					作付面積	10ａ当たり収量	収穫量	出荷量	
えだまめ	ha 12,800	kg 498	t 63,800	t 48,700	% 99	% 95	% 94	% 94	% 95

(4)　香辛野菜

しょうが

作付面積は1,750haで、前年産に比べ30ha（２％）減少した。

10ａ当たり収量は2,660kgで、前年産に比べ50kg（２％）下回った。

収穫量は４万6,600ｔ、出荷量は３万6,400ｔで、前年産に比べそれぞれ1,700ｔ（４％）減少した。

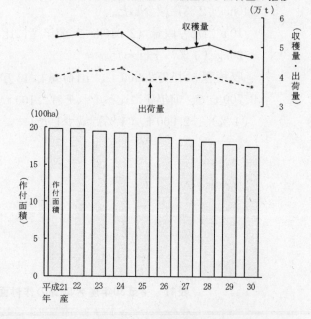
図39　しょうがの作付面積、収穫量及び出荷量の推移

表39　平成30年産しょうがの作付面積、収穫量及び出荷量（全国）

| 品　　目 | 作付面積 | 10ａ当たり収量 | 収　穫　量 | 出　荷　量 | 対　前　年　産　比 | | | | （参考）対平均収量比 |
					作付面積	10ａ当たり収量	収穫量	出荷量	
しょうが	ha 1,750	kg 2,660	t 46,600	t 36,400	% 98	% 98	% 96	% 96	% 97

(5) 果実的野菜

ア いちご

作付面積は5,200haで、前年産に比べ80ha（2％）減少した。

10a当たり収量は3,110kgで、前年産並みであった。

収穫量は16万1,800ｔ、出荷量は14万8,600ｔで、前年産に比べそれぞれ1,900ｔ（1％）、1,600ｔ（1％）減少した。

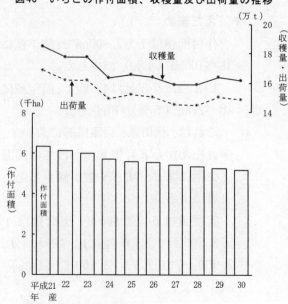

図40　いちごの作付面積、収穫量及び出荷量の推移

表40　平成30年産いちごの作付面積、収穫量及び出荷量（全国）

| 品　　目 | 作付面積 | 10a当たり収量 | 収　穫　量 | 出　荷　量 | 対　前　年　産　比 | | | | （参考）対平均収量比 |
					作付面積	10a当たり収量	収穫量	出荷量	
	ha	kg	t	t	％	％	％	％	％
いちご	5,200	3,110	161,800	148,600	98	100	99	99	106

イ　メロン

作付面積は6,630haで、前年産に比べ140ha（2％）減少した。

10a当たり収量は2,310kgで、前年産に比べ20kg（1％）上回った。

収穫量は15万2,900ｔ、出荷量は13万8,700ｔで、前年産に比べそれぞれ2,100ｔ（1％）、2,000ｔ（1％）減少した。

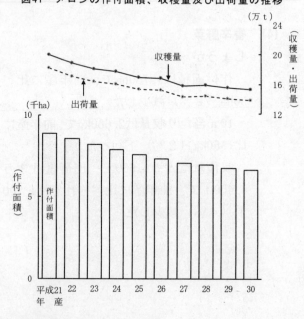

図41　メロンの作付面積、収穫量及び出荷量の推移

表41　平成30年産メロンの作付面積、収穫量及び出荷量（全国）

| 品　　目 | 作付面積 | 10a当たり収量 | 収　穫　量 | 出　荷　量 | 対　前　年　産　比 | | | | （参考）対平均収量比 |
					作付面積	10a当たり収量	収穫量	出荷量	
	ha	kg	t	t	％	％	％	％	％
メロン	6,630	2,310	152,900	138,700	98	101	99	99	103

ウ すいか

作付面積は9,970haで、前年産に比べ230ha（2％）減少した。

10ａ当たり収量は3,220kgで、前年産に比べ30kg（1％）下回った。

収穫量は32万600ｔ、出荷量は27万6,500ｔで、前年産に比べそれぞれ1万500t（3％）、7,900ｔ（3％）減少した。

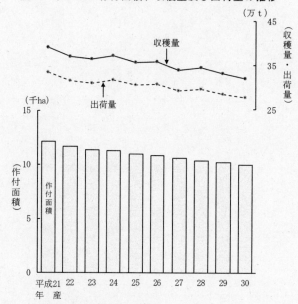

図42　すいかの作付面積、収穫量及び出荷量の推移

表42　平成30年産すいかの作付面積、収穫量及び出荷量（全国）

| 品　　目 | 作付面積 | 10ａ当たり収　　量 | 収　穫　量 | 出　荷　量 | 対　前　年　産　比 | | | | （参考）対平均収量比 |
					作付面積	10ａ当たり収　　量	収穫量	出荷量	
すいか	ha 9,970	kg 3,220	t 320,600	t 276,500	% 98	% 99	% 97	% 97	% 99

Ⅱ 統 計 表

1　全国の作付面積、10ａ当たり収量、収穫量及び出荷量の推移

品　　目	作　　付　　面　　積				
	平成25年産	26	27	28	29
計　(1)	ha 481,100	ha 477,800	ha 474,700	ha 471,600	ha 468,700
根　菜　類　(2)	169,500	166,800	164,700	163,100	162,600
だ　い　こ　ん　(3)	33,700	33,300	32,900	32,300	32,000
春　(4)	4,740	4,670	4,600	4,590	4,530
夏　(5)	6,490	6,480	6,370	6,240	6,270
秋　　　冬　(6)	22,400	22,100	21,900	21,500	21,200
か　　　ぶ　(7)	4,750	4,710	4,630	4,510	4,420
に　ん　じ　ん　(8)	18,500	18,400	18,100	17,800	17,900
春　　　夏　(9)	4,550	4,510	4,520	4,420	4,290
秋　(10)	5,920	5,770	5,530	5,580	5,840
冬　(11)	8,070	8,120	8,060	7,830	7,800
ご　ぼ　う　(12)	8,570	8,100	8,000	8,040	7,950
れ　ん　こ　ん　(13)	3,960	3,910	3,950	3,930	3,970
ば　れ　い　しょ　(14)	79,700	78,300	77,400	77,200	77,200
春　植　え　(15)	76,900	75,500	74,600	74,600	74,500
秋　植　え　(16)	2,800	2,780	2,730	2,670	2,640
さ　と　い　も　(17)	13,000	12,900	12,500	12,200	12,000
秋　　　冬　(18)	13,000	12,800	12,500	12,200	11,900
そ　の　他　(19)	50	59	12	16	15
や　ま　の　い　も　(20)	7,350	7,260	7,270	7,120	7,150
葉　茎　菜　類　(21)	183,600	184,400	184,900	184,100	184,200
は　く　さ　い　(22)	17,800	17,800	17,600	17,300	17,200
春　(23)	1,880	1,890	1,870	1,860	1,850
夏　(24)	2,550	2,490	2,490	2,490	2,460
秋　　　冬　(25)	13,400	13,400	13,200	13,000	12,900
こ　ま　つ　な　(26)	6,450	6,800	6,860	6,890	7,010
キ　ャ　ベ　ツ　(27)	34,300	34,700	34,700	34,600	34,800
春　(28)	9,150	9,180	9,110	9,000	9,080
夏　　　秋　(29)	10,100	10,200	10,200	10,200	10,300
冬　(30)	15,100	15,300	15,400	15,400	15,400
ちんげんさい　(31)	2,380	2,260	2,220	2,220	2,200
ほうれんそう　(32)	21,300	21,200	21,000	20,700	20,500
ふ　　　き　(33)	616	609	592	571	557
み　つ　ば　(34)	1,060	1,040	1,030	979	957
しゅんぎく　(35)	2,010	2,010	2,000	1,960	1,930
み　ず　な　(36)	2,490	2,500	2,550	2,510	2,460
セ　ル　リ　ー　(37)	604	601	589	585	580
アスパラガス　(38)	5,770	5,580	5,470	5,420	5,330

30	10 a 当 た り 収 量						
	平成25年産	26	27	28	29	30	
ha	kg	kg	kg	kg	kg	kg	
464,100	...	...	...	...	...	...	(1)
159,800	...	...	...	...	...	...	(2)
31,400	4,320	4,360	4,360	4,220	4,140	4,230	(3)
4,450	4,850	4,790	4,730	4,750	4,850	4,730	(4)
5,990	3,830	3,970	4,140	3,800	4,150	4,010	(5)
21,000	4,370	4,400	4,350	4,220	3,990	4,180	(6)
4,300	2,790	2,770	2,850	2,850	2,700	2,740	(7)
17,200	3,260	3,440	3,500	3,180	3,330	3,340	(8)
4,190	3,740	3,830	3,670	3,830	3,870	3,710	(9)
5,410	3,120	3,470	3,640	2,810	3,540	3,300	(10)
7,630	3,090	3,200	3,300	3,080	2,870	3,160	(11)
7,710	1,840	1,910	1,910	1,710	1,790	1,750	(12)
4,000	1,600	1,440	1,440	1,520	1,550	1,530	(13)
76,500	3,020	3,140	3,110	2,850	3,100	2,950	(14)
74,000	3,070	3,190	3,170	2,890	3,160	2,990	(15)
2,510	1,690	1,680	1,530	1,530	1,520	1,820	(16)
11,500	1,250	1,280	1,230	1,270	1,240	1,260	(17)
11,500	1,240	1,290	1,230	1,270	1,250	1,260	(18)
11	952	1,010	617	606	627	591	(19)
7,120	2,170	2,270	2,240	2,050	2,230	2,210	(20)
184,300	...	...	...	...	...	...	(21)
17,000	5,090	5,140	5,080	5,140	5,120	5,230	(22)
1,840	6,020	6,120	5,890	6,110	6,410	6,310	(23)
2,420	7,110	7,060	7,080	7,270	7,500	7,400	(24)
12,700	4,570	4,650	4,610	4,570	4,480	4,680	(25)
7,250	1,630	1,660	1,680	1,650	1,600	1,590	(26)
34,600	4,200	4,270	4,230	4,180	4,100	4,240	(27)
9,040	4,140	4,220	4,060	4,080	4,180	4,170	(28)
10,200	4,600	4,650	4,550	4,650	4,780	4,900	(29)
15,400	3,960	4,040	4,120	3,930	3,610	3,830	(30)
2,170	1,970	1,980	1,990	1,990	1,960	1,940	(31)
20,300	1,180	1,210	1,190	1,190	1,110	1,120	(32)
538	2,010	1,920	1,940	1,960	1,920	1,900	(33)
931	1,490	1,530	1,510	1,560	1,610	1,610	(34)
1,880	1,530	1,540	1,590	1,530	1,500	1,490	(35)
2,510	1,680	1,670	1,730	1,740	1,710	1,720	(36)
573	5,630	5,660	5,480	5,730	5,550	5,430	(37)
5,170	513	511	532	561	492	513	(38)

1　全国の作付面積、10ａ当たり収量、収穫量及び出荷量の推移（続き）

品　目		収　穫　量				
		平成25年産	26	27	28	29
		t	t	t	t	t
計	(1)	13,551,000	13,764,000	13,654,000	13,180,000	13,344,000
根　菜　類	(2)	5,144,000	5,214,000	5,131,000	4,754,000	4,947,000
だ　い　こ　ん	(3)	1,457,000	1,452,000	1,434,000	1,362,000	1,325,000
春	(4)	229,900	223,500	217,400	218,000	219,700
夏	(5)	248,300	257,000	263,900	237,200	260,400
秋　　　　冬	(6)	979,200	971,900	952,700	906,500	845,000
か　　　　ぶ	(7)	132,500	130,700	131,900	128,700	119,300
に　ん　じ　ん	(8)	603,900	633,200	633,100	566,800	596,500
春　　　　夏	(9)	170,100	172,800	165,800	169,100	165,900
秋	(10)	184,500	200,500	201,500	156,800	206,600
冬	(11)	249,300	259,900	265,800	240,900	224,000
ご　　ぼ　　う	(12)	157,600	155,100	152,600	137,600	142,100
れ　ん　こ　ん	(13)	63,500	56,300	56,700	59,800	61,500
ば　れ　い　し　ょ	(14)	2,408,000	2,456,000	2,406,000	2,199,000	2,395,000
春　植　え	(15)	2,360,000	2,409,000	2,365,000	2,158,000	2,355,000
秋　植　え	(16)	47,300	46,700	41,800	40,800	40,100
さ　と　い　も	(17)	162,100	165,700	153,300	154,600	148,600
秋　　　　冬	(18)	161,600	165,100	153,200	154,500	148,500
そ　の　他	(19)	476	595	74	97	94
や　ま　の　い　も	(20)	159,800	164,800	163,200	145,700	159,300
葉　茎　菜　類	(21)	5,282,000	5,453,000	5,501,000	5,443,000	5,363,000
は　く　さ　い	(22)	906,300	914,400	894,600	888,700	880,900
春	(23)	113,100	115,700	110,100	113,600	118,500
夏	(24)	181,300	175,800	176,300	181,100	184,500
秋　　　　冬	(25)	611,900	622,900	608,300	594,100	577,900
こ　ま　つ　な	(26)	105,200	113,200	115,400	113,600	112,100
キ　ャ　ベ　ツ	(27)	1,440,000	1,480,000	1,469,000	1,446,000	1,428,000
春	(28)	378,700	387,100	369,900	366,800	379,300
夏　　　　秋	(29)	464,400	474,700	463,900	474,300	492,400
冬	(30)	597,400	618,600	634,900	605,300	555,800
ち　ん　げ　ん　さ　い	(31)	47,000	44,800	44,100	44,100	43,100
ほ　う　れ　ん　そ　う	(32)	250,300	257,400	250,800	247,300	228,100
ふ　　　　き	(33)	12,400	11,700	11,500	11,200	10,700
み　　つ　　ば	(34)	15,800	15,900	15,600	15,300	15,400
し　ゅ　ん　ぎ　く	(35)	30,700	31,000	31,700	30,000	29,000
み　　ず　　な	(36)	41,800	41,800	44,000	43,600	42,100
セ　ル　リ　ー	(37)	34,000	34,000	32,300	33,500	32,200
ア　ス　パ　ラ　ガ　ス	(38)	29,600	28,500	29,100	30,400	26,200

	出	荷			量		
30	平成25年産	26	27	28	29	30	
t	t	t	t	t	t	t	
13,036,000	11,451,000	11,670,000	11,606,000	11,204,000	11,419,000	11,197,000	(1)
4,778,000	4,236,000	4,317,000	4,249,000	3,919,000	4,121,000	3,989,000	(2)
1,328,000	1,172,000	1,170,000	1,161,000	1,105,000	1,087,000	1,089,000	(3)
210,400	203,600	198,200	193,500	194,500	200,200	191,700	(4)
240,200	225,600	232,900	240,100	216,300	237,800	218,900	(5)
876,900	742,400	738,700	727,400	694,500	649,400	678,300	(6)
117,700	108,500	107,200	108,400	106,300	98,800	97,900	(7)
574,700	535,900	562,900	563,000	502,800	533,700	512,500	(8)
155,500	154,200	155,900	149,900	153,200	153,700	142,900	(9)
178,500	167,500	182,500	182,500	142,200	187,400	161,400	(10)
241,000	214,200	224,500	230,500	207,400	192,600	208,200	(11)
135,300	133,600	134,700	131,100	117,800	122,800	117,200	(12)
61,300	53,000	46,700	47,400	49,900	51,600	51,600	(13)
2,260,000	1,999,000	2,055,000	2,006,000	1,818,000	1,996,000	1,889,000	(14)
2,215,000	1,963,000	2,019,000	1,974,000	1,787,000	1,966,000	1,855,000	(15)
45,600	36,000	35,500	31,300	30,400	30,100	34,700	(16)
144,800	102,700	106,300	97,800	98,600	97,000	95,300	(17)
144,700	102,300	105,800	97,700	98,500	96,900	95,300	(18)
65	412	519	69	87	84	58	(19)
157,400	131,600	134,400	134,300	120,800	134,300	134,400	(20)
5,342,000	4,574,000	4,730,000	4,796,000	4,758,000	4,707,000	4,713,000	(21)
889,900	730,600	736,600	723,700	715,800	726,800	734,400	(22)
116,100	102,900	105,500	100,600	103,800	109,000	106,900	(23)
179,200	163,800	158,900	159,200	158,400	167,200	162,700	(24)
594,800	463,900	472,200	463,900	453,700	450,700	464,800	(25)
115,600	91,100	98,200	100,200	99,100	99,200	102,500	(26)
1,467,000	1,276,000	1,316,000	1,310,000	1,298,000	1,280,000	1,319,000	(27)
376,800	336,500	345,400	330,100	328,800	342,600	340,600	(28)
499,500	411,300	421,200	415,600	429,700	440,200	447,900	(29)
590,100	528,100	549,300	564,700	539,600	497,300	530,100	(30)
42,000	41,200	39,400	38,600	38,700	38,000	37,500	(31)
228,300	208,000	215,000	209,800	207,300	193,300	194,800	(32)
10,200	10,400	9,720	9,640	9,380	9,130	8,560	(33)
15,000	14,700	14,800	14,600	14,300	14,400	14,000	(34)
28,000	24,600	24,800	25,500	24,200	23,500	22,600	(35)
43,100	37,200	37,500	39,500	39,400	38,000	39,000	(36)
31,100	32,300	32,300	30,600	31,600	30,600	29,500	(37)
26,500	26,100	25,100	25,700	26,800	23,000	23,200	(38)

1　全国の作付面積、10 a 当たり収量、収穫量及び出荷量の推移（続き）

品　目		作　付　面　積				
		平成25年産	26	27	28	29
		ha	ha	ha	ha	ha
カリフラワー	(39)	1,290	1,280	1,260	1,220	1,230
ブロッコリー	(40)	13,700	14,100	14,500	14,600	14,900
レ　タ　ス	(41)	21,300	21,300	21,500	21,600	21,800
春	(42)	4,330	4,320	4,330	4,340	4,480
夏　秋	(43)	9,110	9,110	9,150	9,190	9,290
冬	(44)	7,820	7,910	8,050	8,050	7,990
ね　　　　ぎ	(45)	22,900	22,900	22,800	22,600	22,600
春	(46)	3,460	3,500	3,490	3,460	3,460
夏	(47)	5,000	5,050	5,040	5,000	5,000
秋　　　　冬	(48)	14,400	14,300	14,200	14,200	14,100
に　　　　ら	(49)	2,210	2,180	2,150	2,120	2,060
た　ま　ね　ぎ	(50)	25,200	25,300	25,700	25,800	25,600
に　ん　に　く	(51)	2,340	2,310	2,330	2,410	2,430
果　菜　類	(52)	102,000	101,000	100,100	99,900	98,000
き　ゅ　う　り	(53)	11,400	11,100	11,000	10,900	10,800
冬　　　　春	(54)	2,990	2,920	2,850	2,860	2,830
夏　　　　秋	(55)	8,420	8,210	8,200	8,060	7,940
か　ぼ　ち　ゃ	(56)	16,600	16,200	16,100	16,000	15,800
な　　　　す	(57)	9,700	9,570	9,410	9,280	9,160
冬　　　　春	(58)	1,130	1,120	1,090	1,090	1,080
夏　　　　秋	(59)	8,570	8,450	8,320	8,190	8,080
ト　マ　ト	(60)	12,100	12,100	12,100	12,100	12,000
冬　　　　春	(61)	3,940	3,960	3,970	4,010	4,030
夏　　　　秋	(62)	8,120	8,170	8,170	8,100	7,980
ピ　ー　マ　ン	(63)	3,360	3,320	3,270	3,270	3,250
冬　　　　春	(64)	759	746	735	733	739
夏　　　　秋	(65)	2,600	2,570	2,540	2,540	2,510
スイートコーン	(66)	24,400	24,400	24,100	24,000	22,700
さやいんげん	(67)	5,990	5,820	5,760	5,650	5,590
さやえんどう	(68)	3,110	3,020	2,980	3,070	3,050
グリーンピース	(69)	828	859	827	805	772
そ　ら　ま　め	(70)	2,110	2,070	2,020	1,980	1,900
え　だ　ま　め	(71)	12,400	12,500	12,500	12,800	12,900
香　辛　野　菜						
し　ょ　う　が	(72)	1,930	1,870	1,840	1,810	1,780
果　実　的　野　菜	(73)	24,100	23,700	23,100	22,700	22,200
い　ち　ご	(74)	5,600	5,570	5,450	5,370	5,280
メ　ロ　ン	(75)	7,560	7,300	7,080	6,950	6,770
す　い　か	(76)	11,000	10,800	10,600	10,400	10,200

30	平成25年産	26	27	28	29	30	
		10 a 当 た り 収 量					
ha	kg	kg	kg	kg	kg	kg	
1,200	1,720	1,740	1,750	1,670	1,630	1,640	(39)
15,400	1,000	1,030	1,040	975	970	999	(40)
21,700	2,720	2,710	2,640	2,710	2,680	2,700	(41)
4,390	2,660	2,670	2,610	2,680	2,750	2,750	(42)
9,260	3,120	3,020	2,970	3,050	3,170	3,010	(43)
8,030	2,300	2,370	2,270	2,340	2,070	2,320	(44)
22,400	2,090	2,110	2,080	2,060	2,030	2,020	(45)
3,430	2,490	2,430	2,400	2,430	2,380	2,260	(46)
4,920	1,790	1,840	1,800	1,810	1,830	1,750	(47)
14,000	2,100	2,140	2,110	2,040	2,020	2,070	(48)
2,020	2,890	2,820	2,860	2,930	2,890	2,900	(49)
26,200	4,240	4,620	4,920	4,820	4,800	4,410	(50)
2,470	893	870	880	876	852	818	(51)
96,500	…	…	…	…	…	…	(52)
10,600	5,040	4,940	5,000	5,050	5,180	5,190	(53)
2,760	10,300	9,880	10,100	10,300	10,800	10,800	(54)
7,810	3,160	3,170	3,180	3,190	3,210	3,220	(55)
15,200	1,280	1,230	1,260	1,160	1,270	1,050	(56)
8,970	3,310	3,370	3,280	3,300	3,360	3,350	(57)
1,080	10,500	10,700	10,400	10,300	11,000	10,800	(58)
7,890	2,370	2,410	2,350	2,360	2,330	2,330	(59)
11,800	6,180	6,110	6,010	6,140	6,140	6,140	(60)
3,970	10,200	9,880	9,620	10,000	9,980	10,300	(61)
7,810	4,250	4,270	4,220	4,230	4,200	4,030	(62)
3,220	4,320	4,380	4,290	4,430	4,520	4,360	(63)
741	10,200	10,400	10,100	10,500	10,600	10,200	(64)
2,480	2,610	2,640	2,590	2,680	2,750	2,600	(65)
23,100	970	1,020	997	818	1,020	942	(66)
5,330	689	704	700	699	712	702	(67)
2,910	656	666	648	599	711	674	(68)
760	789	780	715	686	830	782	(69)
1,810	853	860	832	742	816	801	(70)
12,800	506	536	527	516	525	498	(71)
1,750	2,550	2,650	2,680	2,810	2,710	2,660	(72)
21,800	…	…	…	…	…	…	(73)
5,200	2,960	2,940	2,910	2,960	3,100	3,110	(74)
6,630	2,230	2,300	2,230	2,280	2,290	2,310	(75)
9,970	3,230	3,310	3,210	3,320	3,250	3,220	(76)

1　全国の作付面積、10ａ当たり収量、収穫量及び出荷量の推移（続き）

品　目		収　　　穫　　　量				
		平成25年産	26	27	28	29
		t	t	t	t	t
カ リ フ ラ ワ ー	(39)	22,200	22,300	22,100	20,400	20,100
ブ ロ ッ コ リ ー	(40)	137,000	145,600	150,900	142,300	144,600
レ　　タ　　ス	(41)	579,000	577,800	568,000	585,700	583,200
春	(42)	115,000	115,400	113,200	116,500	123,200
夏　　　　　秋	(43)	284,100	274,800	272,200	280,600	294,500
冬	(44)	179,900	187,600	182,600	188,600	165,500
ね　　　　　ぎ	(45)	477,500	483,900	474,500	464,800	458,800
春	(46)	86,100	85,200	83,900	84,000	82,400
夏	(47)	89,300	93,000	90,900	90,500	91,500
秋　　　　　冬	(48)	302,000	305,700	299,700	290,300	284,900
に　　　　　ら	(49)	63,900	61,400	61,500	62,100	59,600
た　ま　ね　ぎ	(50)	1,068,000	1,169,000	1,265,000	1,243,000	1,228,000
に　ん　に　く	(51)	20,900	20,100	20,500	21,100	20,700
果　菜　　類	(52)	2,386,000	2,359,000	2,317,000	2,270,000	2,336,000
き　ゅ　う　り	(53)	574,400	548,800	549,900	550,300	559,500
冬　　　　　春	(54)	308,000	288,500	289,200	293,400	304,800
夏　　　　　秋	(55)	266,400	260,300	260,700	256,900	254,800
か　ぼ　ち　ゃ	(56)	211,800	200,000	202,400	185,300	201,300
な　　　　　す	(57)	321,200	322,700	308,900	306,000	307,800
冬　　　　　春	(58)	118,300	119,400	113,200	112,600	119,200
夏　　　　　秋	(59)	202,900	203,300	195,600	193,400	188,600
ト　　マ　　ト	(60)	747,500	739,900	727,000	743,200	737,200
冬　　　　　春	(61)	402,700	391,300	382,100	400,900	402,300
夏　　　　　秋	(62)	344,800	348,600	344,900	342,300	334,900
ピ　ー　マ　ン	(63)	145,300	145,300	140,400	144,800	147,000
冬　　　　　春	(64)	77,300	77,400	74,600	76,700	78,100
夏　　　　　秋	(65)	67,900	67,900	65,800	68,100	68,900
ス イ ー ト コ ー ン	(66)	236,800	249,500	240,300	196,200	231,700
さ や い ん げ ん	(67)	41,300	41,000	40,300	39,500	39,800
さ や え ん ど う	(68)	20,400	20,100	19,300	18,400	21,700
グ リ ー ン ピ ー ス	(69)	6,530	6,700	5,910	5,520	6,410
そ　ら　ま　め	(70)	18,000	17,800	16,800	14,700	15,500
え　だ　ま　め	(71)	62,700	67,000	65,900	66,000	67,700
香　辛　野　菜						
し　ょ　う　が	(72)	49,200	49,500	49,400	50,800	48,300
果　実　的　野　菜	(73)	689,600	689,100	656,500	662,000	649,800
い　　ち　　ご	(74)	165,600	164,000	158,700	159,000	163,700
メ　　ロ　　ン	(75)	168,700	167,600	158,000	158,200	155,000
す　　い　　か	(76)	355,300	357,500	339,800	344,800	331,100

	出	荷			量		
30	平成25年産	26	27	28	29	30	
t	t	t	t	t	t	t	
19,700	18,500	18,600	18,400	17,200	17,000	16,600	(39)
153,800	122,400	130,400	135,500	127,900	130,200	138,900	(40)
585,600	547,100	546,700	537,700	555,200	542,300	553,200	(41)
120,700	107,500	108,100	105,900	109,400	115,700	113,400	(42)
278,500	273,600	265,100	262,400	270,800	273,700	267,200	(43)
186,300	166,000	173,500	169,400	174,900	152,800	172,700	(44)
452,900	380,700	389,100	383,100	375,600	374,400	370,300	(45)
77,500	75,300	74,800	73,800	73,800	72,900	68,700	(46)
86,200	77,300	81,000	79,300	79,000	81,300	76,600	(47)
289,300	228,100	233,300	230,100	222,700	220,200	225,100	(48)
58,500	57,800	55,600	55,500	56,200	53,900	52,900	(49)
1,155,000	940,700	1,027,000	1,124,000	1,107,000	1,099,000	1,042,000	(50)
20,200	14,500	14,000	14,300	14,700	14,500	14,400	(51)
2,233,000	1,993,000	1,973,000	1,940,000	1,901,000	1,977,000	1,894,000	(52)
550,000	487,400	465,500	468,400	470,600	483,200	476,100	(53)
298,100	286,900	269,600	270,300	274,000	286,500	280,500	(54)
251,800	200,500	195,900	198,100	196,600	196,700	195,600	(55)
159,300	168,000	158,100	160,400	145,600	161,000	125,200	(56)
300,400	245,900	248,600	237,400	236,100	241,400	236,100	(57)
116,900	111,700	113,200	107,000	106,300	112,400	110,300	(58)
183,500	134,200	135,400	130,300	129,700	129,000	125,800	(59)
724,200	670,500	665,600	653,400	670,200	667,800	657,100	(60)
409,600	381,800	371,700	362,700	380,100	381,700	388,800	(61)
314,600	288,800	293,900	290,800	290,100	286,100	268,300	(62)
140,300	126,300	127,200	122,800	127,000	129,800	124,500	(63)
75,900	72,900	73,300	70,400	72,400	73,900	71,900	(64)
64,400	53,500	53,900	52,400	54,600	55,900	52,600	(65)
217,600	191,000	201,400	194,100	150,700	186,300	174,400	(66)
37,400	27,000	26,600	26,300	25,700	26,400	24,900	(67)
19,600	12,800	12,700	12,100	11,300	13,800	12,500	(68)
5,940	5,150	5,280	4,590	4,300	5,060	4,680	(69)
14,500	12,800	12,600	11,800	9,990	10,700	10,100	(70)
63,800	46,100	49,700	49,100	49,700	51,800	48,700	(71)
46,600	38,600	39,100	39,100	40,100	38,100	36,400	(72)
635,300	609,600	610,300	580,900	585,000	575,300	563,800	(73)
161,800	151,800	150,200	145,200	145,000	150,200	148,600	(74)
152,900	153,100	152,300	143,300	143,600	140,700	138,700	(75)
320,600	304,700	307,800	292,400	296,400	284,400	276,500	(76)

2　平成30年産野菜指定産地の作付面積、収穫量及び出荷量

品　　目	作付面積	収穫量	出荷量
	ha	t	t
計	168,700	6,937,000	6,369,000
だ　い　こ　ん	9,200	496,500	461,700
春	1,270	76,300	72,100
夏	3,610	159,000	148,600
秋　　　冬	4,320	261,200	241,000
に　ん　じ　ん	11,500	432,200	400,500
春　　　夏	2,840	116,500	108,800
秋	4,210	150,400	139,400
冬	4,440	165,400	152,300
ば　れ　い　し　ょ （じゃがいも）	58,300	1,919,000	1,715,000
秋冬さといも	1,250	20,200	15,100
は　く　さ　い	6,350	458,600	422,400
春	893	68,400	64,400
夏	2,010	164,000	150,300
秋　　　冬	3,450	226,200	207,700
キ　ャ　ベ　ツ	17,600	869,000	806,700
春	3,430	157,000	148,200
夏　　　秋	6,660	386,900	355,600
冬	7,550	325,200	302,900
ほ　う　れ　ん　そ　う	6,440	64,300	57,300
レ　　タ　　ス	16,300	468,100	449,300
春	2,530	70,600	67,900
夏　　　秋	7,740	250,400	243,000
冬	6,050	147,100	138,400
ね　　　　　ぎ	6,000	131,200	114,600
春	765	17,900	16,500
夏	1,340	28,200	25,800
秋　　　冬	3,900	85,000	72,300
た　ま　ね　ぎ	21,100	1,015,000	947,100
き　ゅ　う　り	5,020	349,500	316,900
冬　　　春	1,860	221,000	208,300
夏　　　秋	3,160	128,500	108,600
な　　　　　す	2,240	155,400	140,800
冬　　　春	850	102,200	96,900
夏　　　秋	1,390	53,300	43,900
ト　　マ　　ト	6,020	461,600	431,100
冬　　　春	2,390	272,500	260,800
夏　　　秋	3,640	189,000	170,300
ピ　ー　マ　ン	1,330	96,800	90,500
冬　　　春	623	67,500	64,000
夏　　　秋	706	29,300	26,500

注：　数値は、野菜指定産地（平成30年4月27日農林水産省告示第967号）に包括されている市町村の作付面積、
　　　収穫量及び出荷量の合計である。

3　平成30年産都道府県別の作付面積、10 a 当たり収量、収穫量及び出荷量

(1)　だいこん
ア　計

全 国 農 業 地 域・都 道 府 県		作 付 面 積	10 a 当たり収　　量	収 穫 量	出 荷 量	対 前 年 産 比				(参考)対平均収量比
						作付面積	10 a 当たり収　量	収穫量	出荷量	
		ha	kg	t	t	%	%	%	%	%
全　　　国	(1)	31,400	4,230	1,328,000	1,089,000	98	102	100	100	99
(全国農業地域)										
北　海　道	(2)	3,270	4,800	156,900	146,800	95	96	91	91	104
都　府　県	(3)	…	…	…	…	nc	nc	nc	nc	nc
東　　　北	(4)	6,030	3,530	213,100	158,900	100	98	97	97	99
北　　　陸	(5)	2,140	3,070	65,800	44,700	98	93	91	93	92
関東・東山	(6)	…	…	…	…	nc	nc	nc	nc	nc
東　　海	(7)	…	…	…	…	nc	nc	nc	nc	nc
近　　畿	(8)	…	…	…	…	nc	nc	nc	nc	nc
中　　国	(9)	…	…	…	…	nc	nc	nc	nc	nc
四　　国	(10)	…	…	…	…	nc	nc	nc	nc	nc
九　　州	(11)	…	…	…	…	nc	nc	nc	nc	nc
沖　　縄	(12)	…	…	…	…	nc	nc	nc	nc	nc
(都道府県)										
北　海　道	(13)	3,270	4,800	156,900	146,800	95	96	91	91	104
青　　森	(14)	2,990	4,100	122,500	110,700	101	95	95	95	97
岩　　手	(15)	841	2,940	24,700	17,700	101	99	100	100	99
宮　　城	(16)	549	2,130	11,700	4,610	98	102	100	100	101
秋　　田	(17)	555	2,880	16,000	7,680	99	104	104	104	117
山　　形	(18)	459	3,530	16,200	9,080	97	101	98	99	102
福　　島	(19)	644	3,420	22,000	9,100	99	102	101	102	102
茨　　城	(20)	1,220	4,690	57,200	46,700	98	100	97	97	95
栃　　木	(21)	438	4,110	18,000	14,100	95	98	94	105	99
群　　馬	(22)	790	3,910	30,900	21,100	96	102	97	94	104
埼　　玉	(23)	564	4,150	23,400	17,200	100	105	104	107	101
千　　葉	(24)	2,700	5,570	150,500	140,200	98	109	108	107	103
東　　京	(25)	217	4,160	9,020	8,510	100	89	88	89	88
神　奈　川	(26)	1,110	7,210	80,000	74,400	98	109	107	103	92
新　　潟	(27)	1,430	3,100	44,300	29,700	99	89	88	89	89
富　　山	(28)	179	2,350	4,200	3,110	99	107	106	113	113
石　　川	(29)	293	3,890	11,400	7,810	95	98	93	93	96
福　　井	(30)	236	2,490	5,880	4,070	95	111	105	115	105
山　　梨	(31)	…	…	…	…	nc	nc	nc	nc	nc
長　　野	(32)	767	2,560	19,600	9,400	95	100	95	100	96
岐　　阜	(33)	549	3,330	18,300	14,000	103	93	95	93	89
静　　岡	(34)	500	4,140	20,700	16,800	101	101	102	102	88
愛　　知	(35)	585	3,900	22,800	19,800	97	109	106	105	103
三　　重	(36)	…	…	…	…	nc	nc	nc	nc	nc
滋　　賀	(37)	157	3,150	4,950	2,730	96	104	100	100	102
京　　都	(38)	…	…	…	…	nc	nc	nc	nc	nc
大　　阪	(39)	…	…	…	…	nc	nc	nc	nc	nc
兵　　庫	(40)	423	3,380	14,300	6,600	97	132	129	120	100
奈　　良	(41)	97	3,610	3,500	2,150	98	102	100	105	89
和　歌　山	(42)	147	6,610	9,710	8,300	100	110	110	110	92
鳥　　取	(43)	…	…	…	…	nc	nc	nc	nc	nc
島　　根	(44)	…	…	…	…	nc	nc	nc	nc	nc
岡　　山	(45)	308	3,540	10,900	7,400	98	99	96	97	98
広　　島	(46)	443	2,530	11,200	5,790	99	106	106	108	94
山　　口	(47)	404	2,750	11,100	7,830	100	108	108	111	93
徳　　島	(48)	353	7,420	26,200	23,800	99	144	142	143	106
香　　川	(49)	153	4,800	7,340	5,430	103	93	97	95	97
愛　　媛	(50)	…	…	…	…	nc	nc	nc	nc	nc
高　　知	(51)	…	…	…	…	nc	nc	nc	nc	nc
福　　岡	(52)	347	4,500	15,600	12,800	99	102	101	100	92
佐　　賀	(53)	…	…	…	…	nc	nc	nc	nc	nc
長　　崎	(54)	747	7,180	53,600	49,200	99	103	102	103	99
熊　　本	(55)	842	3,060	25,800	21,200	100	103	103	103	98
大　　分	(56)	383	3,790	14,500	10,100	97	120	116	116	116
宮　　崎	(57)	1,850	4,210	77,900	70,000	98	102	101	100	91
鹿　児　島	(58)	2,080	4,570	95,100	86,600	100	101	101	101	95
沖　　縄	(59)	…	…	…	…	nc	nc	nc	nc	nc
関東農政局	(60)	…	…	…	…	nc	nc	nc	nc	nc
東海農政局	(61)	…	…	…	…	nc	nc	nc	nc	nc
中国四国農政局	(62)	…	…	…	…	nc	nc	nc	nc	nc

注：　「（参考）対平均収量比」とは、10 a 当たり平均収量（原則として直近7か年のうち、最高及び最低を除いた5か年の平均値）に対する当年産の10 a
　　　当たり収量の比率である。
　　　なお、直近7か年のうち、3か年分の10 a 当たり収量のデータが確保できない場合は、10 a 当たり平均収量を作成していない。

イ 春だいこん

作付面積	10a当たり収量	収穫量	出荷量	対前年産比				(参考)対平均収量比	
				作付面積	10a当たり収量	収穫量	出荷量		
ha	kg	t	t	%	%	%	%	%	
4,450	4,730	210,400	191,700	98	98	96	96	99	(1)
211	5,280	11,100	10,600	95	102	97	97	108	(2)
…	…	…	…	nc	nc	nc	nc	nc	(3)
…	…	…	…	nc	nc	nc	nc	nc	(4)
…	…	…	…	nc	nc	nc	nc	nc	(5)
…	…	…	…	nc	nc	nc	nc	nc	(6)
…	…	…	…	nc	nc	nc	nc	nc	(7)
…	…	…	…	nc	nc	nc	nc	nc	(8)
…	…	…	…	nc	nc	nc	nc	nc	(9)
…	…	…	…	nc	nc	nc	nc	nc	(10)
…	…	…	…	nc	nc	nc	nc	nc	(11)
…	…	…	…	nc	nc	nc	nc	nc	(12)
211	5,280	11,100	10,600	95	102	97	97	108	(13)
430	4,810	20,700	19,300	96	91	87	87	90	(14)
…	…	…	…	nc	nc	nc	nc	nc	(15)
…	…	…	…	nc	nc	nc	nc	nc	(16)
…	…	…	…	nc	nc	nc	nc	nc	(17)
…	…	…	…	nc	nc	nc	nc	nc	(18)
…	…	…	…	nc	nc	nc	nc	nc	(19)
288	4,680	13,500	11,800	99	102	101	101	102	(20)
82	4,400	3,610	3,280	94	96	91	92	98	(21)
…	…	…	…	nc	nc	nc	nc	nc	(22)
157	4,880	7,660	6,560	101	100	101	104	100	(23)
1,100	5,530	60,800	57,500	100	98	98	98	98	(24)
…	…	…	…	nc	nc	nc	nc	nc	(25)
106	4,710	4,990	4,650	95	95	91	91	91	(26)
…	…	…	…	nc	nc	nc	nc	nc	(27)
…	…	…	…	nc	nc	nc	nc	nc	(28)
…	…	…	…	nc	nc	nc	nc	nc	(29)
27	4,070	1,100	1,040	96	97	93	95	96	(30)
…	…	…	…	nc	nc	nc	nc	nc	(31)
…	…	…	…	nc	nc	nc	nc	nc	(32)
70	3,990	2,790	2,530	101	96	97	97	93	(33)
70	3,540	2,480	2,330	96	95	91	91	93	(34)
170	3,990	6,780	6,350	98	102	100	100	99	(35)
…	…	…	…	nc	nc	nc	nc	nc	(36)
…	…	…	…	nc	nc	nc	nc	nc	(37)
…	…	…	…	nc	nc	nc	nc	nc	(38)
…	…	…	…	nc	nc	nc	nc	nc	(39)
…	…	…	…	nc	nc	nc	nc	nc	(40)
…	…	…	…	nc	nc	nc	nc	nc	(41)
…	…	…	…	nc	nc	nc	nc	nc	(42)
…	…	…	…	nc	nc	nc	nc	nc	(43)
…	…	…	…	nc	nc	nc	nc	nc	(44)
32	4,880	1,560	1,370	94	97	92	91	97	(45)
50	3,000	1,500	1,050	98	101	99	99	103	(46)
74	2,940	2,180	1,760	100	99	100	99	95	(47)
…	…	…	…	nc	nc	nc	nc	nc	(48)
50	6,990	3,500	3,030	100	97	97	96	101	(49)
…	…	…	…	nc	nc	nc	nc	nc	(50)
…	…	…	…	nc	nc	nc	nc	nc	(51)
100	3,520	3,520	3,130	98	91	89	89	86	(52)
…	…	…	…	nc	nc	nc	nc	nc	(53)
260	7,890	20,500	19,200	99	100	99	99	104	(54)
158	2,980	4,710	4,160	99	94	93	93	97	(55)
…	…	…	…	nc	nc	nc	nc	nc	(56)
…	…	…	…	nc	nc	nc	nc	nc	(57)
317	4,440	14,100	12,900	99	98	97	98	100	(58)
…	…	…	…	nc	nc	nc	nc	nc	(59)
…	…	…	…	nc	nc	nc	nc	nc	(60)
…	…	…	…	nc	nc	nc	nc	nc	(61)
…	…	…	…	nc	nc	nc	nc	nc	(62)

3 平成30年産都道府県別の作付面積、10ａ当たり収量、収穫量及び出荷量（続き）

(1) だいこん（続き）
ウ 夏だいこん

全国農業地域 ・ 都 道 府 県		作 付 面 積	10ａ当たり 収 量	収 穫 量	出 荷 量	対 前 年 産 比				(参考) 対平均 収量比
						作付面積	10ａ当たり 収 量	収穫量	出荷量	
		ha	kg	t	t	%	%	%	%	%
全 国	(1)	5,990	4,010	240,200	218,900	96	97	92	92	103
(全国農業地域)										
北 海 道	(2)	2,350	4,800	112,800	106,100	92	94	86	86	101
都 府 県	(3)	…	…	…	…	nc	nc	nc	nc	nc
東 北	(4)	…	…	…	…	nc	nc	nc	nc	nc
北 陸	(5)	…	…	…	…	nc	nc	nc	nc	nc
関 東・東 山	(6)	…	…	…	…	nc	nc	nc	nc	nc
東 海	(7)	…	…	…	…	nc	nc	nc	nc	nc
近 畿	(8)	…	…	…	…	nc	nc	nc	nc	nc
中 国	(9)	…	…	…	…	nc	nc	nc	nc	nc
四 国	(10)	…	…	…	…	nc	nc	nc	nc	nc
九 州	(11)	…	…	…	…	nc	nc	nc	nc	nc
沖 縄	(12)	…	…	…	…	nc	nc	nc	nc	nc
(都道府県)										
北 海 道	(13)	2,350	4,800	112,800	106,100	92	94	86	86	101
青 森	(14)	1,560	4,550	71,000	64,600	99	104	103	103	113
岩 手	(15)	334	3,000	10,000	8,770	100	100	100	101	95
宮 城	(16)	…	…	…	…	nc	nc	nc	nc	nc
秋 田	(17)	…	…	…	…	nc	nc	nc	nc	nc
山 形	(18)	…	…	…	…	nc	nc	nc	nc	nc
福 島	(19)	…	…	…	…	nc	nc	nc	nc	nc
茨 城	(20)	…	…	…	…	nc	nc	nc	nc	nc
栃 木	(21)	68	2,140	1,460	1,300	93	101	95	101	99
群 馬	(22)	249	3,960	9,860	8,800	89	98	88	88	97
埼 玉	(23)	…	…	…	…	nc	nc	nc	nc	nc
千 葉	(24)	…	…	…	…	nc	nc	nc	nc	nc
東 京	(25)	…	…	…	…	nc	nc	nc	nc	nc
神 奈 川	(26)	…	…	…	…	nc	nc	nc	nc	nc
新 潟	(27)	…	…	…	…	nc	nc	nc	nc	nc
富 山	(28)	7	2,130	149	123	100	93	93	93	93
石 川	(29)	…	…	…	…	nc	nc	nc	nc	nc
福 井	(30)	…	…	…	…	nc	nc	nc	nc	nc
山 梨	(31)	…	…	…	…	nc	nc	nc	nc	nc
長 野	(32)	215	2,400	5,160	4,260	106	103	109	110	100
岐 阜	(33)	146	4,180	6,100	5,670	101	79	80	80	80
静 岡	(34)	…	…	…	…	nc	nc	nc	nc	nc
愛 知	(35)	…	…	…	…	nc	nc	nc	nc	nc
三 重	(36)	…	…	…	…	nc	nc	nc	nc	nc
滋 賀	(37)	…	…	…	…	nc	nc	nc	nc	nc
京 都	(38)	…	…	…	…	nc	nc	nc	nc	nc
大 阪	(39)	…	…	…	…	nc	nc	nc	nc	nc
兵 庫	(40)	33	4,180	1,380	1,260	97	97	95	94	97
奈 良	(41)	…	…	…	…	nc	nc	nc	nc	nc
和 歌 山	(42)	…	…	…	…	nc	nc	nc	nc	nc
鳥 取	(43)	…	…	…	…	nc	nc	nc	nc	nc
島 根	(44)	…	…	…	…	nc	nc	nc	nc	nc
岡 山	(45)	79	3,200	2,530	2,220	98	93	91	90	94
広 島	(46)	46	3,000	1,380	1,240	98	105	102	102	111
山 口	(47)	46	1,950	897	825	100	164	164	172	83
徳 島	(48)	…	…	…	…	nc	nc	nc	nc	nc
香 川	(49)	…	…	…	…	nc	nc	nc	nc	nc
愛 媛	(50)	…	…	…	…	nc	nc	nc	nc	nc
高 知	(51)	…	…	…	…	nc	nc	nc	nc	nc
福 岡	(52)	…	…	…	…	nc	nc	nc	nc	nc
佐 賀	(53)	…	…	…	…	nc	nc	nc	nc	nc
長 崎	(54)	…	…	…	…	nc	nc	nc	nc	nc
熊 本	(55)	198	1,550	3,070	2,640	100	99	99	99	103
大 分	(56)	…	…	…	…	nc	nc	nc	nc	nc
宮 崎	(57)	…	…	…	…	nc	nc	nc	nc	nc
鹿 児 島	(58)	…	…	…	…	nc	nc	nc	nc	nc
沖 縄	(59)	…	…	…	…	nc	nc	nc	nc	nc
関 東 農 政 局	(60)	…	…	…	…	nc	nc	nc	nc	nc
東 海 農 政 局	(61)	…	…	…	…	nc	nc	nc	nc	nc
中国四国農政局	(62)	…	…	…	…	nc	nc	nc	nc	nc

エ　秋冬だいこん

作 付 面 積	10 a 当たり 収 量	収 穫 量	出 荷 量	対 前 年 産 比				(参考) 対平均 収量比	
				作付面積	10 a 当たり 収 量	収 穫 量	出 荷 量		
ha	kg	t	t	%	%	%	%	%	
21,000	4,180	876,900	678,300	99	105	104	104	97	(1)
711	4,640	33,000	30,100	105	105	111	111	108	(2)
…	…	…	…	nc	nc	nc	nc	nc	(3)
3,290	3,060	100,700	57,900	101	95	96	94	93	(4)
2,000	3,120	62,300	41,500	98	93	91	93	92	(5)
…	…	…	…	nc	nc	nc	nc	nc	(6)
…	…	…	…	nc	nc	nc	nc	nc	(7)
…	…	…	…	nc	nc	nc	nc	nc	(8)
…	…	…	…	nc	nc	nc	nc	nc	(9)
…	…	…	…	nc	nc	nc	nc	nc	(10)
…	…	…	…	nc	nc	nc	nc	nc	(11)
…	…	…	…	nc	nc	nc	nc	nc	(12)
711	4,640	33,000	30,100	105	105	111	111	108	(13)
996	3,090	30,800	26,800	106	82	87	87	77	(14)
487	2,930	14,300	8,790	101	99	100	100	102	(15)
413	2,220	9,170	2,890	97	103	100	100	101	(16)
463	2,700	12,500	4,710	100	105	104	104	107	(17)
381	3,710	14,100	7,340	97	102	99	99	101	(18)
549	3,610	19,800	7,360	99	103	101	102	101	(19)
920	4,720	43,400	34,800	98	99	96	96	92	(20)
288	4,480	12,900	9,500	nc	nc	nc	nc	98	(21)
478	3,970	19,000	10,700	101	106	107	107	108	(22)
376	4,010	15,100	10,200	99	107	106	108	101	(23)
1,570	5,660	88,900	82,100	98	118	115	115	106	(24)
176	4,380	7,710	7,280	99	89	89	89	88	(25)
990	7,550	74,700	69,500	98	111 ·	108	104	92	(26)
1,350	3,180	42,900	28,600	99	89	88	89	88	(27)
160	2,320	3,710	2,510	99	108	107	114	113	(28)
280	3,890	10,900	7,390	95	98	92	93	95	(29)
207	2,300	4,760	3,030	95	114	109	124	107	(30)
…	…	…	…	nc	nc	nc	nc	nc	(31)
541	2,610	14,100	4,880	92	99	91	93	95	(32)
333	2,820	9,390	5,770	103	104	108	107	92	(33)
421	4,280	18,000	14,400	101	102	103	104	87	(34)
385	4,120	15,900	13,300	97	112	109	108	106	(35)
…	…	…	…	nc	nc	nc	nc	nc	(36)
132	2,820	3,720	1,630	96	104	100	100	101	(37)
…	…	…	…	nc	nc	nc	nc	nc	(38)
…	…	…	…	nc	nc	nc	nc	nc	(39)
363	3,330	12,100	4,730	97	139	136	136	100	(40)
83	3,810	3,160	1,900	99	101	100	106	90	(41)
127	6,850	8,700	7,490	100	110	110	110	92	(42)
…	…	…	…	nc	nc	nc	nc	nc	(43)
…	…	…	…	nc	nc	nc	nc	nc	(44)
197	3,450	6,800	3,810	99	102	101	104	103	(45)
347	2,400	8,330	3,500	100	108	107	113	90	(46)
284	2,840	8,070	5,240	100	107	107	109	94	(47)
319	7,660	24,400	22,200	99	145	143	143	107	(48)
100	3,800	3,800	2,390	105	92	96	94	92	(49)
…	…	…	…	nc	nc	nc	nc	nc	(50)
…	…	…	…	nc	nc	nc	nc	nc	(51)
235	5,090	12,000	9,580	100	104	104	104	94	(52)
…	…	…	…	nc	nc	nc	nc	nc	(53)
481	6,870	33,000	29,900	99	106	105	106	97	(54)
486	3,700	18,000	14,400	100	106	107	107	96	(55)
260	4,030	10,500	6,770	97	120	117	117	113	(56)
1,780	4,200	74,800	67,200	98	102	101	100	90	(57)
1,710	4,670	79,900	72,700	99	102	101	102	95	(58)
…	…	…	…	nc	nc	nc	nc	nc	(59)
…	…	…	…	nc	nc	nc	nc	nc	(60)
…	…	…	…	nc	nc	nc	nc	nc	(61)
…	…	…	…	nc	nc	nc	nc	nc	(62)

3 平成30年産都道府県別の作付面積、10a当たり収量、収穫量及び出荷量（続き）

(2) かぶ

全国農業地域都道府県		作付面積	10a当たり収量	収穫量	出荷量	対前年産比				(参考)対平均収量比
						作付面積	10a当たり収量	収穫量	出荷量	
		ha	kg	t	t	%	%	%	%	%
全 国	(1)	4,300	2,740	117,700	97,900	97	101	99	99	98
(全国農業地域)										
北 海 道	(2)	120	3,100	3,720	3,490	100	95	95	97	101
都 府 県	(3)	…	…	…	…	nc	nc	nc	nc	nc
東 北	(4)	…	…	…	…	nc	nc	nc	nc	nc
北 陸	(5)	…	…	…	…	nc	nc	nc	nc	nc
関東・東山	(6)	…	…	…	…	nc	nc	nc	nc	nc
東 海	(7)	…	…	…	…	nc	nc	nc	nc	nc
近 畿	(8)	…	…	…	…	nc	nc	nc	nc	nc
中 国	(9)	…	…	…	…	nc	nc	nc	nc	nc
四 国	(10)	…	…	…	…	nc	nc	nc	nc	nc
九 州	(11)	…	…	…	…	nc	nc	nc	nc	nc
沖 縄	(12)	…	…	…	…	nc	nc	nc	nc	nc
(都道府県)										
北 海 道	(13)	120	3,100	3,720	3,490	100	95	95	97	101
青 森	(14)	185	3,630	6,720	6,050	96	97	93	93	95
岩 手	(15)	…	…	…	…	nc	nc	nc	nc	nc
宮 城	(16)	…	…	…	…	nc	nc	nc	nc	nc
秋 田	(17)	…	…	…	…	nc	nc	nc	nc	nc
山 形	(18)	256	1,370	3,510	2,820	100	92	92	93	86
福 島	(19)	105	1,590	1,670	794	97	104	101	101	105
茨 城	(20)	78	2,120	1,650	929	98	103	101	101	95
栃 木	(21)	66	2,540	1,680	1,380	100	99	99	101	97
群 馬	(22)	…	…	…	…	nc	nc	nc	nc	nc
埼 玉	(23)	448	3,870	17,300	14,500	99	102	101	101	105
千 葉	(24)	904	3,800	34,400	32,700	96	110	106	105	104
東 京	(25)	81	2,220	1,800	1,690	99	89	88	88	92
神 奈 川	(26)	102	2,400	2,450	2,290	100	98	98	98	79
新 潟	(27)	145	1,990	2,890	2,060	94	104	98	97	93
富 山	(28)	85	1,850	1,570	1,180	96	99	95	95	92
石 川	(29)	…	…	…	…	nc	nc	nc	nc	nc
福 井	(30)	…	…	…	…	nc	nc	nc	nc	nc
山 梨	(31)	…	…	…	…	nc	nc	nc	nc	nc
長 野	(32)	…	…	…	…	nc	nc	nc	nc	nc
岐 阜	(33)	152	1,960	2,980	2,280	97	90	87	87	81
静 岡	(34)	…	…	…	…	nc	nc	nc	nc	nc
愛 知	(35)	95	2,490	2,370	1,710	100	99	100	99	99
三 重	(36)	90	1,270	1,140	790	100	85	85	85	72
滋 賀	(37)	192	2,710	5,200	4,220	98	99	96	97	102
京 都	(38)	163	2,700	4,400	3,950	101	88	89	91	84
大 阪	(39)	…	…	…	…	nc	nc	nc	nc	nc
兵 庫	(40)	…	…	…	…	nc	nc	nc	nc	nc
奈 良	(41)	…	…	…	…	nc	nc	nc	nc	nc
和 歌 山	(42)	…	…	…	…	nc	nc	nc	nc	nc
鳥 取	(43)	…	…	…	…	nc	nc	nc	nc	nc
島 根	(44)	64	2,310	1,480	1,060	98	103	101	101	100
岡 山	(45)	…	…	…	…	nc	nc	nc	nc	nc
広 島	(46)	…	…	…	…	nc	nc	nc	nc	nc
山 口	(47)	…	…	…	…	nc	nc	nc	nc	nc
徳 島	(48)	58	2,860	1,660	1,470	76	93	71	71	83
香 川	(49)	…	…	…	…	nc	nc	nc	nc	nc
愛 媛	(50)	…	…	…	…	nc	nc	nc	nc	nc
高 知	(51)	…	…	…	…	nc	nc	nc	nc	nc
福 岡	(52)	104	3,650	3,800	3,310	99	102	101	101	98
佐 賀	(53)	…	…	…	…	nc	nc	nc	nc	nc
長 崎	(54)	…	…	…	…	nc	nc	nc	nc	nc
熊 本	(55)	…	…	…	…	nc	nc	nc	nc	nc
大 分	(56)	…	…	…	…	nc	nc	nc	nc	nc
宮 崎	(57)	…	…	…	…	nc	nc	nc	nc	nc
鹿 児 島	(58)	…	…	…	…	nc	nc	nc	nc	nc
沖 縄	(59)	…	…	…	…	nc	nc	nc	nc	nc
関 東 農 政 局	(60)	…	…	…	…	nc	nc	nc	nc	nc
東 海 農 政 局	(61)	337	1,930	6,490	4,780	99	93	91	91	85
中国四国農政局	(62)	…	…	…	…	nc	nc	nc	nc	nc

(3) にんじん
ア 計

作 付 面 積	10a 当たり収 量	収 穫 量	出 荷 量	対 前 年 産 比				(参考)対平均収量比	
				作付面積	10a 当たり収 量	収穫量	出荷量		
ha	kg	t	t	%	%	%	%	%	
17,200	3,340	574,700	512,500	96	100	96	96	101	(1)
4,640	3,540	164,200	152,400	91	93	85	85	102	(2)
…	…	…	…	nc	nc	nc	nc	nc	(3)
…	…	…	…	nc	nc	nc	nc	nc	(4)
…	…	…	…	nc	nc	nc	nc	nc	(5)
…	…	…	…	nc	nc	nc	nc	nc	(6)
737	3,320	24,500	20,800	93	113	105	105	96	(7)
…	…	…	…	nc	nc	nc	nc	nc	(8)
…	…	…	…	nc	nc	nc	nc	nc	(9)
…	…	…	…	nc	nc	nc	nc	nc	(10)
…	…	…	…	nc	nc	nc	nc	nc	(11)
168	1,640	2,750	2,320	93	90	83	82	87	(12)
4,640	3,540	164,200	152,400	91	93	85	85	102	(13)
1,160	3,220	37,400	34,800	100	98	98	100	101	(14)
161	1,630	2,630	1,620	97	103	100	101	103	(15)
…	…	…	…	nc	nc	nc	nc	nc	(16)
…	…	…	…	nc	nc	nc	nc	nc	(17)
…	…	…	…	nc	nc	nc	nc	nc	(18)
132	1,210	1,600	688	101	101	102	105	100	(19)
844	3,660	30,900	25,600	98	101	98	98	104	(20)
…	…	…	…	nc	nc	nc	nc	nc	(21)
…	…	…	…	nc	nc	nc	nc	nc	(22)
530	3,640	19,300	16,300	100	101	101	100	104	(23)
3,010	3,630	109,400	101,700	99	109	107	107	102	(24)
110	3,040	3,340	3,100	100	90	90	90	87	(25)
…	…	…	…	nc	nc	nc	nc	nc	(26)
249	2,370	5,900	4,660	94	96	90	89	100	(27)
…	…	…	…	nc	nc	nc	nc	nc	(28)
41	927	380	312	89	84	75	75	69	(29)
…	…	…	…	nc	nc	nc	nc	nc	(30)
…	…	…	…	nc	nc	nc	nc	nc	(31)
…	…	…	…	nc	nc	nc	nc	nc	(32)
181	2,920	5,280	4,480	100	99	99	102	90	(33)
107	2,550	2,730	2,010	100	102	103	106	116	(34)
375	4,030	15,100	13,600	87	120	105	105	95	(35)
74	1,920	1,420	715	100	139	139	139	112	(36)
…	…	…	…	nc	nc	nc	nc	nc	(37)
…	…	…	…	nc	nc	nc	nc	nc	(38)
…	…	…	…	nc	nc	nc	nc	nc	(39)
117	3,060	3,580	2,860	98	125	123	134	121	(40)
…	…	…	…	nc	nc	nc	nc	nc	(41)
61	4,280	2,610	2,350	100	100	100	100	101	(42)
82	2,450	2,010	1,740	99	120	118	129	88	(43)
…	…	…	…	nc	nc	nc	nc	nc	(44)
76	1,540	1,170	854	96	97	94	97	90	(45)
…	…	…	…	nc	nc	nc	nc	nc	(46)
…	…	…	…	nc	nc	nc	nc	nc	(47)
983	4,950	48,700	44,200	101	91	92	89	96	(48)
109	2,760	3,010	2,730	100	122	122	125	105	(49)
…	…	…	…	nc	nc	nc	nc	nc	(50)
…	…	…	…	nc	nc	nc	nc	nc	(51)
…	…	…	…	nc	nc	nc	nc	nc	(52)
…	…	…	…	nc	nc	nc	nc	nc	(53)
839	3,870	32,500	30,400	99	109	107	107	104	(54)
602	3,020	18,200	16,200	98	103	102	103	103	(55)
140	2,310	3,240	2,420	101	118	120	119	111	(56)
480	3,190	15,300	13,800	98	120	118	117	100	(57)
567	3,190	18,100	15,200	98	101	99	99	96	(58)
168	1,640	2,750	2,320	93	90	83	82	87	(59)
…	…	…	…	nc	nc	nc	nc	nc	(60)
630	3,460	21,800	18,800	92	114	105	105	94	(61)
…	…	…	…	nc	nc	nc	nc	nc	(62)

3　平成30年産都道府県別の作付面積、10 a 当たり収量、収穫量及び出荷量（続き）

(3)　にんじん（続き）
　　イ　春夏にんじん

全国農業地域 都　道　府　県		作 付 面 積	10 a 当たり 収　　量	収 穫 量	出 荷 量	対　前　年　産　比				(参考) 対平均 収量比
						作付面積	10 a 当たり 収　　量	収穫量	出荷量	
		ha	kg	t	t	%	%	%	%	%
全　　　国	(1)	4,190	3,710	155,500	142,900	98	96	94	93	99
(全国農業地域)										
北　海　道	(2)	173	3,190	5,520	5,180	71	105	74	74	103
都　府　県	(3)	…	…	…	…	nc	nc	nc	nc	nc
東　　　北	(4)	…	…	…	…	nc	nc	nc	nc	nc
北　　　陸	(5)	…	…	…	…	nc	nc	nc	nc	nc
関 東・東 山	(6)	…	…	…	…	nc	nc	nc	nc	nc
東　　海	(7)	…	…	…	…	nc	nc	nc	nc	nc
近　　畿	(8)	…	…	…	…	nc	nc	nc	nc	nc
中　　国	(9)	…	…	…	…	nc	nc	nc	nc	nc
四　　国	(10)	…	…	…	…	nc	nc	nc	nc	nc
九　　州	(11)	…	…	…	…	nc	nc	nc	nc	nc
沖　　縄	(12)	58	2,070	1,200	1,040	98	92	91	90	95
(都道府県)										
北　海　道	(13)	173	3,190	5,520	5,180	71	105	74	74	103
青　　　森	(14)	630	3,480	21,900	20,600	102	93	95	97	99
岩　　　手	(15)	30	1,620	486	304	97	103	100	101	99
宮　　　城	(16)	…	…	…	…	nc	nc	nc	nc	nc
秋　　　田	(17)	…	…	…	…	nc	nc	nc	nc	nc
山　　　形	(18)	…	…	…	…	nc	nc	nc	nc	nc
福　　　島	(19)	…	…	…	…	nc	nc	nc	nc	nc
茨　　　城	(20)	194	4,200	8,150	7,730	103	105	108	108	115
栃　　　木	(21)	…	…	…	…	nc	nc	nc	nc	nc
群　　　馬	(22)	…	…	…	…	nc	nc	nc	nc	nc
埼　　　玉	(23)	150	3,350	5,030	4,480	102	102	105	104	102
千　　　葉	(24)	654	3,580	23,400	22,500	97	95	92	93	95
東　　　京	(25)	…	…	…	…	nc	nc	nc	nc	nc
神　奈　川	(26)	…	…	…	…	nc	nc	nc	nc	nc
新　　　潟	(27)	35	1,930	676	619	95	93	88	88	83
富　　　山	(28)	…	…	…	…	nc	nc	nc	nc	nc
石　　　川	(29)	…	…	…	…	nc	nc	nc	nc	nc
福　　　井	(30)	…	…	…	…	nc	nc	nc	nc	nc
山　　　梨	(31)	…	…	…	…	nc	nc	nc	nc	nc
長　　　野	(32)	…	…	…	…	nc	nc	nc	nc	nc
岐　　　阜	(33)	69	4,460	3,080	2,890	101	106	108	109	101
静　　　岡	(34)	55	2,910	1,600	1,370	100	103	103	106	102
愛　　　知	(35)	50	3,040	1,520	1,260	98	102	100	100	108
三　　　重	(36)	…	…	…	…	nc	nc	nc	nc	nc
滋　　　賀	(37)	…	…	…	…	nc	nc	nc	nc	nc
京　　　都	(38)	…	…	…	…	nc	nc	nc	nc	nc
大　　　阪	(39)	…	…	…	…	nc	nc	nc	nc	nc
兵　　　庫	(40)	63	4,130	2,600	2,470	98	126	123	134	118
奈　　　良	(41)	…	…	…	…	nc	nc	nc	nc	nc
和　歌　山	(42)	54	4,600	2,480	2,280	100	100	100	100	101
鳥　　　取	(43)	…	…	…	…	nc	nc	nc	nc	nc
島　　　根	(44)	…	…	…	…	nc	nc	nc	nc	nc
岡　　　山	(45)	15	1,990	299	240	94	98	92	94	99
広　　　島	(46)	…	…	…	…	nc	nc	nc	nc	nc
山　　　口	(47)	…	…	…	…	nc	nc	nc	nc	nc
徳　　　島	(48)	969	5,000	48,500	44,100	101	91	92	89	95
香　　　川	(49)	…	…	…	…	nc	nc	nc	nc	nc
愛　　　媛	(50)	…	…	…	…	nc	nc	nc	nc	nc
高　　　知	(51)	…	…	…	…	nc	nc	nc	nc	nc
福　　　岡	(52)	…	…	…	…	nc	nc	nc	nc	nc
佐　　　賀	(53)	…	…	…	…	nc	nc	nc	nc	nc
長　　　崎	(54)	297	3,540	10,500	9,890	97	92	90	90	91
熊　　　本	(55)	235	3,100	7,290	6,640	99	95	94	94	108
大　　　分	(56)	20	2,850	570	483	105	103	108	108	104
宮　　　崎	(57)	125	3,480	4,350	4,030	93	98	90	90	96
鹿　児　島	(58)	45	2,410	1,080	836	nc	nc	nc	nc	93
沖　　　縄	(59)	58	2,070	1,200	1,040	98	92	91	90	95
関 東 農 政 局	(60)	…	…	…	…	nc	nc	nc	nc	nc
東 海 農 政 局	(61)	…	…	…	…	nc	nc	nc	nc	nc
中国四国農政局	(62)	…	…	…	…	nc	nc	nc	nc	nc

ウ　秋にんじん

作付面積	10 a 当たり収量	収穫量	出荷量	対前年産比				(参考)対平均収量比	
				作付面積	10 a 当たり収量	収穫量	出荷量		
ha	kg	t	t	%	%	%	%	%	
5,410	3,300	178,500	161,400	93	93	86	86	102	(1)
4,470	3,550	158,700	147,200	92	92	85	85	101	(2)
…	…	…	…	nc	nc	nc	nc	nc	(3)
…	…	…	…	nc	nc	nc	nc	nc	(4)
…	…	…	…	nc	nc	nc	nc	nc	(5)
…	…	…	…	nc	nc	nc	nc	nc	(6)
…	…	…	…	nc	nc	nc	nc	nc	(7)
…	…	…	…	nc	nc	nc	nc	nc	(8)
…	…	…	…	nc	nc	nc	nc	nc	(9)
…	…	…	…	nc	nc	nc	nc	nc	(10)
…	…	…	…	nc	nc	nc	nc	nc	(11)
…	…	…	…	nc	nc	nc	nc	nc	(12)
4,470	3,550	158,700	147,200	92	92	85	85	101	(13)
295	2,980	8,790	8,090	96	111	107	106	105	(14)
…	…	…	…	nc	nc	nc	nc	nc	(15)
…	…	…	…	nc	nc	nc	nc	nc	(16)
…	…	…	…	nc	nc	nc	nc	nc	(17)
…	…	…	…	nc	nc	nc	nc	nc	(18)
…	…	…	…	nc	nc	nc	nc	nc	(19)
…	…	…	…	nc	nc	nc	nc	nc	(20)
…	…	…	…	nc	nc	nc	nc	nc	(21)
…	…	…	…	nc	nc	nc	nc	nc	(22)
…	…	…	…	nc	nc	nc	nc	nc	(23)
…	…	…	…	nc	nc	nc	nc	nc	(24)
…	…	…	…	nc	nc	nc	nc	nc	(25)
…	…	…	…	nc	nc	nc	nc	nc	(26)
…	…	…	…	nc	nc	nc	nc	nc	(27)
…	…	…	…	nc	nc	nc	nc	nc	(28)
…	…	…	…	nc	nc	nc	nc	nc	(29)
…	…	…	…	nc	nc	nc	nc	nc	(30)
…	…	…	…	nc	nc	nc	nc	nc	(31)
…	…	…	…	nc	nc	nc	nc	nc	(32)
…	…	…	…	nc	nc	nc	nc	nc	(33)
…	…	…	…	nc	nc	nc	nc	nc	(34)
…	…	…	…	nc	nc	nc	nc	nc	(35)
…	…	…	…	nc	nc	nc	nc	nc	(36)
…	…	…	…	nc	nc	nc	nc	nc	(37)
…	…	…	…	nc	nc	nc	nc	nc	(38)
…	…	…	…	nc	nc	nc	nc	nc	(39)
…	…	…	…	nc	nc	nc	nc	nc	(40)
…	…	…	…	nc	nc	nc	nc	nc	(41)
…	…	…	…	nc	nc	nc	nc	nc	(42)
…	…	…	…	nc	nc	nc	nc	nc	(43)
…	…	…	…	nc	nc	nc	nc	nc	(44)
…	…	…	…	nc	nc	nc	nc	nc	(45)
…	…	…	…	nc	nc	nc	nc	nc	(46)
…	…	…	…	nc	nc	nc	nc	nc	(47)
…	…	…	…	nc	nc	nc	nc	nc	(48)
…	…	…	…	nc	nc	nc	nc	nc	(49)
…	…	…	…	nc	nc	nc	nc	nc	(50)
…	…	…	…	nc	nc	nc	nc	nc	(51)
…	…	…	…	nc	nc	nc	nc	nc	(52)
…	…	…	…	nc	nc	nc	nc	nc	(53)
…	…	…	…	nc	nc	nc	nc	nc	(54)
…	…	…	…	nc	nc	nc	nc	nc	(55)
…	…	…	…	nc	nc	nc	nc	nc	(56)
…	…	…	…	nc	nc	nc	nc	nc	(57)
…	…	…	…	nc	nc	nc	nc	nc	(58)
…	…	…	…	nc	nc	nc	nc	nc	(59)
…	…	…	…	nc	nc	nc	nc	nc	(60)
…	…	…	…	nc	nc	nc	nc	nc	(61)
…	…	…	…	nc	nc	nc	nc	nc	(62)

3　平成30年産都道府県別の作付面積、10ａ当たり収量、収穫量及び出荷量（続き）

（3）　にんじん（続き）
####　　エ　冬にんじん

全国農業地域 都 道 府 県		作 付 面 積	10ａ当たり 収　　量	収 穫 量	出 荷 量	対　前　年　産　比				（参考） 対平均 収量比
						作付面積	10ａ当たり 収　量	収穫量	出荷量	
		ha	kg	t	t	%	%	%	%	%
全　　　国	(1)	7,630	3,160	241,000	208,200	98	110	108	108	101
（全国農業地域）										
北 海 道	(2)	…	…	…	…	nc	nc	nc	nc	nc
都 府 県	(3)	…	…	…	…	nc	nc	nc	nc	nc
東 北	(4)	…	…	…	…	nc	nc	nc	nc	nc
北 陸	(5)	…	…	…	…	nc	nc	nc	nc	nc
関 東 ・ 東 山	(6)	…	…	…	…	nc	nc	nc	nc	nc
東 海	(7)	…	…	…	…	nc	nc	nc	nc	nc
近 畿	(8)	…	…	…	…	nc	nc	nc	nc	nc
中 国	(9)	…	…	…	…	nc	nc	nc	nc	nc
四 国	(10)	…	…	…	…	nc	nc	nc	nc	nc
九 州	(11)	…	…	…	…	nc	nc	nc	nc	nc
沖 縄	(12)	104	1,380	1,440	1,180	90	87	78	76	81
（都道府県）										
北 海 道	(13)	…	…	…	…	nc	nc	nc	nc	nc
青 森	(14)	233	2,890	6,730	6,060	99	102	102	102	102
岩 手	(15)	…	…	…	…	nc	nc	nc	nc	nc
宮 城	(16)	…	…	…	…	nc	nc	nc	nc	nc
秋 田	(17)	…	…	…	…	nc	nc	nc	nc	nc
山 形	(18)	…	…	…	…	nc	nc	nc	nc	nc
福 島	(19)	120	1,220	1,460	615	101	102	102	105	100
茨 城	(20)	623	3,580	22,300	17,700	96	99	95	95	101
栃 木	(21)	…	…	…	…	nc	nc	nc	nc	nc
群 馬	(22)	…	…	…	…	nc	nc	nc	nc	nc
埼 玉	(23)	371	3,790	14,100	11,800	99	100	99	99	104
千 葉	(24)	2,350	3,660	86,000	79,200	99	113	112	112	105
東 京	(25)	99	3,180	3,150	2,940	100	90	90	90	86
神 奈 川	(26)	…	…	…	…	nc	nc	nc	nc	nc
新 潟	(27)	147	2,540	3,730	2,830	93	98	91	90	104
富 山	(28)	…	…	…	…	nc	nc	nc	nc	nc
石 川	(29)	36	910	328	270	88	86	75	75	69
福 井	(30)	…	…	…	…	nc	nc	nc	nc	nc
山 梨	(31)	…	…	…	…	nc	nc	nc	nc	nc
長 野	(32)	…	…	…	…	nc	nc	nc	nc	nc
岐 阜	(33)	109	1,980	2,160	1,560	99	90	89	91	79
静 岡	(34)	…	…	…	…	nc	nc	nc	nc	nc
愛 知	(35)	324	4,200	13,600	12,400	86	123	105	105	95
三 重	(36)	53	1,860	986	482	100	139	139	139	110
滋 賀	(37)	…	…	…	…	nc	nc	nc	nc	nc
京 都	(38)	…	…	…	…	nc	nc	nc	nc	nc
大 阪	(39)	…	…	…	…	nc	nc	nc	nc	nc
兵 庫	(40)	…	…	…	…	nc	nc	nc	nc	nc
奈 良	(41)	…	…	…	…	nc	nc	nc	nc	nc
和 歌 山	(42)	…	…	…	…	nc	nc	nc	nc	nc
鳥 取	(43)	74	2,420	1,790	1,540	99	119	118	129	86
島 根	(44)	…	…	…	…	nc	nc	nc	nc	nc
岡 山	(45)	56	1,500	840	588	97	98	95	98	87
広 島	(46)	…	…	…	…	nc	nc	nc	nc	nc
山 口	(47)	…	…	…	…	nc	nc	nc	nc	nc
徳 島	(48)	…	…	…	…	nc	nc	nc	nc	nc
香 川	(49)	99	2,860	2,830	2,630	100	122	122	125	104
愛 媛	(50)	…	…	…	…	nc	nc	nc	nc	nc
高 知	(51)	…	…	…	…	nc	nc	nc	nc	nc
福 岡	(52)	…	…	…	…	nc	nc	nc	nc	nc
佐 賀	(53)	…	…	…	…	nc	nc	nc	nc	nc
長 崎	(54)	535	4,100	21,900	20,500	99	119	118	118	111
熊 本	(55)	346	2,980	10,300	8,920	98	111	109	109	99
大 分	(56)	108	2,330	2,520	1,840	101	121	123	123	114
宮 崎	(57)	354	3,080	10,900	9,820	101	133	133	134	100
鹿 児 島	(58)	512	3,300	16,900	14,300	97	101	99	99	95
沖 縄	(59)	104	1,380	1,440	1,180	90	87	78	76	81
関 東 農 政 局	(60)	…	…	…	…	nc	nc	nc	nc	nc
東 海 農 政 局	(61)	486	3,440	16,700	14,400	90	116	104	104	93
中国四国農政局	(62)	…	…	…	…	nc	nc	nc	nc	nc

(4)　ごぼう

作 付 面 積	10a当たり収量	収 穫 量	出 荷 量	対　前　年　産　比				(参考)対平均収量比	
				作付面積	10a当たり収量	収穫量	出荷量		
ha	kg	t	t	%	%	%	%	%	
7,710	1,750	135,300	117,200	97	98	95	95	94	(1)
615	2,200	13,500	12,500	96	87	83	83	97	(2)
…	…	…	…	nc	nc	nc	nc	nc	(3)
…	…	…	…	nc	nc	nc	nc	nc	(4)
…	…	…	…	nc	nc	nc	nc	nc	(5)
…	…	…	…	nc	nc	nc	nc	nc	(6)
…	…	…	…	nc	nc	nc	nc	nc	(7)
…	…	…	…	nc	nc	nc	nc	nc	(8)
…	…	…	…	nc	nc	nc	nc	nc	(9)
…	…	…	…	nc	nc	nc	nc	nc	(10)
…	…	…	…	nc	nc	nc	nc	nc	(11)
…	…	…	…	nc	nc	nc	nc	nc	(12)
615	2,200	13,500	12,500	96	87	83	83	97	(13)
2,350	2,110	49,600	46,600	100	99	99	99	95	(14)
…	…	…	…	nc	nc	nc	nc	nc	(15)
…	…	…	…	nc	nc	nc	nc	nc	(16)
…	…	…	…	nc	nc	nc	nc	nc	(17)
…	…	…	…	nc	nc	nc	nc	nc	(18)
…	…	…	…	nc	nc	nc	nc	nc	(19)
830	1,720	14,300	12,500	97	98	95	95	87	(20)
294	1,680	4,940	4,640	79	105	83	85	103	(21)
415	1,820	7,550	6,850	96	97	93	93	104	(22)
…	…	…	…	nc	nc	nc	nc	nc	(23)
375	2,060	7,730	6,840	96	107	102	102	104	(24)
…	…	…	…	nc	nc	nc	nc	nc	(25)
…	…	…	…	nc	nc	nc	nc	nc	(26)
…	…	…	…	nc	nc	nc	nc	nc	(27)
…	…	…	…	nc	nc	nc	nc	nc	(28)
…	…	…	…	nc	nc	nc	nc	nc	(29)
…	…	…	…	nc	nc	nc	nc	nc	(30)
…	…	…	…	nc	nc	nc	nc	nc	(31)
…	…	…	…	nc	nc	nc	nc	nc	(32)
…	…	…	…	nc	nc	nc	nc	nc	(33)
…	…	…	…	nc	nc	nc	nc	nc	(34)
…	…	…	…	nc	nc	nc	nc	nc	(35)
…	…	…	…	nc	nc	nc	nc	nc	(36)
…	…	…	…	nc	nc	nc	nc	nc	(37)
…	…	…	…	nc	nc	nc	nc	nc	(38)
…	…	…	…	nc	nc	nc	nc	nc	(39)
…	…	…	…	nc	nc	nc	nc	nc	(40)
…	…	…	…	nc	nc	nc	nc	nc	(41)
…	…	…	…	nc	nc	nc	nc	nc	(42)
…	…	…	…	nc	nc	nc	nc	nc	(43)
…	…	…	…	nc	nc	nc	nc	nc	(44)
…	…	…	…	nc	nc	nc	nc	nc	(45)
…	…	…	…	nc	nc	nc	nc	nc	(46)
…	…	…	…	nc	nc	nc	nc	nc	(47)
…	…	…	…	nc	nc	nc	nc	nc	(48)
…	…	…	…	nc	nc	nc	nc	nc	(49)
…	…	…	…	nc	nc	nc	nc	nc	(50)
…	…	…	…	nc	nc	nc	nc	nc	(51)
…	…	…	…	nc	nc	nc	nc	nc	(52)
…	…	…	…	nc	nc	nc	nc	nc	(53)
…	…	…	…	nc	nc	nc	nc	nc	(54)
265	1,300	3,450	2,810	102	112	114	114	107	(55)
…	…	…	…	nc	nc	nc	nc	nc	(56)
617	1,370	8,450	7,680	95	90	85	86	85	(57)
445	1,340	5,960	5,410	97	116	112	115	85	(58)
…	…	…	…	nc	nc	nc	nc	nc	(59)
…	…	…	…	nc	nc	nc	nc	nc	(60)
…	…	…	…	nc	nc	nc	nc	nc	(61)
…	…	…	…	nc	nc	nc	nc	nc	(62)

3　平成30年産都道府県別の作付面積、10 a 当たり収量、収穫量及び出荷量（続き）

(5)　れんこん

全国農業地域 都　道　府　県		作付面積	10 a 当たり 収　　量	収　穫　量	出　荷　量	対　　前　　年　　産　　比				(参考) 対平均 収量比
						作付面積	10 a 当たり 収　量	収穫量	出荷量	
		ha	kg	t	t	%	%	%	%	%
全　　国	(1)	4,000	1,530	61,300	51,600	101	99	100	100	102
（全国農業地域）										
北　海　道	(2)	…	…	…	…	nc	nc	nc	nc	nc
都　府　県	(3)	…	…	…	…	nc	nc	nc	nc	nc
東　　北	(4)	…	…	…	…	nc	nc	nc	nc	nc
北　　陸	(5)	…	…	…	…	nc	nc	nc	nc	nc
関東・東山	(6)	…	…	…	…	nc	nc	nc	nc	nc
東　　海	(7)	…	…	…	…	nc	nc	nc	nc	nc
近　　畿	(8)	…	…	…	…	nc	nc	nc	nc	nc
中　　国	(9)	…	…	…	…	nc	nc	nc	nc	nc
四　　国	(10)	…	…	…	…	nc	nc	nc	nc	nc
九　　州	(11)	…	…	…	…	nc	nc	nc	nc	nc
沖　　縄	(12)	…	…	…	…	nc	nc	nc	nc	nc
（都道府県）										
北　海　道	(13)	…	…	…	…	nc	nc	nc	nc	nc
青　　森	(14)	…	…	…	…	nc	nc	nc	nc	nc
岩　　手	(15)	…	…	…	…	nc	nc	nc	nc	nc
宮　　城	(16)	…	…	…	…	nc	nc	nc	nc	nc
秋　　田	(17)	…	…	…	…	nc	nc	nc	nc	nc
山　　形	(18)	…	…	…	…	nc	nc	nc	nc	nc
福　　島	(19)	…	…	…	…	nc	nc	nc	nc	nc
茨　　城	(20)	1,660	1,780	29,500	25,600	102	98	100	100	99
栃　　木	(21)	…	…	…	…	nc	nc	nc	nc	nc
群　　馬	(22)	…	…	…	…	nc	nc	nc	nc	nc
埼　　玉	(23)	…	…	…	…	nc	nc	nc	nc	nc
千　　葉	(24)	…	…	…	…	nc	nc	nc	nc	nc
東　　京	(25)	…	…	…	…	nc	nc	nc	nc	nc
神　奈　川	(26)	…	…	…	…	nc	nc	nc	nc	nc
新　　潟	(27)	…	…	…	…	nc	nc	nc	nc	nc
富　　山	(28)	…	…	…	…	nc	nc	nc	nc	nc
石　　川	(29)	…	…	…	…	nc	nc	nc	nc	nc
福　　井	(30)	…	…	…	…	nc	nc	nc	nc	nc
山　　梨	(31)	…	…	…	…	nc	nc	nc	nc	nc
長　　野	(32)	…	…	…	…	nc	nc	nc	nc	nc
岐　　阜	(33)	…	…	…	…	nc	nc	nc	nc	nc
静　　岡	(34)	…	…	…	…	nc	nc	nc	nc	nc
愛　　知	(35)	289	1,220	3,530	3,320	98	95	94	94	103
三　　重	(36)	…	…	…	…	nc	nc	nc	nc	nc
滋　　賀	(37)	…	…	…	…	nc	nc	nc	nc	nc
京　　都	(38)	…	…	…	…	nc	nc	nc	nc	nc
大　　阪	(39)	…	…	…	…	nc	nc	nc	nc	nc
兵　　庫	(40)	35	1,060	371	356	100	79	78	79	73
奈　　良	(41)	…	…	…	…	nc	nc	nc	nc	nc
和　歌　山	(42)	…	…	…	…	nc	nc	nc	nc	nc
鳥　　取	(43)	…	…	…	…	nc	nc	nc	nc	nc
島　　根	(44)	…	…	…	…	nc	nc	nc	nc	nc
岡　　山	(45)	92	1,620	1,490	1,340	100	99	99	99	102
広　　島	(46)	…	…	…	…	nc	nc	nc	nc	nc
山　　口	(47)	207	1,450	3,000	2,680	98	100	98	100	95
徳　　島	(48)	527	1,270	6,690	5,520	100	95	95	98	98
香　　川	(49)	…	…	…	…	nc	nc	nc	nc	nc
愛　　媛	(50)	…	…	…	…	nc	nc	nc	nc	nc
高　　知	(51)	…	…	…	…	nc	nc	nc	nc	nc
福　　岡	(52)	…	…	…	…	nc	nc	nc	nc	nc
佐　　賀	(53)	431	1,650	7,110	5,330	103	106	109	109	120
長　　崎	(54)	…	…	…	…	nc	nc	nc	nc	nc
熊　　本	(55)	163	1,250	2,040	1,500	98	89	88	88	88
大　　分	(56)	…	…	…	…	nc	nc	nc	nc	nc
宮　　崎	(57)	…	…	…	…	nc	nc	nc	nc	nc
鹿　児　島	(58)	…	…	…	…	nc	nc	nc	nc	nc
沖　　縄	(59)	…	…	…	…	nc	nc	nc	nc	nc
関 東 農 政 局	(60)	…	…	…	…	nc	nc	nc	nc	nc
東 海 農 政 局	(61)	…	…	…	…	nc	nc	nc	nc	nc
中国四国農政局	(62)	…	…	…	…	nc	nc	nc	nc	nc

(6) ばれいしょ（じゃがいも）
ア 計

作付面積	10 a 当たり収量	収穫量	出荷量	対前年産比				(参考)対平均収量比	
				作付面積	10 a 当たり収量	収穫量	出荷量		
ha	kg	t	t	%	%	%	%	%	
76,500	2,950	2,260,000	1,889,000	99	95	94	95	97	(1)
50,800	3,430	1,742,000	1,557,000	99	93	93	93	95	(2)
…	…	…	…	nc	nc	nc	nc	nc	(3)
…	…	…	…	nc	nc	nc	nc	nc	(4)
…	…	…	…	nc	nc	nc	nc	nc	(5)
…	…	…	…	nc	nc	nc	nc	nc	(6)
…	…	…	…	nc	nc	nc	nc	nc	(7)
…	…	…	…	nc	nc	nc	nc	nc	(8)
…	…	…	…	nc	nc	nc	nc	nc	(9)
…	…	…	…	nc	nc	nc	nc	nc	(10)
…	…	…	…	nc	nc	nc	nc	nc	(11)
…	…	…	…	nc	nc	nc	nc	nc	(12)
50,800	3,430	1,742,000	1,557,000	99	93	93	93	95	(13)
725	2,210	16,000	12,000	97	89	86	87	99	(14)
…	…	…	…	nc	nc	nc	nc	nc	(15)
…	…	…	…	nc	nc	nc	nc	nc	(16)
…	…	…	…	nc	nc	nc	nc	nc	(17)
…	…	…	…	nc	nc	nc	nc	nc	(18)
1,050	1,720	18,100	2,370	98	96	94	92	96	(19)
1,560	2,970	46,300	38,800	101	102	103	103	103	(20)
…	…	…	…	nc	nc	nc	nc	nc	(21)
…	…	…	…	nc	nc	nc	nc	nc	(22)
…	…	…	…	nc	nc	nc	nc	nc	(23)
1,200	2,680	32,200	26,700	99	109	108	108	115	(24)
…	…	…	…	nc	nc	nc	nc	nc	(25)
…	…	…	…	nc	nc	nc	nc	nc	(26)
…	…	…	…	nc	nc	nc	nc	nc	(27)
…	…	…	…	nc	nc	nc	nc	nc	(28)
…	…	…	…	nc	nc	nc	nc	nc	(29)
…	…	…	…	nc	nc	nc	nc	nc	(30)
…	…	…	…	nc	nc	nc	nc	nc	(31)
1,100	1,950	21,500	1,770	99	101	100	98	95	(32)
…	…	…	…	nc	nc	nc	nc	nc	(33)
558	2,560	14,300	12,200	98	119	116	120	113	(34)
…	…	…	…	nc	nc	nc	nc	nc	(35)
205	1,190	2,440	1,490	102	111	113	114	88	(36)
…	…	…	…	nc	nc	nc	nc	nc	(37)
…	…	…	…	nc	nc	nc	nc	nc	(38)
…	…	…	…	nc	nc	nc	nc	nc	(39)
…	…	…	…	nc	nc	nc	nc	nc	(40)
…	…	…	…	nc	nc	nc	nc	nc	(41)
…	…	…	…	nc	nc	nc	nc	nc	(42)
…	…	…	…	nc	nc	nc	nc	nc	(43)
…	…	…	…	nc	nc	nc	nc	nc	(44)
253	1,230	3,110	712	96	95	91	94	96	(45)
529	1,290	6,800	1,900	100	102	102	106	99	(46)
…	…	…	…	nc	nc	nc	nc	nc	(47)
…	…	…	…	nc	nc	nc	nc	nc	(48)
…	…	…	…	nc	nc	nc	nc	nc	(49)
…	…	…	…	nc	nc	nc	nc	nc	(50)
…	…	…	…	nc	nc	nc	nc	nc	(51)
…	…	…	…	nc	nc	nc	nc	nc	(52)
155	2,080	3,220	2,130	96	112	107	112	111	(53)
3,580	2,570	92,100	80,400	98	105	104	104	102	(54)
591	2,170	12,800	9,290	97	107	104	110	109	(55)
…	…	…	…	nc	nc	nc	nc	nc	(56)
539	2,150	11,600	10,800	97	91	89	89	90	(57)
4,510	2,140	96,500	88,000	102	109	112	113	109	(58)
…	…	…	…	nc	nc	nc	nc	nc	(59)
…	…	…	…	nc	nc	nc	nc	nc	(60)
…	…	…	…	nc	nc	nc	nc	nc	(61)
…	…	…	…	nc	nc	nc	nc	nc	(62)

3　平成30年産都道府県別の作付面積、10a当たり収量、収穫量及び出荷量（続き）

(6)　ばれいしょ（じゃがいも）（続き）
イ　春植えばれいしょ

全国農業地域 都 道 府 県		作 付 面 積	10a当たり 収 量	収 穫 量	出 荷 量	対　前　年　産　比				(参考) 対平均 収量比
						作付面積	10a当たり 収 量	収穫量	出荷量	
		ha	kg	t	t	%	%	%	%	%
全　　国	(1)	74,000	2,990	2,215,000	1,855,000	99	95	94	94	96
(全国農業地域)										
北 海 道	(2)	50,800	3,430	1,742,000	1,557,000	99	93	93	93	95
都 府 県	(3)	23,300	2,060	481,100	301,800	100	102	103	105	nc
東 北	(4)	…	…	…	…	nc	nc	nc	nc	nc
北 陸	(5)	…	…	…	…	nc	nc	nc	nc	nc
関東・東山	(6)	…	…	…	…	nc	nc	nc	nc	nc
東 海	(7)	…	…	…	…	nc	nc	nc	nc	nc
近 畿	(8)	…	…	…	…	nc	nc	nc	nc	nc
中 国	(9)	…	…	…	…	nc	nc	nc	nc	nc
四 国	(10)	…	…	…	…	nc	nc	nc	nc	nc
九 州	(11)	…	…	…	…	nc	nc	nc	nc	nc
沖 縄	(12)	…	…	…	…	nc	nc	nc	nc	nc
(都道府県)										
北 海 道	(13)	50,800	3,430	1,742,000	1,557,000	99	93	93	93	95
青 森	(14)	725	2,210	16,000	12,000	97	89	86	87	99
岩 手	(15)	…	…	…	…	nc	nc	nc	nc	nc
宮 城	(16)	…	…	…	…	nc	nc	nc	nc	nc
秋 田	(17)	…	…	…	…	nc	nc	nc	nc	nc
山 形	(18)	…	…	…	…	nc	nc	nc	nc	nc
福 島	(19)	1,050	1,720	18,100	2,370	98	96	94	92	96
茨 城	(20)	1,550	2,980	46,200	38,800	101	102	103	104	103
栃 木	(21)	…	…	…	…	nc	nc	nc	nc	nc
群 馬	(22)	…	…	…	…	nc	nc	nc	nc	nc
埼 玉	(23)	…	…	…	…	nc	nc	nc	nc	nc
千 葉	(24)	1,200	2,680	32,200	26,700	99	109	108	108	115
東 京	(25)	…	…	…	…	nc	nc	nc	nc	nc
神 奈 川	(26)	…	…	…	…	nc	nc	nc	nc	nc
新 潟	(27)	…	…	…	…	nc	nc	nc	nc	nc
富 山	(28)	…	…	…	…	nc	nc	nc	nc	nc
石 川	(29)	…	…	…	…	nc	nc	nc	nc	nc
福 井	(30)	…	…	…	…	nc	nc	nc	nc	nc
山 梨	(31)	…	…	…	…	nc	nc	nc	nc	nc
長 野	(32)	1,100	1,950	21,500	1,770	99	101	100	98	95
岐 阜	(33)	…	…	…	…	nc	nc	nc	nc	nc
静 岡	(34)	526	2,640	13,900	11,900	98	119	117	120	113
愛 知	(35)	…	…	…	…	nc	nc	nc	nc	nc
三 重	(36)	185	1,230	2,280	1,440	102	111	113	113	88
滋 賀	(37)	…	…	…	…	nc	nc	nc	nc	nc
京 都	(38)	…	…	…	…	nc	nc	nc	nc	nc
大 阪	(39)	…	…	…	…	nc	nc	nc	nc	nc
兵 庫	(40)	…	…	…	…	nc	nc	nc	nc	nc
奈 良	(41)	…	…	…	…	nc	nc	nc	nc	nc
和 歌 山	(42)	…	…	…	…	nc	nc	nc	nc	nc
鳥 取	(43)	…	…	…	…	nc	nc	nc	nc	nc
島 根	(44)	…	…	…	…	nc	nc	nc	nc	nc
岡 山	(45)	201	1,190	2,390	410	96	95	92	91	97
広 島	(46)	357	1,350	4,820	1,250	100	101	101	105	96
山 口	(47)	…	…	…	…	nc	nc	nc	nc	nc
徳 島	(48)	…	…	…	…	nc	nc	nc	nc	nc
香 川	(49)	…	…	…	…	nc	nc	nc	nc	nc
愛 媛	(50)	…	…	…	…	nc	nc	nc	nc	nc
高 知	(51)	…	…	…	…	nc	nc	nc	nc	nc
福 岡	(52)	…	…	…	…	nc	nc	nc	nc	nc
佐 賀	(53)	118	2,280	2,690	1,930	97	111	108	112	112
長 崎	(54)	2,610	2,760	72,000	62,800	101	102	103	103	99
熊 本	(55)	537	2,280	12,200	8,980	97	107	103	110	109
大 分	(56)	…	…	…	…	nc	nc	nc	nc	nc
宮 崎	(57)	486	2,240	10,900	10,300	97	90	88	89	90
鹿 児 島	(58)	3,960	2,110	83,600	76,900	103	106	109	111	107
沖 縄	(59)	…	…	…	…	nc	nc	nc	nc	nc
関 東 農 政 局	(60)	…	…	…	…	nc	nc	nc	nc	nc
東 海 農 政 局	(61)	…	…	…	…	nc	nc	nc	nc	nc
中国四国農政局	(62)	…	…	…	…	nc	nc	nc	nc	nc

ウ　秋植えばれいしょ

作付面積	10a当たり収量	収穫量	出荷量	対前年産比 作付面積	10a当たり収量	収穫量	出荷量	(参考)対平均収量比	
ha	kg	t	t	%	%	%	%	%	
2,510	1,820	45,600	34,700	95	120	114	115	113	(1)
-	-	-	-	nc	nc	nc	nc	nc	(2)
…	…	…	…	nc	nc	nc	nc	nc	(3)
…	…	…	…	nc	nc	nc	nc	nc	(4)
…	…	…	…	nc	nc	nc	nc	nc	(5)
…	…	…	…	nc	nc	nc	nc	nc	(6)
…	…	…	…	nc	nc	nc	nc	nc	(7)
…	…	…	…	nc	nc	nc	nc	nc	(8)
…	…	…	…	nc	nc	nc	nc	nc	(9)
…	…	…	…	nc	nc	nc	nc	nc	(10)
…	…	…	…	nc	nc	nc	nc	nc	(11)
…	…	…	…	nc	nc	nc	nc	nc	(12)
-	-	-	-	nc	nc	nc	nc	nc	(13)
-	-	-	-	nc	nc	nc	nc	nc	(14)
…	…	…	…	nc	nc	nc	nc	nc	(15)
…	…	…	…	nc	nc	nc	nc	nc	(16)
…	…	…	…	nc	nc	nc	nc	nc	(17)
…	…	…	…	nc	nc	nc	nc	nc	(18)
…	…	…	…	nc	nc	nc	nc	nc	(19)
7	1,000	70	49	100	91	91	91	85	(20)
…	…	…	…	nc	nc	nc	nc	nc	(21)
…	…	…	…	nc	nc	nc	nc	nc	(22)
…	…	…	…	nc	nc	nc	nc	nc	(23)
-	-	-	-	nc	nc	nc	nc	nc	(24)
…	…	…	…	nc	nc	nc	nc	nc	(25)
…	…	…	…	nc	nc	nc	nc	nc	(26)
…	…	…	…	nc	nc	nc	nc	nc	(27)
…	…	…	…	nc	nc	nc	nc	nc	(28)
…	…	…	…	nc	nc	nc	nc	nc	(29)
…	…	…	…	nc	nc	nc	nc	nc	(30)
…	…	…	…	nc	nc	nc	nc	nc	(31)
-	-	-	-	nc	nc	nc	nc	nc	(32)
…	…	…	…	nc	nc	nc	nc	nc	(33)
32	1,370	438	322	91	113	103	105	97	(34)
…	…	…	…	nc	nc	nc	nc	nc	(35)
20	815	163	45	100	118	118	118	90	(36)
…	…	…	…	nc	nc	nc	nc	nc	(37)
…	…	…	…	nc	nc	nc	nc	nc	(38)
…	…	…	…	nc	nc	nc	nc	nc	(39)
…	…	…	…	nc	nc	nc	nc	nc	(40)
…	…	…	…	nc	nc	nc	nc	nc	(41)
…	…	…	…	nc	nc	nc	nc	nc	(42)
…	…	…	…	nc	nc	nc	nc	nc	(43)
…	…	…	…	nc	nc	nc	nc	nc	(44)
52	1,380	718	302	96	95	91	99	97	(45)
172	1,150	1,980	650	100	106	106	108	106	(46)
…	…	…	…	nc	nc	nc	nc	nc	(47)
…	…	…	…	nc	nc	nc	nc	nc	(48)
…	…	…	…	nc	nc	nc	nc	nc	(49)
…	…	…	…	nc	nc	nc	nc	nc	(50)
…	…	…	…	nc	nc	nc	nc	nc	(51)
…	…	…	…	nc	nc	nc	nc	nc	(52)
37	1,440	533	203	95	113	107	107	102	(53)
972	2,070	20,100	17,600	93	117	108	109	110	(54)
54	1,100	594	311	100	118	118	125	105	(55)
…	…	…	…	nc	nc	nc	nc	nc	(56)
53	1,390	737	547	98	103	101	103	97	(57)
551	2,340	12,900	11,100	96	134	129	130	120	(58)
…	…	…	…	nc	nc	nc	nc	nc	(59)
…	…	…	…	nc	nc	nc	nc	nc	(60)
…	…	…	…	nc	nc	nc	nc	nc	(61)
…	…	…	…	nc	nc	nc	nc	nc	(62)

3 平成30年産都道府県別の作付面積、10a当たり収量、収穫量及び出荷量（続き）

(7) さといも
ア 計

全国農業地域・都道府県	作付面積	10a当たり収量	収穫量	出荷量	対前年産比 作付面積	10a当たり収量	収穫量	出荷量	(参考)対平均収量比
	ha	kg	t	t	%	%	%	%	%
全 国 (1)	11,500	1,260	144,800	95,300	96	102	97	98	100
(全国農業地域)									
北 海 道 (2)	…	…	…	…	nc	nc	nc	nc	nc
都 府 県 (3)	…	…	…	…	nc	nc	nc	nc	nc
東 北 (4)	…	…	…	…	nc	nc	nc	nc	nc
北 陸 (5)	…	…	…	…	nc	nc	nc	nc	nc
関東・東山 (6)	…	…	…	…	nc	nc	nc	nc	nc
東 海 (7)	1,080	1,020	11,000	5,850	98	98	96	99	94
近 畿 (8)	…	…	…	…	nc	nc	nc	nc	nc
中 国 (9)	…	…	…	…	nc	nc	nc	nc	nc
四 国 (10)	…	…	…	…	nc	nc	nc	nc	nc
九 州 (11)	…	…	…	…	nc	nc	nc	nc	nc
沖 縄 (12)	9	522	47	41	75	92	69	68	92
(都道府県)									
北 海 道 (13)	…	…	…	…	nc	nc	nc	nc	nc
青 森 (14)	…	…	…	…	nc	nc	nc	nc	nc
岩 手 (15)	110	687	756	373	96	103	98	96	93
宮 城 (16)	…	…	…	…	nc	nc	nc	nc	nc
秋 田 (17)	…	…	…	…	nc	nc	nc	nc	nc
山 形 (18)	182	922	1,680	810	102	96	98	98	101
福 島 (19)	257	800	2,060	840	98	94	93	95	97
茨 城 (20)	333	1,170	3,900	2,050	96	104	100	100	107
栃 木 (21)	518	1,660	8,600	5,280	90	104	94	86	110
群 馬 (22)	279	939	2,620	1,160	98	85	84	84	95
埼 玉 (23)	814	2,220	18,100	13,000	100	106	106	107	107
千 葉 (24)	1,250	1,320	16,500	13,500	93	109	102	102	101
東 京 (25)	227	1,170	2,660	2,290	100	101	101	101	113
神 奈 川 (26)	434	1,390	6,030	4,240	100	104	104	105	101
新 潟 (27)	596	916	5,460	3,230	97	88	85	84	79
富 山 (28)	155	1,030	1,600	942	98	82	81	85	85
石 川 (29)	…	…	…	…	nc	nc	nc	nc	nc
福 井 (30)	229	1,180	2,700	1,360	95	92	88	78	96
山 梨 (31)	…	…	…	…	nc	nc	nc	nc	nc
長 野 (32)	…	…	…	…	nc	nc	nc	nc	nc
岐 阜 (33)	312	757	2,360	843	99	79	79	80	80
静 岡 (34)	282	1,340	3,780	2,440	98	96	95	98	94
愛 知 (35)	300	1,040	3,120	1,910	98	106	104	104	105
三 重 (36)	190	899	1,710	658	99	125	124	124	97
滋 賀 (37)	…	…	…	…	nc	nc	nc	nc	nc
京 都 (38)	…	…	…	…	nc	nc	nc	nc	nc
大 阪 (39)	50	1,720	860	747	98	96	94	94	96
兵 庫 (40)	…	…	…	…	nc	nc	nc	nc	nc
奈 良 (41)	…	…	…	…	nc	nc	nc	nc	nc
和 歌 山 (42)	…	…	…	…	nc	nc	nc	nc	nc
鳥 取 (43)	…	…	…	…	nc	nc	nc	nc	nc
島 根 (44)	…	…	…	…	nc	nc	nc	nc	nc
岡 山 (45)	…	…	…	…	nc	nc	nc	nc	nc
広 島 (46)	…	…	…	…	nc	nc	nc	nc	nc
山 口 (47)	165	791	1,310	1,090	nc	nc	nc	nc	118
徳 島 (48)	…	…	…	…	nc	nc	nc	nc	nc
香 川 (49)	…	…	…	…	nc	nc	nc	nc	nc
愛 媛 (50)	408	2,290	9,340	6,660	101	97	98	98	109
高 知 (51)	…	…	…	…	nc	nc	nc	nc	nc
福 岡 (52)	225	677	1,520	866	99	100	99	97	91
佐 賀 (53)	…	…	…	…	nc	nc	nc	nc	nc
長 崎 (54)	…	…	…	…	nc	nc	nc	nc	nc
熊 本 (55)	530	1,040	5,510	3,840	97	96	94	94	92
大 分 (56)	271	885	2,400	1,420	99	100	99	99	100
宮 崎 (57)	1,010	1,380	13,900	11,500	94	101	95	95	90
鹿 児 島 (58)	574	1,300	7,460	6,100	97	101	98	99	100
沖 縄 (59)	9	522	47	41	75	92	69	68	92
関 東 農 政 局 (60)	…	…	…	…	nc	nc	nc	nc	nc
東 海 農 政 局 (61)	802	897	7,190	3,410	99	99	98	100	93
中国四国農政局 (62)	…	…	…	…	nc	nc	nc	nc	nc

イ　秋冬さといも

作 付 面 積	10 a 当 た り 収 量	収 穫 量	出 荷 量	対 前 年 産 比 作付面積	10 a 当たり 収 量	収穫量	出荷量	(参考) 対平均 収量比	
ha	kg	t	t	%	%	%	%	%	
11,500	1,260	144,700	95,300	97	101	97	98	100	(1)
…	…	…	…	nc	nc	nc	nc	nc	(2)
…	…	…	…	nc	nc	nc	nc	nc	(3)
…	…	…	…	nc	nc	nc	nc	nc	(4)
…	…	…	…	nc	nc	nc	nc	nc	(5)
…	…	…	…	nc	nc	nc	nc	nc	(6)
1,080	1,020	11,000	5,850	98	98	96	99	94	(7)
…	…	…	…	nc	nc	nc	nc	nc	(8)
…	…	…	…	nc	nc	nc	nc	nc	(9)
…	…	…	…	nc	nc	nc	nc	nc	(10)
…	…	…	…	nc	nc	nc	nc	nc	(11)
…	…	…	…	nc	nc	nc	nc	nc	(12)
…	…	…	…	nc	nc	nc	nc	nc	(13)
…	…	…	…	nc	nc	nc	nc	nc	(14)
110	687	756	373	96	103	98	96	93	(15)
…	…	…	…	nc	nc	nc	nc	nc	(16)
…	…	…	…	nc	nc	nc	nc	nc	(17)
182	922	1,680	810	102	96	98	98	101	(18)
257	800	2,060	840	98	94	93	95	97	(19)
333	1,170	3,900	2,050	96	104	100	100	107	(20)
518	1,660	8,600	5,280	90	104	94	86	110	(21)
279	939	2,620	1,160	98	85	84	84	95	(22)
814	2,220	18,100	13,000	100	106	106	107	107	(23)
1,250	1,320	16,500	13,500	93	109	102	102	101	(24)
227	1,170	2,660	2,290	100	101	101	101	113	(25)
434	1,390	6,030	4,240	100	104	104	105	101	(26)
596	916	5,460	3,230	97	88	85	84	79	(27)
155	1,030	1,600	942	98	82	81	85	85	(28)
…	…	…	…	nc	nc	nc	nc	nc	(29)
229	1,180	2,700	1,360	95	92	88	78	96	(30)
…	…	…	…	nc	nc	nc	nc	nc	(31)
…	…	…	…	nc	nc	nc	nc	nc	(32)
312	757	2,360	843	99	79	79	80	80	(33)
282	1,340	3,780	2,440	98	96	95	98	94	(34)
300	1,040	3,120	1,910	98	106	104	104	105	(35)
190	899	1,710	658	99	125	124	124	97	(36)
…	…	…	…	nc	nc	nc	nc	nc	(37)
…	…	…	…	nc	nc	nc	nc	nc	(38)
50	1,720	860	747	98	96	94	94	96	(39)
…	…	…	…	nc	nc	nc	nc	nc	(40)
…	…	…	…	nc	nc	nc	nc	nc	(41)
…	…	…	…	nc	nc	nc	nc	nc	(42)
…	…	…	…	nc	nc	nc	nc	nc	(43)
…	…	…	…	nc	nc	nc	nc	nc	(44)
…	…	…	…	nc	nc	nc	nc	nc	(45)
…	…	…	…	nc	nc	nc	nc	nc	(46)
165	791	1,310	1,090	nc	nc	nc	nc	118	(47)
…	…	…	…	nc	nc	nc	nc	nc	(48)
…	…	…	…	nc	nc	nc	nc	nc	(49)
408	2,290	9,340	6,660	101	97	98	98	107	(50)
…	…	…	…	nc	nc	nc	nc	nc	(51)
225	677	1,520	866	99	100	99	97	91	(52)
…	…	…	…	nc	nc	nc	nc	nc	(53)
…	…	…	…	nc	nc	nc	nc	nc	(54)
530	1,040	5,510	3,840	97	96	94	94	92	(55)
271	885	2,400	1,420	99	100	99	99	100	(56)
1,010	1,380	13,900	11,500	94	101	95	95	90	(57)
574	1,300	7,460	6,100	97	101	98	99	100	(58)
…	…	…	…	nc	nc	nc	nc	nc	(59)
…	…	…	…	nc	nc	nc	nc	nc	(60)
802	897	7,190	3,410	99	99	98	100	93	(61)
…	…	…	…	nc	nc	nc	nc	nc	(62)

3　平成30年産都道府県別の作付面積、10ａ当たり収量、収穫量及び出荷量（続き）

(7)　さといも（続き）
ウ　その他さといも

全国農業地域 都 道 府 県		作付面積	10ａ当たり 収　量	収 穫 量	出 荷 量	対 前 年 産 比 作付面積	10ａ当たり 収　量	収 穫 量	出 荷 量	(参考) 対平均 収量比
		ha	kg	t	t	%	%	%	%	%
全　　　国	(1)	11	591	65	58	73	94	69	69	69
（全国農業地域）										
北 海 道	(2)	…	…	…	…	nc	nc	nc	nc	nc
都 府 県	(3)	…	…	…	…	nc	nc	nc	nc	nc
東 北	(4)	…	…	…	…	nc	nc	nc	nc	nc
北 陸	(5)	…	…	…	…	nc	nc	nc	nc	nc
関 東 ・ 東 山	(6)	…	…	…	…	nc	nc	nc	nc	nc
東 海	(7)	…	…	…	…	nc	nc	nc	nc	nc
近 畿	(8)	…	…	…	…	nc	nc	nc	nc	nc
中 国	(9)	…	…	…	…	nc	nc	nc	nc	nc
四 国	(10)	…	…	…	…	nc	nc	nc	nc	nc
九 州	(11)	…	…	…	…	nc	nc	nc	nc	nc
沖 縄	(12)	9	522	47	41	75	92	69	68	92
（都道府県）										
北 海 道	(13)	…	…	…	…	nc	nc	nc	nc	nc
青 森	(14)	…	…	…	…	nc	nc	nc	nc	nc
岩 手	(15)	…	…	…	…	nc	nc	nc	nc	nc
宮 城	(16)	…	…	…	…	nc	nc	nc	nc	nc
秋 田	(17)	…	…	…	…	nc	nc	nc	nc	nc
山 形	(18)	…	…	…	…	nc	nc	nc	nc	nc
福 島	(19)	…	…	…	…	nc	nc	nc	nc	nc
茨 城	(20)	…	…	…	…	nc	nc	nc	nc	nc
栃 木	(21)	…	…	…	…	nc	nc	nc	nc	nc
群 馬	(22)	…	…	…	…	nc	nc	nc	nc	nc
埼 玉	(23)	…	…	…	…	nc	nc	nc	nc	nc
千 葉	(24)	…	…	…	…	nc	nc	nc	nc	nc
東 京	(25)	…	…	…	…	nc	nc	nc	nc	nc
神 奈 川	(26)	…	…	…	…	nc	nc	nc	nc	nc
新 潟	(27)	…	…	…	…	nc	nc	nc	nc	nc
富 山	(28)	…	…	…	…	nc	nc	nc	nc	nc
石 川	(29)	…	…	…	…	nc	nc	nc	nc	nc
福 井	(30)	…	…	…	…	nc	nc	nc	nc	nc
山 梨	(31)	…	…	…	…	nc	nc	nc	nc	nc
長 野	(32)	…	…	…	…	nc	nc	nc	nc	nc
岐 阜	(33)	…	…	…	…	nc	nc	nc	nc	nc
静 岡	(34)	…	…	…	…	nc	nc	nc	nc	nc
愛 知	(35)	…	…	…	…	nc	nc	nc	nc	nc
三 重	(36)	…	…	…	…	nc	nc	nc	nc	nc
滋 賀	(37)	…	…	…	…	nc	nc	nc	nc	nc
京 都	(38)	…	…	…	…	nc	nc	nc	nc	nc
大 阪	(39)	…	…	…	…	nc	nc	nc	nc	nc
兵 庫	(40)	…	…	…	…	nc	nc	nc	nc	nc
奈 良	(41)	…	…	…	…	nc	nc	nc	nc	nc
和 歌 山	(42)	…	…	…	…	nc	nc	nc	nc	nc
鳥 取	(43)	…	…	…	…	nc	nc	nc	nc	nc
島 根	(44)	…	…	…	…	nc	nc	nc	nc	nc
岡 山	(45)	…	…	…	…	nc	nc	nc	nc	nc
広 島	(46)	…	…	…	…	nc	nc	nc	nc	nc
山 口	(47)	…	…	…	…	nc	nc	nc	nc	nc
徳 島	(48)	…	…	…	…	nc	nc	nc	nc	nc
香 川	(49)	…	…	…	…	nc	nc	nc	nc	nc
愛 媛	(50)	…	…	…	…	nc	nc	nc	nc	nc
高 知	(51)	…	…	…	…	nc	nc	nc	nc	nc
福 岡	(52)	…	…	…	…	nc	nc	nc	nc	nc
佐 賀	(53)	…	…	…	…	nc	nc	nc	nc	nc
長 崎	(54)	…	…	…	…	nc	nc	nc	nc	nc
熊 本	(55)	…	…	…	…	nc	nc	nc	nc	nc
大 分	(56)	…	…	…	…	nc	nc	nc	nc	nc
宮 崎	(57)	…	…	…	…	nc	nc	nc	nc	nc
鹿 児 島	(58)	…	…	…	…	nc	nc	nc	nc	nc
沖 縄	(59)	9	522	47	41	75	92	69	68	92
関 東 農 政 局	(60)	…	…	…	…	nc	nc	nc	nc	nc
東 海 農 政 局	(61)	…	…	…	…	nc	nc	nc	nc	nc
中国四国農政局	(62)	…	…	…	…	nc	nc	nc	nc	nc

(8) やまのいも
ア 計

作 付 面 積	10a当たり 収 量	収 穫 量	出 荷 量	対 前 年 産 比				(参考) 対平均 収量比	
				作付面積	10a当たり 収 量	収 穫 量	出 荷 量		
ha	kg	t	t	%	%	%	%	%	
7,120	2,210	157,400	134,400	100	99	99	100	100	(1)
1,910	3,160	60,400	53,600	100	94	94	96	97	(2)
…	…	…	…	nc	nc	nc	nc	nc	(3)
…	…	…	…	nc	nc	nc	nc	nc	(4)
…	…	…	…	nc	nc	nc	nc	nc	(5)
…	…	…	…	nc	nc	nc	nc	nc	(6)
…	…	…	…	nc	nc	nc	nc	nc	(7)
…	…	…	…	nc	nc	nc	nc	nc	(8)
…	…	…	…	nc	nc	nc	nc	nc	(9)
…	…	…	…	nc	nc	nc	nc	nc	(10)
…	…	…	…	nc	nc	nc	nc	nc	(11)
…	…	…	…	nc	nc	nc	nc	nc	(12)
1,910	3,160	60,400	53,600	100	94	94	96	97	(13)
2,280	2,390	54,500	49,500	100	100	100	102	94	(14)
194	1,810	3,510	2,940	100	103	103	105	104	(15)
…	…	…	…	nc	nc	nc	nc	nc	(16)
115	1,090	1,250	680	93	107	100	99	107	(17)
…	…	…	…	nc	nc	nc	nc	nc	(18)
…	…	…	…	nc	nc	nc	nc	nc	(19)
134	2,660	3,560	2,980	96	102	98	98	108	(20)
…	…	…	…	nc	nc	nc	nc	nc	(21)
516	1,250	6,450	5,020	99	125	123	123	115	(22)
179	1,010	1,810	1,230	106	104	110	110	98	(23)
498	1,320	6,570	4,840	99	114	112	112	102	(24)
…	…	…	…	nc	nc	nc	nc	nc	(25)
…	…	…	…	nc	nc	nc	nc	nc	(26)
…	…	…	…	nc	nc	nc	nc	nc	(27)
…	…	…	…	nc	nc	nc	nc	nc	(28)
…	…	…	…	nc	nc	nc	nc	nc	(29)
…	…	…	…	nc	nc	nc	nc	nc	(30)
50	1,470	735	536	96	99	95	91	95	(31)
301	2,360	7,100	5,290	98	96	94	93	95	(32)
…	…	…	…	nc	nc	nc	nc	nc	(33)
…	…	…	…	nc	nc	nc	nc	nc	(34)
…	…	…	…	nc	nc	nc	nc	nc	(35)
…	…	…	…	nc	nc	nc	nc	nc	(36)
…	…	…	…	nc	nc	nc	nc	nc	(37)
…	…	…	…	nc	nc	nc	nc	nc	(38)
…	…	…	…	nc	nc	nc	nc	nc	(39)
…	…	…	…	nc	nc	nc	nc	nc	(40)
…	…	…	…	nc	nc	nc	nc	nc	(41)
…	…	…	…	nc	nc	nc	nc	nc	(42)
61	2,720	1,660	1,260	100	102	102	102	123	(43)
…	…	…	…	nc	nc	nc	nc	nc	(44)
17	812	138	105	94	87	83	83	88	(45)
…	…	…	…	nc	nc	nc	nc	nc	(46)
…	…	…	…	nc	nc	nc	nc	nc	(47)
…	…	…	…	nc	nc	nc	nc	nc	(48)
…	…	…	…	nc	nc	nc	nc	nc	(49)
…	…	…	…	nc	nc	nc	nc	nc	(50)
…	…	…	…	nc	nc	nc	nc	nc	(51)
…	…	…	…	nc	nc	nc	nc	nc	(52)
…	…	…	…	nc	nc	nc	nc	nc	(53)
…	…	…	…	nc	nc	nc	nc	nc	(54)
…	…	…	…	nc	nc	nc	nc	nc	(55)
…	…	…	…	nc	nc	nc	nc	nc	(56)
…	…	…	…	nc	nc	nc	nc	nc	(57)
…	…	…	…	nc	nc	nc	nc	nc	(58)
…	…	…	…	nc	nc	nc	nc	nc	(59)
…	…	…	…	nc	nc	nc	nc	nc	(60)
…	…	…	…	nc	nc	nc	nc	nc	(61)
…	…	…	…	nc	nc	nc	nc	nc	(62)

3　平成30年産都道府県別の作付面積、10 a 当たり収量、収穫量及び出荷量（続き）

(8)　やまのいも（続き）
イ　計のうちながいも

全国農業地域 都　道　府　県		作付面積	10 a 当たり 収　　量	収　穫　量	出　荷　量	対　前　年　産　比				(参考) 対平均 収量比
						作付面積	10 a 当たり 収　　量	収穫量	出荷量	
		ha	kg	t	t	%	%	%	%	%
全　　　国	(1)	5,180	2,590	134,400	117,700	100	97	97	99	97
(全国農業地域)										
北　海　道	(2)	1,910	3,160	60,400	53,600	100	94	94	96	97
都　府　県	(3)	…	…	…	…	nc	nc	nc	nc	nc
東　　　北	(4)	…	…	…	…	nc	nc	nc	nc	nc
北　　　陸	(5)	…	…	…	…	nc	nc	nc	nc	nc
関 東・東 山	(6)	…	…	…	…	nc	nc	nc	nc	nc
東　　海	(7)	…	…	…	…	nc	nc	nc	nc	nc
近　　　畿	(8)	…	…	…	…	nc	nc	nc	nc	nc
中　　　国	(9)	…	…	…	…	nc	nc	nc	nc	nc
四　　　国	(10)	…	…	…	…	nc	nc	nc	nc	nc
九　　　州	(11)	…	…	…	…	nc	nc	nc	nc	nc
沖　　　縄	(12)	…	…	…	…	nc	nc	nc	nc	nc
(都道府県)										
北　海　道	(13)	1,910	3,160	60,400	53,600	100	94	94	96	97
青　　　森	(14)	2,250	2,400	54,000	49,100	100	100	100	102	94
岩　　　手	(15)	192	1,820	3,490	2,930	99	104	103	105	105
宮　　　城	(16)	…	…	…	…	nc	nc	nc	nc	nc
秋　　　田	(17)	66	1,250	825	347	97	109	105	103	105
山　　　形	(18)	…	…	…	…	nc	nc	nc	nc	nc
福　　　島	(19)	…	…	…	…	nc	nc	nc	nc	nc
茨　　　城	(20)	111	2,680	2,970	2,510	96	102	97	97	107
栃　　　木	(21)	-	-	-	-	nc	nc	nc	nc	-
群　　　馬	(22)	-	-	-	-	nc	nc	nc	nc	-
埼　　　玉	(23)	5	874	44	27	100	100	100	100	93
千　　　葉	(24)	15	1,650	248	189	100	98	98	98	112
東　　　京	(25)	…	…	…	…	nc	nc	nc	nc	nc
神　奈　川	(26)	…	…	…	…	nc	nc	nc	nc	nc
新　　　潟	(27)	…	…	…	…	nc	nc	nc	nc	nc
富　　　山	(28)	…	…	…	…	nc	nc	nc	nc	nc
石　　　川	(29)	…	…	…	…	nc	nc	nc	nc	nc
福　　　井	(30)	…	…	…	…	nc	nc	nc	nc	nc
山　　　梨	(31)	44	1,540	678	496	98	100	98	92	92
長　　　野	(32)	301	2,360	7,100	5,290	98	96	94	93	95
岐　　　阜	(33)	…	…	…	…	nc	nc	nc	nc	nc
静　　　岡	(34)	…	…	…	…	nc	nc	nc	nc	nc
愛　　　知	(35)	…	…	…	…	nc	nc	nc	nc	nc
三　　　重	(36)	…	…	…	…	nc	nc	nc	nc	nc
滋　　　賀	(37)	…	…	…	…	nc	nc	nc	nc	nc
京　　　都	(38)	…	…	…	…	nc	nc	nc	nc	nc
大　　　阪	(39)	…	…	…	…	nc	nc	nc	nc	nc
兵　　　庫	(40)	…	…	…	…	nc	nc	nc	nc	nc
奈　　　良	(41)	…	…	…	…	nc	nc	nc	nc	nc
和　歌　山	(42)	…	…	…	…	nc	nc	nc	nc	nc
鳥　　　取	(43)	51	2,950	1,500	1,240	100	102	101	105	122
島　　　根	(44)	…	…	…	…	nc	nc	nc	nc	nc
岡　　　山	(45)	-	-	-	-	nc	nc	nc	nc	nc
広　　　島	(46)	…	…	…	…	nc	nc	nc	nc	nc
山　　　口	(47)	…	…	…	…	nc	nc	nc	nc	nc
徳　　　島	(48)	…	…	…	…	nc	nc	nc	nc	nc
香　　　川	(49)	…	…	…	…	nc	nc	nc	nc	nc
愛　　　媛	(50)	…	…	…	…	nc	nc	nc	nc	nc
高　　　知	(51)	…	…	…	…	nc	nc	nc	nc	nc
福　　　岡	(52)	…	…	…	…	nc	nc	nc	nc	nc
佐　　　賀	(53)	…	…	…	…	nc	nc	nc	nc	nc
長　　　崎	(54)	…	…	…	…	nc	nc	nc	nc	nc
熊　　　本	(55)	…	…	…	…	nc	nc	nc	nc	nc
大　　　分	(56)	…	…	…	…	nc	nc	nc	nc	nc
宮　　　崎	(57)	…	…	…	…	nc	nc	nc	nc	nc
鹿　児　島	(58)	…	…	…	…	nc	nc	nc	nc	nc
沖　　　縄	(59)	…	…	…	…	nc	nc	nc	nc	nc
関 東 農 政 局	(60)	…	…	…	…	nc	nc	nc	nc	nc
東 海 農 政 局	(61)	…	…	…	…	nc	nc	nc	nc	nc
中国四国農政局	(62)	…	…	…	…	nc	nc	nc	nc	nc

(9) はくさい
　ア　計

作付面積	10 a 当たり収量	収穫量	出荷量	対　前　年　産　比				(参考)対平均収量比	
				作付面積	10 a 当たり収量	収穫量	出荷量		
ha	kg	t	t	%	%	%	%	%	
17,000	5,230	889,900	734,400	99	102	101	101	102	(1)
631	4,100	25,900	24,000	98	91	90	91	102	(2)
…	…	…	…	nc	nc	nc	nc	nc	(3)
1,930	2,690	52,000	21,400	97	105	103	103	105	(4)
…	…	…	…	nc	nc	nc	nc	nc	(5)
…	…	…	…	nc	nc	nc	nc	nc	(6)
…	…	…	…	nc	nc	nc	nc	nc	(7)
…	…	…	…	nc	nc	nc	nc	nc	(8)
…	…	…	…	nc	nc	nc	nc	nc	(9)
…	…	…	…	nc	nc	nc	nc	nc	(10)
…	…	…	…	nc	nc	nc	nc	nc	(11)
…	…	…	…	nc	nc	nc	nc	nc	(12)
631	4,100	25,900	24,000	98	91	90	91	102	(13)
165	3,220	5,320	3,470	87	117	102	105	130	(14)
309	2,410	7,460	3,680	99	100	99	103	101	(15)
458	2,120	9,690	3,780	97	114	110	110	113	(16)
251	2,600	6,520	2,310	99	106	105	102	112	(17)
208	3,240	6,740	2,610	100	103	102	103	89	(18)
536	3,040	16,300	5,560	97	102	99	99	103	(19)
3,330	7,090	236,200	222,400	99	98	97	97	99	(20)
510	4,780	24,400	17,800	95	105	100	100	98	(21)
564	5,800	32,700	25,400	102	115	117	117	122	(22)
504	4,700	23,700	16,300	99	104	103	110	104	(23)
250	3,570	8,930	6,430	100	102	102	102	89	(24)
…	…	…	…	nc	nc	nc	nc	nc	(25)
…	…	…	…	nc	nc	nc	nc	nc	(26)
381	2,150	8,210	4,300	98	105	103	108	112	(27)
96	1,990	1,910	1,050	99	111	109	111	104	(28)
…	…	…	…	nc	nc	nc	nc	nc	(29)
…	…	…	…	nc	nc	nc	nc	nc	(30)
…	…	…	…	nc	nc	nc	nc	nc	(31)
2,760	8,180	225,800	201,600	98	98	96	96	100	(32)
230	2,960	6,800	3,360	100	106	106	106	95	(33)
…	…	…	…	nc	nc	nc	nc	nc	(34)
439	4,780	21,000	18,600	97	115	112	113	101	(35)
187	4,110	7,690	5,620	102	132	135	134	100	(36)
140	3,160	4,430	3,300	101	103	104	105	107	(37)
…	…	…	…	nc	nc	nc	nc	nc	(38)
…	…	…	…	nc	nc	nc	nc	nc	(39)
480	4,500	21,600	16,900	101	108	109	109	103	(40)
…	…	…	…	nc	nc	nc	nc	nc	(41)
139	6,330	8,800	7,760	95	106	101	101	89	(42)
112	3,770	4,220	2,120	99	134	132	149	143	(43)
…	…	…	…	nc	nc	nc	nc	nc	(44)
281	5,050	14,200	11,300	98	108	106	108	93	(45)
236	2,510	5,930	1,500	100	105	106	109	96	(46)
219	2,490	5,450	3,590	99	139	137	137	111	(47)
81	5,070	4,110	3,610	88	118	104	115	99	(48)
…	…	…	…	nc	nc	nc	nc	nc	(49)
137	3,420	4,680	3,540	99	165	164	182	106	(50)
…	…	…	…	nc	nc	nc	nc	nc	(51)
195	3,390	6,610	5,260	100	105	105	105	97	(52)
…	…	…	…	nc	nc	nc	nc	nc	(53)
380	5,950	22,600	20,700	107	98	105	105	96	(54)
423	3,780	16,000	13,900	100	102	101	101	107	(55)
416	5,750	23,900	20,900	100	124	124	124	114	(56)
250	4,080	10,200	9,020	111	92	102	104	94	(57)
410	5,340	21,900	18,900	95	117	112	114	103	(58)
…	…	…	…	nc	nc	nc	nc	nc	(59)
…	…	…	…	nc	nc	nc	nc	nc	(60)
856	4,150	35,500	27,600	99	117	115	115	100	(61)
…	…	…	…	nc	nc	nc	nc	nc	(62)

3　平成30年産都道府県別の作付面積、10 a 当たり収量、収穫量及び出荷量（続き）

（9）　はくさい（続き）
イ　春はくさい

全国農業地域 都　道　府　県		作付面積	10 a 当たり 収　　量	収　穫　量	出　荷　量	対　前　年　産　比				(参考) 対平均 収量比
						作付面積	10 a 当たり 収　　量	収穫量	出荷量	
		ha	kg	t	t	%	%	%	%	%
全　　　　国	(1)	1,840	6,310	116,100	106,900	99	98	98	98	104
（全国農業地域）										
北　海　道	(2)	32	5,650	1,810	1,720	91	101	92	92	104
都　府　県	(3)	…	…	…	…	nc	nc	nc	nc	nc
東　　北	(4)	…	…	…	…	nc	nc	nc	nc	nc
北　　陸	(5)	…	…	…	…	nc	nc	nc	nc	nc
関東・東山	(6)	…	…	…	…	nc	nc	nc	nc	nc
東　　海	(7)	…	…	…	…	nc	nc	nc	nc	nc
近　　畿	(8)	…	…	…	…	nc	nc	nc	nc	nc
中　　国	(9)	…	…	…	…	nc	nc	nc	nc	nc
四　　国	(10)	…	…	…	…	nc	nc	nc	nc	nc
九　　州	(11)	…	…	…	…	nc	nc	nc	nc	nc
沖　　縄	(12)	…	…	…	…	nc	nc	nc	nc	nc
（都道府県）										
北　海　道	(13)	32	5,650	1,810	1,720	91	101	92	92	104
青　　森	(14)	…	…	…	…	nc	nc	nc	nc	nc
岩　　手	(15)	…	…	…	…	nc	nc	nc	nc	nc
宮　　城	(16)	…	…	…	…	nc	nc	nc	nc	nc
秋　　田	(17)	…	…	…	…	nc	nc	nc	nc	nc
山　　形	(18)	…	…	…	…	nc	nc	nc	nc	nc
福　　島	(19)	…	…	…	…	nc	nc	nc	nc	nc
茨　　城	(20)	656	7,780	51,000	49,300	100	97	97	97	105
栃　　木	(21)	…	…	…	…	nc	nc	nc	nc	nc
群　　馬	(22)	…	…	…	…	nc	nc	nc	nc	nc
埼　　玉	(23)	…	…	…	…	nc	nc	nc	nc	nc
千　　葉	(24)	…	…	…	…	nc	nc	nc	nc	nc
東　　京	(25)	…	…	…	…	nc	nc	nc	nc	nc
神　奈　川	(26)	…	…	…	…	nc	nc	nc	nc	nc
新　　潟	(27)	…	…	…	…	nc	nc	nc	nc	nc
富　　山	(28)	…	…	…	…	nc	nc	nc	nc	nc
石　　川	(29)	…	…	…	…	nc	nc	nc	nc	nc
福　　井	(30)	…	…	…	…	nc	nc	nc	nc	nc
山　　梨	(31)	…	…	…	…	nc	nc	nc	nc	nc
長　　野	(32)	325	7,080	23,000	20,300	101	100	100	100	104
岐　　阜	(33)	…	…	…	…	nc	nc	nc	nc	nc
静　　岡	(34)	…	…	…	…	nc	nc	nc	nc	nc
愛　　知	(35)	31	4,940	1,530	1,410	97	101	98	98	104
三　　重	(36)	…	…	…	…	nc	nc	nc	nc	nc
滋　　賀	(37)	…	…	…	…	nc	nc	nc	nc	nc
京　　都	(38)	…	…	…	…	nc	nc	nc	nc	nc
大　　阪	(39)	…	…	…	…	nc	nc	nc	nc	nc
兵　　庫	(40)	…	…	…	…	nc	nc	nc	nc	nc
奈　　良	(41)	…	…	…	…	nc	nc	nc	nc	nc
和　歌　山	(42)	8	5,730	458	417	100	100	100	100	103
鳥　　取	(43)	…	…	…	…	nc	nc	nc	nc	nc
島　　根	(44)	…	…	…	…	nc	nc	nc	nc	nc
岡　　山	(45)	41	5,280	2,160	1,930	98	101	98	107	101
広　　島	(46)	…	…	…	…	nc	nc	nc	nc	nc
山　　口	(47)	12	2,730	328	219	86	102	88	88	95
徳　　島	(48)	…	…	…	…	nc	nc	nc	nc	nc
香　　川	(49)	…	…	…	…	nc	nc	nc	nc	nc
愛　　媛	(50)	…	…	…	…	nc	nc	nc	nc	nc
高　　知	(51)	…	…	…	…	nc	nc	nc	nc	nc
福　　岡	(52)	…	…	…	…	nc	nc	nc	nc	nc
佐　　賀	(53)	…	…	…	…	nc	nc	nc	nc	nc
長　　崎	(54)	185	7,480	13,800	13,000	98	99	97	97	96
熊　　本	(55)	153	4,550	6,960	6,570	99	98	97	97	107
大　　分	(56)	63	3,980	2,510	2,290	100	103	103	103	108
宮　　崎	(57)	…	…	…	…	nc	nc	nc	nc	nc
鹿　児　島	(58)	60	3,770	2,260	1,850	95	100	95	94	97
沖　　縄	(59)	…	…	…	…	nc	nc	nc	nc	nc
関 東 農 政 局	(60)	…	…	…	…	nc	nc	nc	nc	nc
東 海 農 政 局	(61)	…	…	…	…	nc	nc	nc	nc	nc
中国四国農政局	(62)	…	…	…	…	nc	nc	nc	nc	nc

ウ 夏はくさい

作 付 面 積	10a当たり収量	収 穫 量	出 荷 量	対 前 年 産 比				(参考)対平均収量比	
				作付面積	10a当たり収量	収穫量	出荷量		
ha	kg	t	t	%	%	%	%	%	
2,420	7,400	179,200	162,700	98	99	97	97	103	(1)
299	4,180	12,500	11,700	103	97	100	102	105	(2)
…	…	…	…	nc	nc	nc	nc	nc	(3)
…	…	…	…	nc	nc	nc	nc	nc	(4)
…	…	…	…	nc	nc	nc	nc	nc	(5)
…	…	…	…	nc	nc	nc	nc	nc	(6)
…	…	…	…	nc	nc	nc	nc	nc	(7)
…	…	…	…	nc	nc	nc	nc	nc	(8)
…	…	…	…	nc	nc	nc	nc	nc	(9)
…	…	…	…	nc	nc	nc	nc	nc	(10)
…	…	…	…	nc	nc	nc	nc	nc	(11)
…	…	…	…	nc	nc	nc	nc	nc	(12)
299	4,180	12,500	11,700	103	97	100	102	105	(13)
35	3,160	1,110	945	88	116	102	105	128	(14)
…	…	…	…	nc	nc	nc	nc	nc	(15)
…	…	…	…	nc	nc	nc	nc	nc	(16)
…	…	…	…	nc	nc	nc	nc	nc	(17)
…	…	…	…	nc	nc	nc	nc	nc	(18)
…	…	…	…	nc	nc	nc	nc	nc	(19)
…	…	…	…	nc	nc	nc	nc	nc	(20)
				nc	nc	nc	nc	nc	(21)
171	6,530	11,200	9,810	100	110	110	110	139	(22)
…	…	…	…	nc	nc	nc	nc	nc	(23)
…	…	…	…	nc	nc	nc	nc	nc	(24)
…	…	…	…	nc	nc	nc	nc	nc	(25)
…	…	…	…	nc	nc	nc	nc	nc	(26)
…	…	…	…	nc	nc	nc	nc	nc	(27)
…	…	…	…	nc	nc	nc	nc	nc	(28)
…	…	…	…	nc	nc	nc	nc	nc	(29)
…	…	…	…	nc	nc	nc	nc	nc	(30)
…	…	…	…	nc	nc	nc	nc	nc	(31)
1,760	8,570	150,800	137,300	98	98	96	96	100	(32)
…	…	…	…	nc	nc	nc	nc	nc	(33)
…	…	…	…	nc	nc	nc	nc	nc	(34)
…	…	…	…	nc	nc	nc	nc	nc	(35)
…	…	…	…	nc	nc	nc	nc	nc	(36)
…	…	…	…	nc	nc	nc	nc	nc	(37)
…	…	…	…	nc	nc	nc	nc	nc	(38)
…	…	…	…	nc	nc	nc	nc	nc	(39)
…	…	…	…	nc	nc	nc	nc	nc	(40)
…	…	…	…	nc	nc	nc	nc	nc	(41)
…	…	…	…	nc	nc	nc	nc	nc	(42)
…	…	…	…	nc	nc	nc	nc	nc	(43)
…	…	…	…	nc	nc	nc	nc	nc	(44)
…	…	…	…	nc	nc	nc	nc	nc	(45)
…	…	…	…	nc	nc	nc	nc	nc	(46)
…	…	…	…	nc	nc	nc	nc	nc	(47)
…	…	…	…	nc	nc	nc	nc	nc	(48)
…	…	…	…	nc	nc	nc	nc	nc	(49)
…	…	…	…	nc	nc	nc	nc	nc	(50)
…	…	…	…	nc	nc	nc	nc	nc	(51)
…	…	…	…	nc	nc	nc	nc	nc	(52)
…	…	…	…	nc	nc	nc	nc	nc	(53)
…	…	…	…	nc	nc	nc	nc	nc	(54)
…	…	…	…	nc	nc	nc	nc	nc	(55)
…	…	…	…	nc	nc	nc	nc	nc	(56)
…	…	…	…	nc	nc	nc	nc	nc	(57)
…	…	…	…	nc	nc	nc	nc	nc	(58)
…	…	…	…	nc	nc	nc	nc	nc	(59)
…	…	…	…	nc	nc	nc	nc	nc	(60)
…	…	…	…	nc	nc	nc	nc	nc	(61)
…	…	…	…	nc	nc	nc	nc	nc	(62)

3 平成30年産都道府県別の作付面積、10a当たり収量、収穫量及び出荷量（続き）

(9) はくさい（続き）

エ 秋冬はくさい

全国農業地域 都 道 府 県		作 付 面 積	10a当たり 収 量	収 穫 量	出 荷 量	対 前 年 産 比				(参考) 対平均 収量比
						作付面積	10a当たり 収 量	収穫量	出荷量	
		ha	kg	t	t	%	%	%	%	%
全 国	(1)	12,700	4,680	594,800	464,800	98	104	103	103	102
（全国農業地域）										
北 海 道	(2)	300	3,880	11,600	10,600	95	86	81	81	100
都 府 県	(3)	…	…	…	…	nc	nc	nc	nc	nc
東 北	(4)	…	…	…	…	nc	nc	nc	nc	nc
北 陸	(5)	…	…	…	…	nc	nc	nc	nc	nc
関 東・東 山	(6)	…	…	…	…	nc	nc	nc	nc	nc
東 海	(7)	…	…	…	…	nc	nc	nc	nc	nc
近 畿	(8)	…	…	…	…	nc	nc	nc	nc	nc
中 国	(9)	…	…	…	…	nc	nc	nc	nc	nc
四 国	(10)	…	…	…	…	nc	nc	nc	nc	nc
九 州	(11)	…	…	…	…	nc	nc	nc	nc	nc
沖 縄	(12)	…	…	…	…	nc	nc	nc	nc	nc
（都道府県）										
北 海 道	(13)	300	3,880	11,600	10,600	95	86	81	81	100
青 森	(14)	…	…	…	…	nc	nc	nc	nc	nc
岩 手	(15)	258	2,400	6,190	2,770	100	100	99	103	101
宮 城	(16)	425	2,060	8,760	3,240	97	114	110	110	111
秋 田	(17)	240	2,610	6,260	2,150	99	106	105	102	111
山 形	(18)	203	3,240	6,580	2,480	100	103	102	102	88
福 島	(19)	518	3,080	16,000	5,320	98	102	99	99	102
茨 城	(20)	2,680	6,910	185,200	173,100	99	98	97	97	98
栃 木	(21)	481	4,690	22,600	16,100	95	105	100	100	97
群 馬	(22)	383	5,480	21,000	15,200	103	118	121	121	114
埼 玉	(23)	484	4,760	23,000	15,700	100	104	104	110	104
千 葉	(24)	243	3,530	8,580	6,120	100	102	102	102	89
東 京	(25)	…	…	…	…	nc	nc	nc	nc	nc
神 奈 川	(26)	…	…	…	…	nc	nc	nc	nc	nc
新 潟	(27)	374	2,140	8,000	4,090	98	105	103	107	113
富 山	(28)	95	1,980	1,880	1,030	99	110	109	110	103
石 川	(29)	…	…	…	…	nc	nc	nc	nc	nc
福 井	(30)	…	…	…	…	nc	nc	nc	nc	nc
山 梨	(31)	…	…	…	…	nc	nc	nc	nc	nc
長 野	(32)	675	7,700	52,000	44,000	99	95	94	95	98
岐 阜	(33)	225	2,960	6,660	3,260	100	106	106	106	94
静 岡	(34)	…	…	…	…	nc	nc	nc	nc	nc
愛 知	(35)	408	4,780	19,500	17,200	97	117	114	115	101
三 重	(36)	185	4,110	7,600	5,560	102	132	135	135	100
滋 賀	(37)	135	3,160	4,270	3,170	101	103	104	105	106
京 都	(38)	…	…	…	…	nc	nc	nc	nc	nc
大 阪	(39)	…	…	…	…	nc	nc	nc	nc	nc
兵 庫	(40)	476	4,520	21,500	16,800	101	108	109	109	103
奈 良	(41)	…	…	…	…	nc	nc	nc	nc	nc
和 歌 山	(42)	131	6,370	8,340	7,340	95	107	101	102	89
鳥 取	(43)	110	3,750	4,130	2,060	99	133	132	149	143
島 根	(44)	…	…	…	…	nc	nc	nc	nc	nc
岡 山	(45)	240	5,010	12,000	9,360	98	109	107	108	92
広 島	(46)	220	2,530	5,570	1,300	100	105	105	108	96
山 口	(47)	200	2,460	4,920	3,250	100	143	142	143	113
徳 島	(48)	78	5,100	3,980	3,500	89	117	104	115	98
香 川	(49)	…	…	…	…	nc	nc	nc	nc	nc
愛 媛	(50)	129	3,480	4,490	3,430	99	165	164	181	106
高 知	(51)	…	…	…	…	nc	nc	nc	nc	nc
福 岡	(52)	179	3,420	6,120	4,890	100	105	105	105	97
佐 賀	(53)	…	…	…	…	nc	nc	nc	nc	nc
長 崎	(54)	194	4,540	8,810	7,760	116	102	119	122	100
熊 本	(55)	250	3,360	8,400	6,660	100	106	106	106	105
大 分	(56)	347	6,130	21,300	18,500	99	127	127	127	115
宮 崎	(57)	208	4,190	8,720	7,750	nc	nc	nc	nc	95
鹿 児 島	(58)	350	5,610	19,600	17,100	95	120	114	117	104
沖 縄	(59)	…	…	…	…	nc	nc	nc	nc	nc
関 東 農 政 局	(60)	…	…	…	…	nc	nc	nc	nc	nc
東 海 農 政 局	(61)	818	4,130	33,800	26,000	99	117	117	117	99
中国四国農政局	(62)	…	…	…	…	nc	nc	nc	nc	nc

(10)　こまつな

作付面積	10 a 当たり収量	収穫量	出荷量	対前年産比 作付面積	10 a 当たり収量	収穫量	出荷量	(参考)対平均収量比	
ha	kg	t	t	%	%	%	%	%	
7,250	1,590	115,600	102,500	103	99	103	103	97	(1)
159	1,380	2,190	2,020	93	95	88	87	100	(2)
…	…	…	…	nc	nc	nc	nc	nc	(3)
…	…	…	…	nc	nc	nc	nc	nc	(4)
…	…	…	…	nc	nc	nc	nc	nc	(5)
…	…	…	…	nc	nc	nc	nc	nc	(6)
…	…	…	…	nc	nc	nc	nc	nc	(7)
…	…	…	…	nc	nc	nc	nc	nc	(8)
…	…	…	…	nc	nc	nc	nc	nc	(9)
…	…	…	…	nc	nc	nc	nc	nc	(10)
…	…	…	…	nc	nc	nc	nc	nc	(11)
…	…	…	…	nc	nc	nc	nc	nc	(12)
159	1,380	2,190	2,020	93	95	88	87	100	(13)
…	…	…	…	nc	nc	nc	nc	nc	(14)
…	…	…	…	nc	nc	nc	nc	nc	(15)
130	1,290	1,680	1,290	101	101	102	102	94	(16)
…	…	…	…	nc	nc	nc	nc	nc	(17)
112	1,290	1,440	1,240	nc	nc	nc	nc	nc	(18)
…	…	…	…	nc	nc	nc	nc	nc	(19)
990	2,020	20,000	18,400	118	104	122	122	100	(20)
…	…	…	…	nc	nc	nc	nc	nc	(21)
526	1,390	7,310	6,560	102	95	97	96	99	(22)
849	1,730	14,700	12,500	99	102	101	101	94	(23)
344	1,830	6,300	5,180	99	98	98	97	91	(24)
457	1,720	7,860	7,470	99	95	94	94	94	(25)
411	1,460	6,000	5,710	100	108	108	108	95	(26)
135	984	1,330	806	101	85	86	91	85	(27)
…	…	…	…	nc	nc	nc	nc	nc	(28)
100	1,110	1,110	962	102	94	96	95	93	(29)
…	…	…	…	nc	nc	nc	nc	nc	(30)
…	…	…	…	nc	nc	nc	nc	nc	(31)
…	…	…	…	nc	nc	nc	nc	nc	(32)
147	1,550	2,280	2,000	95	104	99	99	108	(33)
129	1,580	2,040	1,830	102	97	99	98	94	(34)
104	1,440	1,500	1,360	98	99	97	97	100	(35)
…	…	…	…	nc	nc	nc	nc	nc	(36)
…	…	…	…	nc	nc	nc	nc	nc	(37)
195	1,690	3,300	3,030	99	102	102	102	93	(38)
197	1,810	3,570	3,310	98	97	94	94	93	(39)
126	1,670	2,100	1,930	98	97	95	97	93	(40)
60	1,510	906	788	97	92	89	89	86	(41)
65	1,590	1,030	906	100	97	96	96	92	(42)
…	…	…	…	nc	nc	nc	nc	nc	(43)
…	…	…	…	nc	nc	nc	nc	nc	(44)
…	…	…	…	nc	nc	nc	nc	nc	(45)
123	1,460	1,800	1,520	100	87	87	88	99	(46)
…	…	…	…	nc	nc	nc	nc	nc	(47)
114	974	1,110	930	91	97	89	87	98	(48)
47	1,130	531	424	98	110	107	105	99	(49)
…	…	…	…	nc	nc	nc	nc	nc	(50)
…	…	…	…	nc	nc	nc	nc	nc	(51)
631	1,850	11,700	11,300	115	95	109	110	86	(52)
…	…	…	…	nc	nc	nc	nc	nc	(53)
48	1,490	715	597	107	101	108	103	103	(54)
…	…	…	…	nc	nc	nc	nc	nc	(55)
…	…	…	…	nc	nc	nc	nc	nc	(56)
…	…	…	…	nc	nc	nc	nc	nc	(57)
…	…	…	…	nc	nc	nc	nc	nc	(58)
…	…	…	…	nc	nc	nc	nc	nc	(59)
…	…	…	…	nc	nc	nc	nc	nc	(60)
…	…	…	…	nc	nc	nc	nc	nc	(61)
…	…	…	…	nc	nc	nc	nc	nc	(62)

3　平成30年産都道府県別の作付面積、10a当たり収量、収穫量及び出荷量（続き）

(11)　キャベツ
ア　計

全国農業地域 都 道 府 県		作付面積	10a当たり 収　量	収　穫　量	出　荷　量	対　前　年　産　比				(参考) 対平均 収量比
						作付面積	10a当たり 収　量	収穫量	出荷量	
		ha	kg	t	t	%	%	%	%	%
全　　　国	(1)	34,600	4,240	1,467,000	1,319,000	99	103	103	103	101
(全国農業地域)										
北　海　道	(2)	1,150	4,900	56,300	53,200	93	99	92	93	110
都　府　県	(3)	…	…	…	…	nc	nc	nc	nc	nc
東　　　北	(4)	…	…	…	…	nc	nc	nc	nc	nc
北　　　陸	(5)	…	…	…	…	nc	nc	nc	nc	nc
関東・東山	(6)	…	…	…	…	nc	nc	nc	nc	nc
東　　　海	(7)	6,420	4,320	277,100	258,300	99	102	101	101	98
近　　　畿	(8)	…	…	…	…	nc	nc	nc	nc	nc
中　　　国	(9)	1,490	2,830	42,100	32,500	99	106	105	109	99
四　　　国	(10)	…	…	…	…	nc	nc	nc	nc	nc
九　　　州	(11)	5,990	3,430	205,300	183,700	101	108	108	109	100
沖　　　縄	(12)	…	…	…	…	nc	nc	nc	nc	nc
(都道府県)										
北　海　道	(13)	1,150	4,900	56,300	53,200	93	99	92	93	110
青　　　森	(14)	443	3,910	17,300	14,700	98	104	102	101	115
岩　　　手	(15)	826	3,580	29,600	26,300	100	102	102	102	98
宮　　　城	(16)	369	1,870	6,900	5,030	99	101	100	100	86
秋　　　田	(17)	360	2,490	8,950	5,560	99	105	104	104	102
山　　　形	(18)	…	…	…	…	nc	nc	nc	nc	nc
福　　　島	(19)	249	2,270	5,650	3,450	98	97	96	95	102
茨　　　城	(20)	2,420	4,520	109,500	102,800	100	98	99	99	100
栃　　　木	(21)	…	…	…	…	nc	nc	nc	nc	nc
群　　　馬	(22)	3,860	7,150	276,100	250,800	99	106	106	106	107
埼　　　玉	(23)	429	3,800	16,300	12,500	101	102	104	105	100
千　　　葉	(24)	2,860	4,370	124,900	115,300	104	108	112	113	100
東　　　京	(25)	207	4,030	8,350	7,870	100	92	91	92	90
神　奈　川	(26)	1,600	4,450	71,200	67,900	98	94	93	93	95
新　　　潟	(27)	…	…	…	…	nc	nc	nc	nc	nc
富　　　山	(28)	102	2,360	2,410	1,790	100	95	95	108	116
石　　　川	(29)	…	…	…	…	nc	nc	nc	nc	nc
福　　　井	(30)	121	2,380	2,880	2,690	98	98	95	110	99
山　　　梨	(31)	126	2,690	3,390	2,940	98	91	89	89	93
長　　　野	(32)	1,540	4,470	68,800	61,900	101	96	96	97	101
岐　　　阜	(33)	188	2,350	4,420	3,190	99	93	92	92	94
静　　　岡	(34)	482	3,420	16,500	14,300	101	105	106	108	97
愛　　　知	(35)	5,340	4,600	245,600	232,400	98	102	100	100	99
三　　　重	(36)	405	2,620	10,600	8,430	102	115	118	118	87
滋　　　賀	(37)	331	2,990	9,890	8,560	104	103	108	108	105
京　　　都	(38)	258	2,570	6,620	5,350	101	100	101	101	87
大　　　阪	(39)	259	4,090	10,600	9,830	93	102	95	95	94
兵　　　庫	(40)	799	3,590	28,700	24,100	98	102	100	100	103
奈　　　良	(41)	…	…	…	…	nc	nc	nc	nc	nc
和　歌　山	(42)	217	3,760	8,160	7,280	98	121	118	118	94
鳥　　　取	(43)	193	2,260	4,360	2,380	99	96	96	93	83
島　　　根	(44)	240	2,440	5,850	4,410	98	105	103	104	104
岡　　　山	(45)	313	3,510	11,000	9,490	100	102	102	112	91
広　　　島	(46)	426	2,540	10,800	7,980	99	105	103	105	106
山　　　口	(47)	322	3,140	10,100	8,260	100	118	117	118	106
徳　　　島	(48)	140	4,450	6,230	5,310	87	103	90	89	104
香　　　川	(49)	251	4,060	10,200	9,160	102	107	108	109	102
愛　　　媛	(50)	433	3,330	14,400	12,300	100	125	124	128	106
高　　　知	(51)	…	…	…	…	nc	nc	nc	nc	nc
福　　　岡	(52)	722	4,030	29,100	26,300	101	116	117	118	108
佐　　　賀	(53)	335	3,190	10,700	9,020	112	112	125	125	93
長　　　崎	(54)	459	3,030	13,900	11,900	98	113	111	112	102
熊　　　本	(55)	1,380	2,960	40,900	37,500	101	103	104	104	100
大　　　分	(56)	492	3,030	14,900	12,400	102	104	106	106	106
宮　　　崎	(57)	613	3,260	20,000	18,300	94	111	105	105	85
鹿　児　島	(58)	1,990	3,810	75,800	68,300	101	106	106	107	102
沖　　　縄	(59)	…	…	…	…	nc	nc	nc	nc	nc
関東農政局	(60)	…	…	…	…	nc	nc	nc	nc	nc
東海農政局	(61)	5,930	4,390	260,600	244,000	98	102	101	100	98
中国四国農政局	(62)	…	…	…	…	nc	nc	nc	nc	nc

イ　春キャベツ

作付面積	10a当たり収量	収穫量	出荷量	対前年産比				(参考)対平均収量比	
				作付面積	10a当たり収量	収穫量	出荷量		
ha	kg	t	t	%	%	%	%	%	
9,040	4,170	376,800	340,600	100	100	99	99	101	(1)
...	...	...	...	nc	nc	nc	nc	nc	(2)
...	...	...	...	nc	nc	nc	nc	nc	(3)
...	...	...	...	nc	nc	nc	nc	nc	(4)
...	...	...	...	nc	nc	nc	nc	nc	(5)
...	...	...	...	nc	nc	nc	nc	nc	(6)
1,630	4,740	77,300	71,900	99	100	99	99	102	(7)
...	...	...	...	nc	nc	nc	nc	nc	(8)
...	...	...	...	nc	nc	nc	nc	nc	(9)
...	...	...	...	nc	nc	nc	nc	nc	(10)
...	...	...	...	nc	nc	nc	nc	nc	(11)
...	...	...	...	nc	nc	nc	nc	nc	(12)
...	...	...	...	nc	nc	nc	nc	nc	(13)
...	...	...	...	nc	nc	nc	nc	nc	(14)
...	...	...	...	nc	nc	nc	nc	nc	(15)
125	1,570	1,960	1,270	99	96	96	94	98	(16)
...	...	...	...	nc	nc	nc	nc	nc	(17)
...	...	...	...	nc	nc	nc	nc	nc	(18)
117	2,340	2,740	1,470	98	98	96	95	100	(19)
932	5,120	47,700	45,600	100	98	98	97	100	(20)
...	...	...	...	nc	nc	nc	nc	nc	(21)
119	4,020	4,780	3,870	102	110	112	116	123	(22)
147	3,860	5,670	4,280	97	98	95	95	96	(23)
1,280	4,580	58,600	53,300	100	109	109	109	102	(24)
91	4,410	4,010	3,830	99	94	93	94	93	(25)
980	4,640	45,500	44,000	100	90	90	90	92	(26)
...	...	...	...	nc	nc	nc	nc	nc	(27)
44	2,240	986	591	100	95	95	108	109	(28)
...	...	...	...	nc	nc	nc	nc	nc	(29)
...	...	...	...	nc	nc	nc	nc	nc	(30)
...	...	...	...	nc	nc	nc	nc	nc	(31)
138	5,040	6,960	6,210	103	100	103	103	109	(32)
90	2,060	1,850	1,160	99	92	92	92	89	(33)
130	3,560	4,630	4,160	98	97	95	95	96	(34)
1,270	5,320	67,600	64,000	98	101	99	99	104	(35)
140	2,270	3,180	2,600	101	103	104	104	77	(36)
...	...	...	...	nc	nc	nc	nc	nc	(37)
140	2,880	4,030	3,510	101	100	101	101	92	(38)
58	3,990	2,310	2,220	95	97	92	92	96	(39)
320	3,600	11,500	9,780	97	94	91	91	103	(40)
...	...	...	...	nc	nc	nc	nc	nc	(41)
82	3,550	2,910	2,610	101	101	102	102	98	(42)
...	...	...	...	nc	nc	nc	nc	nc	(43)
...	...	...	...	nc	nc	nc	nc	nc	(44)
100	3,840	3,840	3,300	98	99	97	116	97	(45)
...	...	...	...	nc	nc	nc	nc	nc	(46)
114	3,210	3,660	2,930	99	115	114	113	113	(47)
53	4,630	2,450	2,230	98	100	98	97	104	(48)
100	5,090	5,090	4,660	102	102	105	105	109	(49)
135	3,200	4,320	3,590	102	100	101	101	106	(50)
...	...	...	...	nc	nc	nc	nc	nc	(51)
289	3,800	11,000	10,100	97	102	99	99	103	(52)
...	...	...	...	nc	nc	nc	nc	nc	(53)
143	3,490	4,990	4,230	97	108	105	104	106	(54)
296	3,490	10,300	9,540	99	98	96	96	103	(55)
148	3,820	5,650	4,590	100	107	107	107	107	(56)
197	3,440	6,780	6,080	99	99	99	99	89	(57)
430	4,040	17,400	15,800	103	104	107	107	104	(58)
...	...	...	...	nc	nc	nc	nc	nc	(59)
...	...	...	...	nc	nc	nc	nc	nc	(60)
1,500	4,840	72,600	67,800	99	100	99	99	102	(61)
...	...	...	...	nc	nc	nc	nc	nc	(62)

3 平成30年産都道府県別の作付面積、10 a 当たり収量、収穫量及び出荷量（続き）

（11）キャベツ（続き）
ウ 夏秋キャベツ

全国農業地域 都 道 府 県		作 付 面 積	10 a 当たり 収 量	収 穫 量	出 荷 量	対 前 年 産 比				（参考） 対平均 収量比
						作付面積	10 a 当たり 収 量	収穫量	出荷量	
		ha	kg	t	t	%	%	%	%	%
全 国	(1)	10,200	4,900	499,500	447,900	99	103	101	102	106
（全国農業地域）										
北 海 道	(2)	875	4,750	41,600	39,400	96	96	93	94	109
都 府 県	(3)	…	…	…	…	nc	nc	nc	nc	nc
東 北	(4)	…	…	…	…	nc	nc	nc	nc	nc
北 陸	(5)	…	…	…	…	nc	nc	nc	nc	nc
関 東・東 山	(6)	…	…	…	…	nc	nc	nc	nc	nc
東 海	(7)	…	…	…	…	nc	nc	nc	nc	nc
近 畿	(8)	…	…	…	…	nc	nc	nc	nc	nc
中 国	(9)	…	…	…	…	nc	nc	nc	nc	nc
四 国	(10)	…	…	…	…	nc	nc	nc	nc	nc
九 州	(11)	…	…	…	…	nc	nc	nc	nc	nc
沖 縄	(12)	…	…	…	…	nc	nc	nc	nc	nc
（都道府県）										
北 海 道	(13)	875	4,750	41,600	39,400	96	96	93	94	109
青 森	(14)	330	4,020	13,300	11,700	98	103	102	102	115
岩 手	(15)	724	3,730	27,000	24,400	100	102	102	102	99
宮 城	(16)	117	2,030	2,380	1,900	98	105	103	104	79
秋 田	(17)	270	2,300	6,210	3,360	99	105	104	104	103
山 形	(18)	…	…	…	…	nc	nc	nc	nc	nc
福 島	(19)	…	…	…	…	nc	nc	nc	nc	nc
茨 城	(20)	544	3,790	20,600	19,300	100	96	96	97	97
栃 木	(21)	…	…	…	…	nc	nc	nc	nc	nc
群 馬	(22)	3,550	7,470	265,200	242,000	99	106	106	106	107
埼 玉	(23)	…	…	…	…	nc	nc	nc	nc	nc
千 葉	(24)	75	4,130	3,100	2,730	97	98	96	96	126
東 京	(25)	15	3,290	494	470	100	84	84	84	80
神 奈 川	(26)	65	2,660	1,730	1,630	84	95	80	83	83
新 潟	(27)	…	…	…	…	nc	nc	nc	nc	nc
富 山	(28)	…	…	…	…	nc	nc	nc	nc	nc
石 川	(29)	…	…	…	…	nc	nc	nc	nc	nc
福 井	(30)	…	…	…	…	nc	nc	nc	nc	nc
山 梨	(31)	111	2,720	3,020	2,620	98	91	89	89	94
長 野	(32)	1,400	4,420	61,900	55,600	101	95	96	96	100
岐 阜	(33)	…	…	…	…	nc	nc	nc	nc	nc
静 岡	(34)	…	…	…	…	nc	nc	nc	nc	nc
愛 知	(35)	…	…	…	…	nc	nc	nc	nc	nc
三 重	(36)	…	…	…	…	nc	nc	nc	nc	nc
滋 賀	(37)	…	…	…	…	nc	nc	nc	nc	nc
京 都	(38)	…	…	…	…	nc	nc	nc	nc	nc
大 阪	(39)	…	…	…	…	nc	nc	nc	nc	nc
兵 庫	(40)	…	…	…	…	nc	nc	nc	nc	nc
奈 良	(41)	…	…	…	…	nc	nc	nc	nc	nc
和 歌 山	(42)	…	…	…	…	nc	nc	nc	nc	nc
鳥 取	(43)	41	1,860	763	644	108	63	68	72	66
島 根	(44)	50	1,620	810	667	100	97	97	97	95
岡 山	(45)	74	3,190	2,360	2,030	97	91	89	89	97
広 島	(46)	164	2,630	4,310	3,620	98	104	102	102	122
山 口	(47)	…	…	…	…	nc	nc	nc	nc	nc
徳 島	(48)	…	…	…	…	nc	nc	nc	nc	nc
香 川	(49)	…	…	…	…	nc	nc	nc	nc	nc
愛 媛	(50)	…	…	…	…	nc	nc	nc	nc	nc
高 知	(51)	…	…	…	…	nc	nc	nc	nc	nc
福 岡	(52)	…	…	…	…	nc	nc	nc	nc	nc
佐 賀	(53)	…	…	…	…	nc	nc	nc	nc	nc
長 崎	(54)	…	…	…	…	nc	nc	nc	nc	nc
熊 本	(55)	508	2,230	11,300	10,700	99	101	99	99	101
大 分	(56)	…	…	…	…	nc	nc	nc	nc	nc
宮 崎	(57)	…	…	…	…	nc	nc	nc	nc	nc
鹿 児 島	(58)	…	…	…	…	nc	nc	nc	nc	nc
沖 縄	(59)	…	…	…	…	nc	nc	nc	nc	nc
関 東 農 政 局	(60)	…	…	…	…	nc	nc	nc	nc	nc
東 海 農 政 局	(61)	…	…	…	…	nc	nc	nc	nc	nc
中国四国農政局	(62)	…	…	…	…	nc	nc	nc	nc	nc

エ　冬キャベツ

作付面積	10 a 当たり収量	収穫量	出荷量	対　前　年　産　比				(参考)対平均収量比	
				作付面積	10 a 当たり収量	収穫量	出荷量		
ha	kg	t	t	%	%	%	%	%	
15,400	3,830	590,100	530,100	100	106	106	107	97	(1)
203	5,470	11,100	10,300	83	107	89	89	109	(2)
…	…	…	…	nc	nc	nc	nc	nc	(3)
…	…	…	…	nc	nc	nc	nc	nc	(4)
…	…	…	…	nc	nc	nc	nc	nc	(5)
…	…	…	…	nc	nc	nc	nc	nc	(6)
…	…	…	…	nc	nc	nc	nc	nc	(7)
…	…	…	…	nc	nc	nc	nc	nc	(8)
718	2,920	21,000	15,800	99	112	112	116	96	(9)
…	…	…	…	nc	nc	nc	nc	nc	(10)
…	…	…	…	nc	nc	nc	nc	nc	(11)
…	…	…	…	nc	nc	nc	nc	nc	(12)
203	5,470	11,100	10,300	83	107	89	89	109	(13)
…	…	…	…	nc	nc	nc	nc	nc	(14)
…	…	…	…	nc	nc	nc	nc	nc	(15)
…	…	…	…	nc	nc	nc	nc	nc	(16)
…	…	…	…	nc	nc	nc	nc	nc	(17)
…	…	…	…	nc	nc	nc	nc	nc	(18)
…	…	…	…	nc	nc	nc	nc	nc	(19)
947	4,350	41,200	37,900	101	100	101	102	101	(20)
…	…	…	…	nc	nc	nc	nc	nc	(21)
…	…	…	…	nc	nc	nc	nc	nc	(22)
244	3,900	9,520	7,450	104	106	111	111	103	(23)
1,500	4,210	63,200	59,300	109	108	117	118	97	(24)
101	3,810	3,850	3,570	100	90	90	90	89	(25)
550	4,370	24,000	22,300	96	105	101	101	103	(26)
…	…	…	…	nc	nc	nc	nc	nc	(27)
…	…	…	…	nc	nc	nc	nc	nc	(28)
…	…	…	…	nc	nc	nc	nc	nc	(29)
85	2,460	2,090	1,960	98	98	95	110	101	(30)
…	…	…	…	nc	nc	nc	nc	nc	(31)
…	…	…	…	nc	nc	nc	nc	nc	(32)
…	…	…	…	nc	nc	nc	nc	nc	(33)
322	3,450	11,100	9,550	102	110	111	114	98	(34)
4,060	4,380	177,800	168,200	98	103	101	100	97	(35)
256	2,870	7,350	5,720	103	122	126	126	95	(36)
289	2,950	8,530	7,380	104	104	108	108	105	(37)
…	…	…	…	nc	nc	nc	nc	nc	(38)
198	4,150	8,220	7,560	92	104	96	96	94	(39)
440	3,730	16,400	13,800	99	108	107	108	105	(40)
…	…	…	…	nc	nc	nc	nc	nc	(41)
134	3,900	5,230	4,660	96	135	130	130	93	(42)
109	2,480	2,700	1,370	96	113	108	109	88	(43)
117	2,610	3,050	2,620	98	108	105	106	103	(44)
139	3,480	4,840	4,160	103	112	115	124	86	(45)
175	2,440	4,270	2,600	99	106	104	109	98	(46)
178	3,420	6,090	5,080	100	120	120	122	103	(47)
70	4,300	3,010	2,500	80	105	84	83	98	(48)
139	3,470	4,820	4,230	101	111	113	114	93	(49)
205	3,680	7,540	6,380	99	144	142	150	105	(50)
…	…	…	…	nc	nc	nc	nc	nc	(51)
388	4,390	17,000	15,500	103	129	133	136	111	(52)
258	3,250	8,390	7,310	112	112	125	125	91	(53)
265	3,050	8,080	6,970	99	119	117	118	100	(54)
571	3,380	19,300	17,300	104	108	113	114	98	(55)
…	…	…	…	nc	nc	nc	nc	nc	(56)
325	3,360	10,900	10,100	92	119	109	109	84	(57)
1,530	3,780	57,800	52,000	101	106	106	107	100	(58)
…	…	…	…	nc	nc	nc	nc	nc	(59)
…	…	…	…	nc	nc	nc	nc	nc	(60)
…	…	…	…	nc	nc	nc	nc	nc	(61)
…	…	…	…	nc	nc	nc	nc	nc	(62)

3　平成30年産都道府県別の作付面積、10 a 当たり収量、収穫量及び出荷量（続き）

（12）　ちんげんさい

全国農業地域・都道府県		作付面積	10 a 当たり収量	収穫量	出荷量	対前年産比				(参考)対平均収量比
						作付面積	10 a 当たり収量	収穫量	出荷量	
		ha	kg	t	t	%	%	%	%	%
全　　国	(1)	2,170	1,940	42,000	37,500	99	99	97	99	98
（全国農業地域）										
北　海　道	(2)	42	1,800	756	685	98	93	91	90	89
都　府　県	(3)	…	…	…	…	nc	nc	nc	nc	nc
東　　北	(4)	…	…	…	…	nc	nc	nc	nc	nc
北　　陸	(5)	…	…	…	…	nc	nc	nc	nc	nc
関東・東山	(6)	…	…	…	…	nc	nc	nc	nc	nc
東　　海	(7)	…	…	…	…	nc	nc	nc	nc	nc
近　　畿	(8)	…	…	…	…	nc	nc	nc	nc	nc
中　　国	(9)	…	…	…	…	nc	nc	nc	nc	nc
四　　国	(10)	…	…	…	…	nc	nc	nc	nc	nc
九　　州	(11)	…	…	…	…	nc	nc	nc	nc	nc
沖　　縄	(12)	73	1,250	913	770	94	98	92	92	93
（都道府県）										
北　海　道	(13)	42	1,800	756	685	98	93	91	90	89
青　　森	(14)	…	…	…	…	nc	nc	nc	nc	nc
岩　　手	(15)	…	…	…	…	nc	nc	nc	nc	nc
宮　　城	(16)	53	1,270	673	498	100	99	99	99	91
秋　　田	(17)	…	…	…	…	nc	nc	nc	nc	nc
山　　形	(18)	…	…	…	…	nc	nc	nc	nc	nc
福　　島	(19)	36	1,630	587	392	97	102	99	101	103
茨　　城	(20)	496	2,360	11,700	11,000	100	100	100	103	102
栃　　木	(21)	…	…	…	…	nc	nc	nc	nc	nc
群　　馬	(22)	149	1,610	2,400	2,120	100	89	89	89	81
埼　　玉	(23)	113	2,210	2,500	2,180	97	101	99	99	102
千　　葉	(24)	77	1,800	1,390	1,120	96	118	114	118	106
東　　京	(25)	…	…	…	…	nc	nc	nc	nc	nc
神　奈　川	(26)	…	…	…	…	nc	nc	nc	nc	nc
新　　潟	(27)	…	…	…	…	nc	nc	nc	nc	nc
富　　山	(28)	…	…	…	…	nc	nc	nc	nc	nc
石　　川	(29)	…	…	…	…	nc	nc	nc	nc	nc
福　　井	(30)	…	…	…	…	nc	nc	nc	nc	nc
山　　梨	(31)	…	…	…	…	nc	nc	nc	nc	nc
長　　野	(32)	92	2,070	1,900	1,710	94	97	90	92	100
岐　　阜	(33)	…	…	…	…	nc	nc	nc	nc	nc
静　　岡	(34)	320	2,330	7,460	7,050	100	97	96	96	97
愛　　知	(35)	133	2,070	2,750	2,580	99	95	94	95	94
三　　重	(36)	…	…	…	…	nc	nc	nc	nc	nc
滋　　賀	(37)	…	…	…	…	nc	nc	nc	nc	nc
京　　都	(38)	…	…	…	…	nc	nc	nc	nc	nc
大　　阪	(39)	…	…	…	…	nc	nc	nc	nc	nc
兵　　庫	(40)	51	1,600	816	714	96	101	97	97	95
奈　　良	(41)	…	…	…	…	nc	nc	nc	nc	nc
和　歌　山	(42)	…	…	…	…	nc	nc	nc	nc	nc
鳥　　取	(43)	25	1,930	483	455	100	104	104	115	101
島　　根	(44)	…	…	…	…	nc	nc	nc	nc	nc
岡　　山	(45)	…	…	…	…	nc	nc	nc	nc	nc
広　　島	(46)	…	…	…	…	nc	nc	nc	nc	nc
山　　口	(47)	…	…	…	…	nc	nc	nc	nc	nc
徳　　島	(48)	38	1,110	422	379	100	93	93	96	76
香　　川	(49)	…	…	…	…	nc	nc	nc	nc	nc
愛　　媛	(50)	…	…	…	…	nc	nc	nc	nc	nc
高　　知	(51)	…	…	…	…	nc	nc	nc	nc	nc
福　　岡	(52)	58	1,530	887	807	109	99	108	109	101
佐　　賀	(53)	…	…	…	…	nc	nc	nc	nc	nc
長　　崎	(54)	…	…	…	…	nc	nc	nc	nc	nc
熊　　本	(55)	36	2,000	720	666	103	101	104	104	102
大　　分	(56)	…	…	…	…	nc	nc	nc	nc	nc
宮　　崎	(57)	…	…	…	…	nc	nc	nc	nc	nc
鹿　児　島	(58)	32	1,510	483	422	86	107	92	94	109
沖　　縄	(59)	73	1,250	913	770	94	98	92	92	93
関東農政局	(60)	…	…	…	…	nc	nc	nc	nc	nc
東海農政局	(61)	…	…	…	…	nc	nc	nc	nc	nc
中国四国農政局	(62)	…	…	…	…	nc	nc	nc	nc	nc

(13) ほうれんそう

作 付 面 積	10 a 当たり収　量	収　穫　量	出　荷　量	対　前　年　産　比				(参考)対平均収量比	
				作付面積	10 a 当たり収　量	収　穫　量	出　荷　量		
ha	kg	t	t	%	%	%	%	%	
20,300	1,120	228,300	194,800	99	101	100	101	93	(1)
496	991	4,920	4,580	89	101	89	90	100	(2)
…	…	…	…	nc	nc	nc	nc	nc	(3)
…	…	…	…	nc	nc	nc	nc	nc	(4)
…	…	…	…	nc	nc	nc	nc	nc	(5)
…	…	…	…	nc	nc	nc	nc	nc	(6)
…	…	…	…	nc	nc	nc	nc	nc	(7)
…	…	…	…	nc	nc	nc	nc	nc	(8)
…	…	…	…	nc	nc	nc	nc	nc	(9)
…	…	…	…	nc	nc	nc	nc	nc	(10)
…	…	…	…	nc	nc	nc	nc	nc	(11)
…	…	…	…	nc	nc	nc	nc	nc	(12)
496	991	4,920	4,580	89	101	89	90	100	(13)
…	…	…	…	nc	nc	nc	nc	nc	(14)
755	469	3,540	2,890	98	101	99	99	96	(15)
364	819	2,980	1,740	98	102	100	100	91	(16)
205	710	1,460	1,110	101	103	104	104	115	(17)
…	…	…	…	nc	nc	nc	nc	nc	(18)
305	958	2,920	1,960	99	103	102	103	100	(19)
1,240	1,440	17,900	16,200	105	97	102	103	98	(20)
624	1,070	6,680	5,910	101	95	96	102	104	(21)
1,910	1,120	21,400	19,600	105	110	115	115	99	(22)
2,020	1,200	24,200	20,100	100	103	102	102	94	(23)
2,110	1,210	25,500	23,300	94	82	77	77	77	(24)
369	1,130	4,170	3,910	99	98	97	97	101	(25)
675	1,240	8,370	7,880	100	104	104	104	103	(26)
…	…	…	…	nc	nc	nc	nc	nc	(27)
64	800	512	267	88	88	77	90	109	(28)
…	…	…	…	nc	nc	nc	nc	nc	(29)
77	864	665	436	94	97	91	90	92	(30)
…	…	…	…	nc	nc	nc	nc	nc	(31)
426	860	3,660	2,420	97	99	96	96	99	(32)
1,240	807	10,000	8,880	98	92	90	90	88	(33)
…	…	…	…	nc	nc	nc	nc	nc	(34)
440	1,180	5,190	4,580	96	99	95	95	87	(35)
…	…	…	…	nc	nc	nc	nc	nc	(36)
108	1,160	1,250	809	98	98	96	94	110	(37)
332	1,600	5,310	4,570	101	125	126	126	105	(38)
…	…	…	…	nc	nc	nc	nc	nc	(39)
279	1,320	3,680	2,260	100	105	104	108	102	(40)
293	1,090	3,190	2,680	99	98	97	97	88	(41)
…	…	…	…	nc	nc	nc	nc	nc	(42)
142	1,140	1,620	1,160	92	120	109	109	116	(43)
…	…	…	…	nc	nc	nc	nc	nc	(44)
…	…	…	…	nc	nc	nc	nc	nc	(45)
394	1,100	4,330	3,400	99	96	95	103	100	(46)
214	857	1,830	1,250	100	106	106	106	89	(47)
421	933	3,930	3,500	78	143	112	116	102	(48)
…	…	…	…	nc	nc	nc	nc	nc	(49)
171	815	1,390	1,020	100	140	139	158	91	(50)
…	…	…	…	nc	nc	nc	nc	nc	(51)
702	1,340	9,410	8,560	115	106	122	123	96	(52)
123	796	979	710	99	96	95	95	97	(53)
177	1,030	1,820	1,490	97	99	96	95	89	(54)
540	1,220	6,590	5,880	104	111	115	116	99	(55)
…	…	…	…	nc	nc	nc	nc	nc	(56)
954	1,650	15,700	13,900	98	120	117	118	93	(57)
…	…	…	…	nc	nc	nc	nc	nc	(58)
…	…	…	…	nc	nc	nc	nc	nc	(59)
…	…	…	…	nc	nc	nc	nc	nc	(60)
…	…	…	…	nc	nc	nc	nc	nc	(61)
…	…	…	…	nc	nc	nc	nc	nc	(62)

3　平成30年産都道府県別の作付面積、10 a 当たり収量、収穫量及び出荷量（続き）

（14）　ふき

全国農業地域 都　道　府　県		作 付 面 積	10 a 当たり 収　　量	収 穫 量	出 荷 量	対　前　年　産　比				（参考） 対平均 収量比
						作付面積	10 a 当たり 収　量	収 穫 量	出 荷 量	
		ha	kg	t	t	%	%	%	%	%
全　　　国	(1)	538	1,900	10,200	8,560	97	99	95	94	97
（全国農業地域）										
北　海　道	(2)	23	1,660	382	362	105	111	116	118	112
都　府　県	(3)	…	…	…	…	nc	nc	nc	nc	nc
東　　　北	(4)	…	…	…	…	nc	nc	nc	nc	nc
北　　　陸	(5)	…	…	…	…	nc	nc	nc	nc	nc
関東・東山	(6)	…	…	…	…	nc	nc	nc	nc	nc
東　　　海	(7)	…	…	…	…	nc	nc	nc	nc	nc
近　　　畿	(8)	…	…	…	…	nc	nc	nc	nc	nc
中　　　国	(9)	…	…	…	…	nc	nc	nc	nc	nc
四　　　国	(10)	…	…	…	…	nc	nc	nc	nc	nc
九　　　州	(11)	…	…	…	…	nc	nc	nc	nc	nc
沖　　　縄	(12)	…	…	…	…	nc	nc	nc	nc	nc
（都道府県）										
北　海　道	(13)	23	1,660	382	362	105	111	116	118	112
青　　　森	(14)	4	660	26	8	80	135	104	114	131
岩　　　手	(15)	19	547	104	50	100	97	97	96	94
宮　　　城	(16)	…	…	…	…	nc	nc	nc	nc	nc
秋　　　田	(17)	34	921	313	223	97	99	96	97	98
山　　　形	(18)	11	509	56	38	100	104	104	106	106
福　　　島	(19)	18	551	99	83	95	96	92	100	101
茨　　　城	(20)	…	…	…	…	nc	nc	nc	nc	nc
栃　　　木	(21)	9	911	82	54	75	123	92	78	122
群　　　馬	(22)	100	1,380	1,380	1,090	97	117	113	97	101
埼　　　玉	(23)	…	…	…	…	nc	nc	nc	nc	nc
千　　　葉	(24)	10	1,680	168	116	83	100	83	83	100
東　　　京	(25)	…	…	…	…	nc	nc	nc	nc	nc
神　奈　川	(26)	…	…	…	…	nc	nc	nc	nc	nc
新　　　潟	(27)	20	450	90	59	100	93	93	86	104
富　　　山	(28)	…	…	…	…	nc	nc	nc	nc	nc
石　　　川	(29)	…	…	…	…	nc	nc	nc	nc	nc
福　　　井	(30)	…	…	…	…	nc	nc	nc	nc	nc
山　　　梨	(31)	…	…	…	…	nc	nc	nc	nc	nc
長　　　野	(32)	32	756	242	90	94	95	89	88	97
岐　　　阜	(33)	…	…	…	…	nc	nc	nc	nc	nc
静　　　岡	(34)	12	792	95	70	100	98	98	99	91
愛　　　知	(35)	70	5,710	4,000	3,760	97	95	92	92	91
三　　　重	(36)	…	…	…	…	nc	nc	nc	nc	nc
滋　　　賀	(37)	…	…	…	…	nc	nc	nc	nc	nc
京　　　都	(38)	13	546	71	64	100	109	109	110	99
大　　　阪	(39)	12	7,670	920	865	100	96	96	96	94
兵　　　庫	(40)	…	…	…	…	nc	nc	nc	nc	nc
奈　　　良	(41)	…	…	…	…	nc	nc	nc	nc	nc
和　歌　山	(42)	…	…	…	…	nc	nc	nc	nc	nc
鳥　　　取	(43)	…	…	…	…	nc	nc	nc	nc	nc
島　　　根	(44)	…	…	…	…	nc	nc	nc	nc	nc
岡　　　山	(45)	…	…	…	…	nc	nc	nc	nc	nc
広　　　島	(46)	11	1,320	145	110	92	107	98	105	101
山　　　口	(47)	…	…	…	…	nc	nc	nc	nc	nc
徳　　　島	(48)	25	1,420	355	300	100	72	72	70	72
香　　　川	(49)	…	…	…	…	nc	nc	nc	nc	nc
愛　　　媛	(50)	17	931	158	85	100	99	99	101	95
高　　　知	(51)	…	…	…	…	nc	nc	nc	nc	nc
福　　　岡	(52)	…	…	…	…	nc	nc	nc	nc	nc
佐　　　賀	(53)	…	…	…	…	nc	nc	nc	nc	nc
長　　　崎	(54)	…	…	…	…	nc	nc	nc	nc	nc
熊　　　本	(55)	…	…	…	…	nc	nc	nc	nc	nc
大　　　分	(56)	…	…	…	…	nc	nc	nc	nc	nc
宮　　　崎	(57)	…	…	…	…	nc	nc	nc	nc	nc
鹿　児　島	(58)	…	…	…	…	nc	nc	nc	nc	nc
沖　　　縄	(59)	…	…	…	…	nc	nc	nc	nc	nc
関 東 農 政 局	(60)	…	…	…	…	nc	nc	nc	nc	nc
東 海 農 政 局	(61)	…	…	…	…	nc	nc	nc	nc	nc
中国四国農政局	(62)	…	…	…	…	nc	nc	nc	nc	nc

(15)　みつば

作付面積	10a当たり収量	収穫量	出荷量	対前年産比				(参考)対平均収量比	
				作付面積	10a当たり収量	収穫量	出荷量		
ha	kg	t	t	%	%	%	%	%	
931	1,610	15,000	14,000	97	100	97	97	106	(1)
46	597	275	257	88	91	81	81	93	(2)
…	…	…	…	nc	nc	nc	nc	nc	(3)
…	…	…	…	nc	nc	nc	nc	nc	(4)
…	…	…	…	nc	nc	nc	nc	nc	(5)
…	…	…	…	nc	nc	nc	nc	nc	(6)
…	…	…	…	nc	nc	nc	nc	nc	(7)
…	…	…	…	nc	nc	nc	nc	nc	(8)
…	…	…	…	nc	nc	nc	nc	nc	(9)
…	…	…	…	nc	nc	nc	nc	nc	(10)
…	…	…	…	nc	nc	nc	nc	nc	(11)
…	…	…	…	nc	nc	nc	nc	nc	(12)
46	597	275	257	88	91	81	81	93	(13)
…	…	…	…	nc	nc	nc	nc	nc	(14)
…	…	…	…	nc	nc	nc	nc	nc	(15)
…	…	…	…	nc	nc	nc	nc	nc	(16)
…	…	…	…	nc	nc	nc	nc	nc	(17)
…	…	…	…	nc	nc	nc	nc	nc	(18)
40	1,300	520	456	98	93	91	92	98	(19)
180	978	1,760	1,610	97	106	104	104	133	(20)
…	…	…	…	nc	nc	nc	nc	nc	(21)
…	…	…	…	nc	nc	nc	nc	nc	(22)
59	2,500	1,480	1,400	100	102	102	103	89	(23)
153	1,840	2,820	2,690	95	97	93	94	105	(24)
…	…	…	…	nc	nc	nc	nc	nc	(25)
…	…	…	…	nc	nc	nc	nc	nc	(26)
…	…	…	…	nc	nc	nc	nc	nc	(27)
…	…	…	…	nc	nc	nc	nc	nc	(28)
…	…	…	…	nc	nc	nc	nc	nc	(29)
…	…	…	…	nc	nc	nc	nc	nc	(30)
…	…	…	…	nc	nc	nc	nc	nc	(31)
…	…	…	…	nc	nc	nc	nc	nc	(32)
…	…	…	…	nc	nc	nc	nc	nc	(33)
80	1,690	1,350	1,260	99	101	100	100	95	(34)
104	2,340	2,430	2,300	99	101	100	99	100	(35)
…	…	…	…	nc	nc	nc	nc	nc	(36)
…	…	…	…	nc	nc	nc	nc	nc	(37)
…	…	…	…	nc	nc	nc	nc	nc	(38)
28	2,220	622	604	97	99	96	96	97	(39)
…	…	…	…	nc	nc	nc	nc	nc	(40)
…	…	…	…	nc	nc	nc	nc	nc	(41)
…	…	…	…	nc	nc	nc	nc	nc	(42)
…	…	…	…	nc	nc	nc	nc	nc	(43)
…	…	…	…	nc	nc	nc	nc	nc	(44)
…	…	…	…	nc	nc	nc	nc	nc	(45)
…	…	…	…	nc	nc	nc	nc	nc	(46)
…	…	…	…	nc	nc	nc	nc	nc	(47)
…	…	…	…	nc	nc	nc	nc	nc	(48)
…	…	…	…	nc	nc	nc	nc	nc	(49)
…	…	…	…	nc	nc	nc	nc	nc	(50)
…	…	…	…	nc	nc	nc	nc	nc	(51)
25	1,320	330	320	100	97	97	98	90	(52)
…	…	…	…	nc	nc	nc	nc	nc	(53)
…	…	…	…	nc	nc	nc	nc	nc	(54)
…	…	…	…	nc	nc	nc	nc	nc	(55)
63	1,520	958	948	102	92	93	93	86	(56)
…	…	…	…	nc	nc	nc	nc	nc	(57)
…	…	…	…	nc	nc	nc	nc	nc	(58)
…	…	…	…	nc	nc	nc	nc	nc	(59)
…	…	…	…	nc	nc	nc	nc	nc	(60)
…	…	…	…	nc	nc	nc	nc	nc	(61)
…	…	…	…	nc	nc	nc	nc	nc	(62)

3 平成30年産都道府県別の作付面積、10a当たり収量、収穫量及び出荷量（続き）

(16) しゅんぎく

全国農業地域 都 道 府 県		作 付 面 積	10a当たり 収 量	収 穫 量	出 荷 量	対 前 年 産 比				(参考) 対平均 収量比
						作付面積	10a当たり 収 量	収穫量	出荷量	
		ha	kg	t	t	%	%	%	%	%
全 国	(1)	1,880	1,490	28,000	22,600	97	99	97	96	97
(全国農業地域)										
北 海 道	(2)	…	…	…	…	nc	nc	nc	nc	nc
都 府 県	(3)	…	…	…	…	nc	nc	nc	nc	nc
東 北	(4)	…	…	…	…	nc	nc	nc	nc	nc
北 陸	(5)	…	…	…	…	nc	nc	nc	nc	nc
関 東・東 山	(6)	…	…	…	…	nc	nc	nc	nc	nc
東 海	(7)	…	…	…	…	nc	nc	nc	nc	nc
近 畿	(8)	424	1,480	6,280	5,410	97	97	94	94	91
中 国	(9)	…	…	…	…	nc	nc	nc	nc	nc
四 国	(10)	…	…	…	…	nc	nc	nc	nc	nc
九 州	(11)	…	…	…	…	nc	nc	nc	nc	nc
沖 縄	(12)	…	…	…	…	nc	nc	nc	nc	nc
(都道府県)										
北 海 道	(13)	…	…	…	…	nc	nc	nc	nc	nc
青 森	(14)	29	781	226	145	94	97	90	92	98
岩 手	(15)	43	812	349	241	96	98	94	90	103
宮 城	(16)	53	1,130	599	508	98	93	92	91	84
秋 田	(17)	…	…	…	…	nc	nc	nc	nc	nc
山 形	(18)	…	…	…	…	nc	nc	nc	nc	nc
福 島	(19)	73	1,180	861	672	103	98	100	106	107
茨 城	(20)	125	2,030	2,540	2,020	107	91	97	97	94
栃 木	(21)	49	2,510	1,230	976	94	93	87	83	101
群 馬	(22)	125	1,750	2,190	1,850	99	107	107	107	99
埼 玉	(23)	80	1,390	1,110	747	101	101	103	104	97
千 葉	(24)	163	2,090	3,410	3,000	91	104	94	94	93
東 京	(25)	…	…	…	…	nc	nc	nc	nc	nc
神 奈 川	(26)	…	…	…	…	nc	nc	nc	nc	nc
新 潟	(27)	33	909	300	184	100	94	94	88	89
富 山	(28)	…	…	…	…	nc	nc	nc	nc	nc
石 川	(29)	…	…	…	…	nc	nc	nc	nc	nc
福 井	(30)	…	…	…	…	nc	nc	nc	nc	nc
山 梨	(31)	…	…	…	…	nc	nc	nc	nc	nc
長 野	(32)	36	1,140	410	283	84	104	87	87	108
岐 阜	(33)	24	1,540	370	324	100	96	96	96	101
静 岡	(34)	…	…	…	…	nc	nc	nc	nc	nc
愛 知	(35)	33	1,950	644	464	100	101	101	101	97
三 重	(36)	…	…	…	…	nc	nc	nc	nc	nc
滋 賀	(37)	41	1,340	549	430	98	98	95	93	99
京 都	(38)	32	1,510	483	386	100	100	100	100	89
大 阪	(39)	190	1,650	3,140	2,980	97	95	92	92	91
兵 庫	(40)	112	1,270	1,420	1,050	98	100	98	99	93
奈 良	(41)	30	1,270	381	313	97	92	89	89	84
和 歌 山	(42)	19	1,610	306	254	95	98	93	93	86
鳥 取	(43)	…	…	…	…	nc	nc	nc	nc	nc
島 根	(44)	…	…	…	…	nc	nc	nc	nc	nc
岡 山	(45)	26	1,180	307	190	96	101	97	100	98
広 島	(46)	67	1,510	1,010	750	100	108	108	108	114
山 口	(47)	29	1,190	345	206	91	103	93	98	131
徳 島	(48)	…	…	…	…	nc	nc	nc	nc	nc
香 川	(49)	…	…	…	…	nc	nc	nc	nc	nc
愛 媛	(50)	24	1,120	269	186	100	90	90	95	90
高 知	(51)	…	…	…	…	nc	nc	nc	nc	nc
福 岡	(52)	155	1,390	2,150	1,900	99	99	99	99	100
佐 賀	(53)	…	…	…	…	nc	nc	nc	nc	nc
長 崎	(54)	…	…	…	…	nc	nc	nc	nc	nc
熊 本	(55)	21	867	182	150	100	114	114	114	110
大 分	(56)	…	…	…	…	nc	nc	nc	nc	nc
宮 崎	(57)	…	…	…	…	nc	nc	nc	nc	nc
鹿 児 島	(58)	…	…	…	…	nc	nc	nc	nc	nc
沖 縄	(59)	…	…	…	…	nc	nc	nc	nc	nc
関 東 農 政 局	(60)	…	…	…	…	nc	nc	nc	nc	nc
東 海 農 政 局	(61)	…	…	…	…	nc	nc	nc	nc	nc
中国四国農政局	(62)	…	…	…	…	nc	nc	nc	nc	nc

(17) みずな

作付面積	10 a 当たり収量	収穫量	出荷量	対前年産比 作付面積	対前年産比 10 a 当たり収量	対前年産比 収穫量	対前年産比 出荷量	(参考)対平均収量比	
ha	kg	t	t	%	%	%	%	%	
2,510	1,720	43,100	39,000	102	101	102	103	101	(1)
38	2,340	889	819	83	108	89	89	111	(2)
…	…	…	…	nc	nc	nc	nc	nc	(3)
…	…	…	…	nc	nc	nc	nc	nc	(4)
…	…	…	…	nc	nc	nc	nc	nc	(5)
…	…	…	…	nc	nc	nc	nc	nc	(6)
…	…	…	…	nc	nc	nc	nc	nc	(7)
…	…	…	…	nc	nc	nc	nc	nc	(8)
…	…	…	…	nc	nc	nc	nc	nc	(9)
…	…	…	…	nc	nc	nc	nc	nc	(10)
…	…	…	…	nc	nc	nc	nc	nc	(11)
…	…	…	…	nc	nc	nc	nc	nc	(12)
38	2,340	889	819	83	108	89	89	111	(13)
…	…	…	…	nc	nc	nc	nc	nc	(14)
…	…	…	…	nc	nc	nc	nc	nc	(15)
52	1,480	770	663	95	99	93	95	100	(16)
…	…	…	…	nc	nc	nc	nc	nc	(17)
…	…	…	…	nc	nc	nc	nc	nc	(18)
…	…	…	…	nc	nc	nc	nc	nc	(19)
978	2,150	21,000	19,700	109	99	108	108	105	(20)
…	…	…	…	nc	nc	nc	nc	nc	(21)
67	1,760	1,180	1,010	97	92	89	89	91	(22)
145	1,210	1,750	1,530	92	102	93	93	95	(23)
…	…	…	…	nc	nc	nc	nc	nc	(24)
…	…	…	…	nc	nc	nc	nc	nc	(25)
…	…	…	…	nc	nc	nc	nc	nc	(26)
…	…	…	…	nc	nc	nc	nc	nc	(27)
…	…	…	…	nc	nc	nc	nc	nc	(28)
…	…	…	…	nc	nc	nc	nc	nc	(29)
…	…	…	…	nc	nc	nc	nc	nc	(30)
…	…	…	…	nc	nc	nc	nc	nc	(31)
…	…	…	…	nc	nc	nc	nc	nc	(32)
…	…	…	…	nc	nc	nc	nc	nc	(33)
…	…	…	…	nc	nc	nc	nc	nc	(34)
…	…	…	…	nc	nc	nc	nc	nc	(35)
…	…	…	…	nc	nc	nc	nc	nc	(36)
103	1,450	1,490	1,310	97	96	93	92	99	(37)
149	1,470	2,190	2,000	99	104	103	103	90	(38)
46	2,110	971	915	98	104	102	102	100	(39)
113	1,700	1,920	1,660	98	99	97	98	101	(40)
33	1,430	472	454	97	99	96	95	87	(41)
…	…	…	…	nc	nc	nc	nc	nc	(42)
…	…	…	…	nc	nc	nc	nc	nc	(43)
…	…	…	…	nc	nc	nc	nc	nc	(44)
…	…	…	…	nc	nc	nc	nc	nc	(45)
45	1,710	770	450	98	108	105	104	110	(46)
…	…	…	…	nc	nc	nc	nc	nc	(47)
…	…	…	…	nc	nc	nc	nc	nc	(48)
…	…	…	…	nc	nc	nc	nc	nc	(49)
…	…	…	…	nc	nc	nc	nc	nc	(50)
…	…	…	…	nc	nc	nc	nc	nc	(51)
216	1,500	3,240	3,080	100	98	98	98	83	(52)
…	…	…	…	nc	nc	nc	nc	nc	(53)
…	…	…	…	nc	nc	nc	nc	nc	(54)
…	…	…	…	nc	nc	nc	nc	nc	(55)
…	…	…	…	nc	nc	nc	nc	nc	(56)
…	…	…	…	nc	nc	nc	nc	nc	(57)
58	1,420	824	729	88	100	88	87	99	(58)
…	…	…	…	nc	nc	nc	nc	nc	(59)
…	…	…	…	nc	nc	nc	nc	nc	(60)
…	…	…	…	nc	nc	nc	nc	nc	(61)
…	…	…	…	nc	nc	nc	nc	nc	(62)

3　平成30年産都道府県別の作付面積、10a当たり収量、収穫量及び出荷量（続き）

(18)　セルリー

全国農業地域 都　道　府　県		作 付 面 積	10a当たり 収　　量	収 穫 量	出 荷 量	対　前　年　産　比				(参考) 対平均 収量比
						作付面積	10a当たり 収　量	収穫量	出荷量	
		ha	kg	t	t	%	%	%	%	%
全　　国	(1)	573	5,430	31,100	29,500	99	98	97	96	98
(全国農業地域)										
北 海 道	(2)	22	3,620	796	751	96	101	96	95	102
都 府 県	(3)	…	…	…	…	nc	nc	nc	nc	nc
東 北	(4)	…	…	…	…	nc	nc	nc	nc	nc
北 陸	(5)	…	…	…	…	nc	nc	nc	nc	nc
関 東・東 山	(6)	…	…	…	…	nc	nc	nc	nc	nc
東 海	(7)	…	…	…	…	nc	nc	nc	nc	nc
近 畿	(8)	…	…	…	…	nc	nc	nc	nc	nc
中 国	(9)	…	…	…	…	nc	nc	nc	nc	nc
四 国	(10)	…	…	…	…	nc	nc	nc	nc	nc
九 州	(11)	…	…	…	…	nc	nc	nc	nc	nc
沖 縄	(12)	…	…	…	…	nc	nc	nc	nc	nc
(都道府県)										
北 海 道	(13)	22	3,620	796	751	96	101	96	95	102
青 森	(14)	…	…	…	…	nc	nc	nc	nc	nc
岩 手	(15)	…	…	…	…	nc	nc	nc	nc	nc
宮 城	(16)	…	…	…	…	nc	nc	nc	nc	nc
秋 田	(17)	…	…	…	…	nc	nc	nc	nc	nc
山 形	(18)	…	…	…	…	nc	nc	nc	nc	nc
福 島	(19)	…	…	…	…	nc	nc	nc	nc	nc
茨 城	(20)	…	…	…	…	nc	nc	nc	nc	nc
栃 木	(21)	…	…	…	…	nc	nc	nc	nc	nc
群 馬	(22)	…	…	…	…	nc	nc	nc	nc	nc
埼 玉	(23)	…	…	…	…	nc	nc	nc	nc	nc
千 葉	(24)	19	4,410	838	780	nc	nc	nc	nc	nc
東 京	(25)	…	…	…	…	nc	nc	nc	nc	nc
神 奈 川	(26)	…	…	…	…	nc	nc	nc	nc	nc
新 潟	(27)	…	…	…	…	nc	nc	nc	nc	nc
富 山	(28)	…	…	…	…	nc	nc	nc	nc	nc
石 川	(29)	…	…	…	…	nc	nc	nc	nc	nc
福 井	(30)	…	…	…	…	nc	nc	nc	nc	nc
山 梨	(31)	…	…	…	…	nc	nc	nc	nc	nc
長 野	(32)	248	5,470	13,600	13,100	100	93	93	93	98
岐 阜	(33)	…	…	…	…	nc	nc	nc	nc	nc
静 岡	(34)	98	6,340	6,210	5,940	98	100	98	98	99
愛 知	(35)	41	6,390	2,620	2,490	100	99	99	98	99
三 重	(36)	…	…	…	…	nc	nc	nc	nc	nc
滋 賀	(37)	…	…	…	…	nc	nc	nc	nc	nc
京 都	(38)	…	…	…	…	nc	nc	nc	nc	nc
大 阪	(39)	…	…	…	…	nc	nc	nc	nc	nc
兵 庫	(40)	…	…	…	…	nc	nc	nc	nc	nc
奈 良	(41)	…	…	…	…	nc	nc	nc	nc	nc
和 歌 山	(42)	…	…	…	…	nc	nc	nc	nc	nc
鳥 取	(43)	…	…	…	…	nc	nc	nc	nc	nc
島 根	(44)	…	…	…	…	nc	nc	nc	nc	nc
岡 山	(45)	…	…	…	…	nc	nc	nc	nc	nc
広 島	(46)	…	…	…	…	nc	nc	nc	nc	nc
山 口	(47)	…	…	…	…	nc	nc	nc	nc	nc
徳 島	(48)	…	…	…	…	nc	nc	nc	nc	nc
香 川	(49)	11	7,590	835	741	100	110	115	108	114
愛 媛	(50)	…	…	…	…	nc	nc	nc	nc	nc
高 知	(51)	…	…	…	…	nc	nc	nc	nc	nc
福 岡	(52)	46	6,970	3,210	3,060	96	110	105	105	106
佐 賀	(53)	…	…	…	…	nc	nc	nc	nc	nc
長 崎	(54)	…	…	…	…	nc	nc	nc	nc	nc
熊 本	(55)	…	…	…	…	nc	nc	nc	nc	nc
大 分	(56)	…	…	…	…	nc	nc	nc	nc	nc
宮 崎	(57)	…	…	…	…	nc	nc	nc	nc	nc
鹿 児 島	(58)	…	…	…	…	nc	nc	nc	nc	nc
沖 縄	(59)	…	…	…	…	nc	nc	nc	nc	nc
関 東 農 政 局	(60)	…	…	…	…	nc	nc	nc	nc	nc
東 海 農 政 局	(61)	…	…	…	…	nc	nc	nc	nc	nc
中国四国農政局	(62)	…	…	…	…	nc	nc	nc	nc	nc

(19)　アスパラガス

作付面積	10 a 当たり収量	収穫量	出荷量	対 前 年 産 比				(参考)対平均収量比	
				作付面積	10 a 当たり収量	収穫量	出荷量		
ha	kg	t	t	%	%	%	%	%	
5,170	513	26,500	23,200	97	104	101	101	102	(1)
1,280	284	3,640	3,310	98	108	105	106	97	(2)
…	…	…	…	nc	nc	nc	nc	nc	(3)
…	…	…	…	nc	nc	nc	nc	nc	(4)
…	…	…	…	nc	nc	nc	nc	nc	(5)
…	…	…	…	nc	nc	nc	nc	nc	(6)
…	…	…	…	nc	nc	nc	nc	nc	(7)
…	…	…	…	nc	nc	nc	nc	nc	(8)
…	…	…	…	nc	nc	nc	nc	nc	(9)
…	…	…	…	nc	nc	nc	nc	nc	(10)
…	…	…	…	nc	nc	nc	nc	nc	(11)
…	…	…	…	nc	nc	nc	nc	nc	(12)
1,280	284	3,640	3,310	98	108	105	106	97	(13)
139	457	635	482	89	119	106	108	123	(14)
299	173	517	436	102	97	98	99	84	(15)
…	…	…	…	nc	nc	nc	nc	nc	(16)
408	331	1,350	1,100	100	103	103	103	94	(17)
359	452	1,620	1,370	100	107	107	107	104	(18)
370	387	1,430	1,240	98	97	95	102	100	(19)
…	…	…	…	nc	nc	nc	nc	nc	(20)
101	1,660	1,680	1,430	105	110	116	106	104	(21)
…	…	…	…	nc	nc	nc	nc	nc	(22)
…	…	…	…	nc	nc	nc	nc	nc	(23)
…	…	…	…	nc	nc	nc	nc	nc	(24)
…	…	…	…	nc	nc	nc	nc	nc	(25)
…	…	…	…	nc	nc	nc	nc	nc	(26)
235	253	595	530	97	90	88	88	75	(27)
…	…	…	…	nc	nc	nc	nc	nc	(28)
…	…	…	…	nc	nc	nc	nc	nc	(29)
…	…	…	…	nc	nc	nc	nc	nc	(30)
…	…	…	…	nc	nc	nc	nc	nc	(31)
884	283	2,500	2,170	93	97	90	91	109	(32)
…	…	…	…	nc	nc	nc	nc	nc	(33)
…	…	…	…	nc	nc	nc	nc	nc	(34)
…	…	…	…	nc	nc	nc	nc	nc	(35)
…	…	…	…	nc	nc	nc	nc	nc	(36)
…	…	…	…	nc	nc	nc	nc	nc	(37)
…	…	…	…	nc	nc	nc	nc	nc	(38)
…	…	…	…	nc	nc	nc	nc	nc	(39)
…	…	…	…	nc	nc	nc	nc	nc	(40)
…	…	…	…	nc	nc	nc	nc	nc	(41)
…	…	…	…	nc	nc	nc	nc	nc	(42)
…	…	…	…	nc	nc	nc	nc	nc	(43)
25	536	134	104	100	104	104	103	100	(44)
63	494	311	261	95	82	79	79	77	(45)
113	656	741	608	98	108	106	100	113	(46)
…	…	…	…	nc	nc	nc	nc	nc	(47)
…	…	…	…	nc	nc	nc	nc	nc	(48)
88	928	817	730	101	105	106	104	92	(49)
50	1,100	550	466	100	102	102	103	91	(50)
…	…	…	…	nc	nc	nc	nc	nc	(51)
84	2,130	1,790	1,660	102	103	106	106	96	(52)
125	2,060	2,580	2,390	100	107	108	108	92	(53)
123	1,420	1,750	1,640	95	99	94	94	88	(54)
97	2,010	1,950	1,810	90	106	95	96	103	(55)
14	914	128	121	93	102	95	95	95	(56)
…	…	…	…	nc	nc	nc	nc	nc	(57)
…	…	…	…	nc	nc	nc	nc	nc	(58)
…	…	…	…	nc	nc	nc	nc	nc	(59)
…	…	…	…	nc	nc	nc	nc	nc	(60)
…	…	…	…	nc	nc	nc	nc	nc	(61)
…	…	…	…	nc	nc	nc	nc	nc	(62)

3 平成30年産都道府県別の作付面積、10a当たり収量、収穫量及び出荷量（続き）

(20) カリフラワー

全国農業地域 都道府県		作付面積	10a当たり 収量	収穫量	出荷量	対　前　年　産　比				(参考) 対平均 収量比
						作付面積	10a当たり 収量	収穫量	出荷量	
		ha	kg	t	t	%	%	%	%	%
全　　　国	(1)	1,200	1,640	19,700	16,600	98	101	98	98	96
(全国農業地域)										
北　海　道	(2)	34	904	307	291	106	68	72	73	72
都　府　県	(3)	…	…	…	…	nc	nc	nc	nc	nc
東　　北	(4)	…	…	…	…	nc	nc	nc	nc	nc
北　　陸	(5)	…	…	…	…	nc	nc	nc	nc	nc
関東・東山	(6)	…	…	…	…	nc	nc	nc	nc	nc
東　　海	(7)	…	…	…	…	nc	nc	nc	nc	nc
近　　畿	(8)	…	…	…	…	nc	nc	nc	nc	nc
中　　国	(9)	…	…	…	…	nc	nc	nc	nc	nc
四　　国	(10)	…	…	…	…	nc	nc	nc	nc	nc
九　　州	(11)	…	…	…	…	nc	nc	nc	nc	nc
沖　　縄	(12)	…	…	…	…	nc	nc	nc	nc	nc
(都道府県)										
北　海　道	(13)	34	904	307	291	106	68	72	73	72
青　　森	(14)	18	972	175	123	90	103	93	92	105
岩　　手	(15)	…	…	…	…	nc	nc	nc	nc	nc
宮　　城	(16)	…	…	…	…	nc	nc	nc	nc	nc
秋　　田	(17)	28	900	252	147	100	101	101	101	103
山　　形	(18)	25	968	242	134	100	105	105	106	102
福　　島	(19)	26	885	230	118	96	103	99	99	106
茨　　城	(20)	113	2,040	2,310	2,170	98	103	101	101	99
栃　　木	(21)	…	…	…	…	nc	nc	nc	nc	nc
群　　馬	(22)	…	…	…	…	nc	nc	nc	nc	nc
埼　　玉	(23)	95	1,770	1,680	1,470	96	102	98	98	100
千　　葉	(24)	36	1,560	562	496	97	91	88	88	95
東　　京	(25)	30	1,970	591	552	100	98	98	98	97
神　奈　川	(26)	37	1,470	544	496	100	99	99	99	99
新　　潟	(27)	83	1,290	1,070	811	99	109	108	105	91
富　　山	(28)	…	…	…	…	nc	nc	nc	nc	nc
石　　川	(29)	…	…	…	…	nc	nc	nc	nc	nc
福　　井	(30)	…	…	…	…	nc	nc	nc	nc	nc
山　　梨	(31)	…	…	…	…	nc	nc	nc	nc	nc
長　　野	(32)	83	2,000	1,660	1,500	95	96	92	93	100
岐　　阜	(33)	…	…	…	…	nc	nc	nc	nc	nc
静　　岡	(34)	34	1,600	544	426	100	100	100	100	84
愛　　知	(35)	95	1,790	1,700	1,530	95	106	101	102	95
三　　重	(36)	…	…	…	…	nc	nc	nc	nc	nc
滋　　賀	(37)	…	…	…	…	nc	nc	nc	nc	nc
京　　都	(38)	…	…	…	…	nc	nc	nc	nc	nc
大　　阪	(39)	7	2,240	157	146	88	102	90	90	89
兵　　庫	(40)	…	…	…	…	nc	nc	nc	nc	nc
奈　　良	(41)	…	…	…	…	nc	nc	nc	nc	nc
和　歌　山	(42)	…	…	…	…	nc	nc	nc	nc	nc
鳥　　取	(43)	…	…	…	…	nc	nc	nc	nc	nc
島　　根	(44)	…	…	…	…	nc	nc	nc	nc	nc
岡　　山	(45)	11	1,500	165	137	100	91	92	95	91
広　　島	(46)	…	…	…	…	nc	nc	nc	nc	nc
山　　口	(47)	…	…	…	…	nc	nc	nc	nc	nc
徳　　島	(48)	83	2,240	1,860	1,710	93	99	93	92	91
香　　川	(49)	…	…	…	…	nc	nc	nc	nc	nc
愛　　媛	(50)	…	…	…	…	nc	nc	nc	nc	nc
高　　知	(51)	…	…	…	…	nc	nc	nc	nc	nc
福　　岡	(52)	49	1,830	897	805	96	108	104	106	93
佐　　賀	(53)	…	…	…	…	nc	nc	nc	nc	nc
長　　崎	(54)	…	…	…	…	nc	nc	nc	nc	nc
熊　　本	(55)	96	2,250	2,160	1,860	109	94	103	102	96
大　　分	(56)	…	…	…	…	nc	nc	nc	nc	nc
宮　　崎	(57)	…	…	…	…	nc	nc	nc	nc	nc
鹿　児　島	(58)	…	…	…	…	nc	nc	nc	nc	nc
沖　　縄	(59)	…	…	…	…	nc	nc	nc	nc	nc
関東農政局	(60)	…	…	…	…	nc	nc	nc	nc	nc
東海農政局	(61)	…	…	…	…	nc	nc	nc	nc	nc
中国四国農政局	(62)	…	…	…	…	nc	nc	nc	nc	nc

(21) ブロッコリー

作 付 面 積	10 a 当たり収量	収 穫 量	出 荷 量	対 前 年 産 比				(参考)対平均収量比	
				作付面積	10 a 当たり収量	収 穫 量	出 荷 量		
ha	kg	t	t	%	%	%	%	%	
15,400	999	153,800	138,900	103	103	106	107	100	(1)
2,560	892	22,800	21,700	102	89	91	91	97	(2)
…	…	…	…	nc	nc	nc	nc	nc	(3)
…	…	…	…	nc	nc	nc	nc	nc	(4)
…	…	…	…	nc	nc	nc	nc	nc	(5)
…	…	…	…	nc	nc	nc	nc	nc	(6)
…	…	…	…	nc	nc	nc	nc	nc	(7)
…	…	…	…	nc	nc	nc	nc	nc	(8)
1,160	766	8,880	8,070	97	120	117	120	102	(9)
2,290	1,100	25,100	23,400	108	108	116	118	104	(10)
…	…	…	…	nc	nc	nc	nc	nc	(11)
…	…	…	…	nc	nc	nc	nc	nc	(12)
2,560	892	22,800	21,700	102	89	91	91	97	(13)
173	673	1,160	1,020	103	91	94	94	99	(14)
111	756	839	720	108	98	106	106	115	(15)
…	…	…	…	nc	nc	nc	nc	nc	(16)
…	…	…	…	nc	nc	nc	nc	nc	(17)
…	…	…	…	nc	nc	nc	nc	nc	(18)
443	884	3,920	3,400	102	94	96	95	100	(19)
218	924	2,010	1,650	100	104	104	104	101	(20)
161	1,070	1,720	1,490	96	105	101	103	106	(21)
661	1,040	6,870	5,930	101	107	107	107	105	(22)
1,240	1,130	14,000	12,000	102	105	107	107	100	(23)
320	747	2,390	2,040	100	136	135	135	110	(24)
179	1,020	1,830	1,700	100	89	90	90	91	(25)
128	1,210	1,550	1,400	102	101	103	107	105	(26)
…	…	…	…	nc	nc	nc	nc	nc	(27)
…	…	…	…	nc	nc	nc	nc	nc	(28)
244	510	1,240	1,120	106	90	95	93	89	(29)
…	…	…	…	nc	nc	nc	nc	nc	(30)
…	…	…	…	nc	nc	nc	nc	nc	(31)
942	1,030	9,700	9,310	102	96	98	98	107	(32)
…	…	…	…	nc	nc	nc	nc	nc	(33)
178	1,160	2,060	1,900	123	104	127	146	82	(34)
940	1,480	13,900	12,900	100	108	108	108	95	(35)
85	616	524	311	99	123	122	121	90	(36)
…	…	…	…	nc	nc	nc	nc	nc	(37)
39	682	266	189	103	102	105	105	85	(38)
33	1,420	469	439	100	103	103	103	83	(39)
122	1,020	1,240	1,010	100	103	102	102	107	(40)
…	…	…	…	nc	nc	nc	nc	nc	(41)
140	771	1,080	948	100	117	117	117	83	(42)
749	769	5,760	5,370	96	127	121	124	104	(43)
109	739	806	721	104	102	106	107	102	(44)
147	846	1,240	1,070	101	113	114	117	104	(45)
34	844	287	235	100	99	99	102	103	(46)
122	644	786	673	98	110	107	114	88	(47)
876	1,160	10,200	9,480	114	101	116	117	103	(48)
1,170	1,110	13,000	12,200	105	111	117	117	106	(49)
150	727	1,090	861	106	122	130	137	94	(50)
94	912	857	814	98	106	104	106	89	(51)
558	845	4,720	4,310	104	105	109	109	89	(52)
70	959	671	503	100	114	114	114	110	(53)
781	1,020	7,970	7,390	106	112	119	119	97	(54)
419	1,110	4,650	4,110	113	101	114	114	93	(55)
41	1,220	500	390	98	129	126	126	103	(56)
…	…	…	…	nc	nc	nc	nc	nc	(57)
364	1,090	3,970	3,380	108	105	113	114	101	(58)
…	…	…	…	nc	nc	nc	nc	nc	(59)
…	…	…	…	nc	nc	nc	nc	nc	(60)
…	…	…	…	nc	nc	nc	nc	nc	(61)
3,450	986	34,000	31,400	104	112	116	118	103	(62)

3 平成30年産都道府県別の作付面積、10 a 当たり収量、収穫量及び出荷量（続き）

(22) レタス
ア 計

全国農業地域 都 道 府 県		作 付 面 積	10 a 当たり 収 量	収 穫 量	出 荷 量	対 前 年 産 比				(参考) 対平均 収量比
						作付面積	10 a 当たり 収 量	収穫量	出荷量	
		ha	kg	t	t	%	%	%	%	%
全 国	(1)	21,700	2,700	585,600	553,200	100	101	100	102	100
（全国農業地域）										
北 海 道	(2)	497	2,860	14,200	13,200	97	95	92	92	108
都 府 県	(3)	…	…	…	…	nc	nc	nc	nc	nc
東 北	(4)	…	…	…	…	nc	nc	nc	nc	nc
北 陸	(5)	…	…	…	…	nc	nc	nc	nc	nc
関東・東山	(6)	…	…	…	…	nc	nc	nc	nc	nc
東 海	(7)	…	…	…	…	nc	nc	nc	nc	nc
近 畿	(8)	…	…	…	…	nc	nc	nc	nc	nc
中 国	(9)	…	…	…	…	nc	nc	nc	nc	nc
四 国	(10)	…	…	…	…	nc	nc	nc	nc	nc
九 州	(11)	…	…	…	…	nc	nc	nc	nc	nc
沖 縄	(12)	250	1,900	4,740	4,110	89	95	85	85	87
（都道府県）										
北 海 道	(13)	497	2,860	14,200	13,200	97	95	92	92	108
青 森	(14)	93	2,260	2,100	1,910	95	103	98	98	112
岩 手	(15)	433	2,290	9,900	8,980	101	104	104	105	102
宮 城	(16)	…	…	…	…	nc	nc	nc	nc	nc
秋 田	(17)	…	…	…	…	nc	nc	nc	nc	nc
山 形	(18)	…	…	…	…	nc	nc	nc	nc	nc
福 島	(19)	…	…	…	…	nc	nc	nc	nc	nc
茨 城	(20)	3,710	2,420	89,800	86,600	101	102	103	103	102
栃 木	(21)	231	2,580	5,970	5,450	94	106	100	97	106
群 馬	(22)	1,330	3,460	46,000	43,500	96	98	94	94	87
埼 玉	(23)	168	2,360	3,970	3,390	97	101	98	99	99
千 葉	(24)	501	1,840	9,200	8,320	100	107	107	108	98
東 京	(25)	…	…	…	…	nc	nc	nc	nc	nc
神 奈 川	(26)	…	…	…	…	nc	nc	nc	nc	nc
新 潟	(27)	…	…	…	…	nc	nc	nc	nc	nc
富 山	(28)	…	…	…	…	nc	nc	nc	nc	nc
石 川	(29)	…	…	…	…	nc	nc	nc	nc	nc
福 井	(30)	…	…	…	…	nc	nc	nc	nc	nc
山 梨	(31)	…	…	…	…	nc	nc	nc	nc	nc
長 野	(32)	6,160	3,390	208,900	202,700	101	94	95	98	101
岐 阜	(33)	…	…	…	…	nc	nc	nc	nc	nc
静 岡	(34)	937	2,640	24,700	23,700	103	121	124	124	104
愛 知	(35)	345	1,650	5,690	5,180	98	116	114	112	102
三 重	(36)	…	…	…	…	nc	nc	nc	nc	nc
滋 賀	(37)	…	…	…	…	nc	nc	nc	nc	nc
京 都	(38)	…	…	…	…	nc	nc	nc	nc	nc
大 阪	(39)	17	2,250	382	359	100	103	103	103	111
兵 庫	(40)	1,200	2,410	28,900	27,500	98	114	111	111	98
奈 良	(41)	32	1,760	564	401	100	104	104	104	98
和 歌 山	(42)	…	…	…	…	nc	nc	nc	nc	nc
鳥 取	(43)	…	…	…	…	nc	nc	nc	nc	nc
島 根	(44)	…	…	…	…	nc	nc	nc	nc	nc
岡 山	(45)	80	1,480	1,180	1,000	101	105	106	124	89
広 島	(46)	…	…	…	…	nc	nc	nc	nc	nc
山 口	(47)	…	…	…	…	nc	nc	nc	nc	nc
徳 島	(48)	297	2,020	5,990	5,490	97	116	112	111	106
香 川	(49)	842	2,220	18,700	17,300	96	127	122	123	106
愛 媛	(50)	113	1,510	1,710	1,520	99	109	109	109	73
高 知	(51)	…	…	…	…	nc	nc	nc	nc	nc
福 岡	(52)	1,140	1,680	19,200	18,300	102	102	104	105	94
佐 賀	(53)	95	2,070	1,970	1,690	100	114	114	115	99
長 崎	(54)	947	3,570	33,800	30,500	99	108	107	107	104
熊 本	(55)	622	2,700	16,800	15,700	101	103	104	104	100
大 分	(56)	126	1,840	2,320	1,990	98	93	91	91	96
宮 崎	(57)	…	…	…	…	nc	nc	nc	nc	nc
鹿 児 島	(58)	273	2,560	7,000	6,040	106	98	104	104	106
沖 縄	(59)	250	1,900	4,740	4,110	89	95	85	85	87
関 東 農 政 局	(60)	…	…	…	…	nc	nc	nc	nc	nc
東 海 農 政 局	(61)	…	…	…	…	nc	nc	nc	nc	nc
中国四国農政局	(62)	…	…	…	…	nc	nc	nc	nc	nc

イ 計のうちサラダ菜

作付面積	10 a 当たり収量	収穫量	出荷量	対 前 年 産 比				(参考)対平均収量比	
				作付面積	10 a 当たり収量	収穫量	出荷量		
ha	kg	t	t	%	%	%	%	%	
426	1,860	7,940	7,360	97	104	101	101	104	(1)
8	1,810	145	121	133	94	125	122	87	(2)
…	…	…	…	nc	nc	nc	nc	nc	(3)
…	…	…	…	nc	nc	nc	nc	nc	(4)
…	…	…	…	nc	nc	nc	nc	nc	(5)
…	…	…	…	nc	nc	nc	nc	nc	(6)
…	…	…	…	nc	nc	nc	nc	nc	(7)
…	…	…	…	nc	nc	nc	nc	nc	(8)
…	…	…	…	nc	nc	nc	nc	nc	(9)
…	…	…	…	nc	nc	nc	nc	nc	(10)
…	…	…	…	nc	nc	nc	nc	nc	(11)
7	1,040	73	61	88	87	77	76	94	(12)
8	1,810	145	121	133	94	125	122	87	(13)
2	1,400	28	29	100	90	90	91	80	(14)
0	…	2	2	nc	nc	200	200	nc	(15)
…	…	…	…	nc	nc	nc	nc	nc	(16)
…	…	…	…	nc	nc	nc	nc	nc	(17)
…	…	…	…	nc	nc	nc	nc	nc	(18)
…	…	…	…	nc	nc	nc	nc	nc	(19)
－	－	－	－	nc	nc	nc	nc	－	(20)
x	x	x	x	x	x	x	x	x	(21)
x	x	x	x	x	x	x	x	x	(22)
25	2,040	511	430	100	104	104	104	94	(23)
84	1,890	1,590	1,530	100	103	103	103	110	(24)
…	…	…	…	nc	nc	nc	nc	nc	(25)
…	…	…	…	nc	nc	nc	nc	nc	(26)
…	…	…	…	nc	nc	nc	nc	nc	(27)
…	…	…	…	nc	nc	nc	nc	nc	(28)
…	…	…	…	nc	nc	nc	nc	nc	(29)
…	…	…	…	nc	nc	nc	nc	nc	(30)
…	…	…	…	nc	nc	nc	nc	nc	(31)
x	x	x	x	x	x	x	x	x	(32)
…	…	…	…	nc	nc	nc	nc	nc	(33)
72	1,640	1,180	1,130	96	99	95	95	95	(34)
6	1,550	93	84	100	105	104	105	103	(35)
…	…	…	…	nc	nc	nc	nc	nc	(36)
…	…	…	…	nc	nc	nc	nc	nc	(37)
…	…	…	…	nc	nc	nc	nc	nc	(38)
1	2,200	22	19	100	100	100	100	100	(39)
7	1,130	79	43	100	113	113	110	93	(40)
7	914	64	55	100	105	105	106	84	(41)
…	…	…	…	nc	nc	nc	nc	nc	(42)
…	…	…	…	nc	nc	nc	nc	nc	(43)
…	…	…	…	nc	nc	nc	nc	nc	(44)
0	…	11	11	nc	nc	122	122	nc	(45)
…	…	…	…	nc	nc	nc	nc	nc	(46)
…	…	…	…	nc	nc	nc	nc	nc	(47)
－	－	－	－	nc	nc	nc	nc	nc	(48)
3	1,870	56	50	100	106	106	106	117	(49)
4	1,330	53	34	100	108	108	106	73	(50)
…	…	…	…	nc	nc	nc	nc	nc	(51)
84	1,980	1,660	1,590	102	104	106	106	113	(52)
0	…	31	24	nc	nc	84	80	nc	(53)
－	－	－	－	nc	nc	nc	nc	nc	(54)
3	1,670	50	42	60	142	85	84	106	(55)
4	2,300	92	83	100	100	100	100	113	(56)
…	…	…	…	nc	nc	nc	nc	nc	(57)
11	2,100	231	204	100	98	97	99	120	(58)
7	1,040	73	61	88	87	77	76	94	(59)
…	…	…	…	nc	nc	nc	nc	nc	(60)
…	…	…	…	nc	nc	nc	nc	nc	(61)
…	…	…	…	nc	nc	nc	nc	nc	(62)

3 平成30年産都道府県別の作付面積、10a当たり収量、収穫量及び出荷量（続き）

(22) レタス（続き）
ウ 春レタス

全国農業地域 ・ 都道府県			作付面積	10a当たり 収量	収穫量	出荷量	対前年産比				(参考) 対平均 収量比
							作付面積	10a当たり 収量	収穫量	出荷量	
			ha	kg	t	t	%	%	%	%	%
全　　国		(1)	4,390	2,750	120,700	113,400	98	100	98	98	104
(全国農業地域)											
北　海　道		(2)	…	…	…	…	nc	nc	nc	nc	nc
都　府　県		(3)	…	…	…	…	nc	nc	nc	nc	nc
東　　北		(4)	…	…	…	…	nc	nc	nc	nc	nc
北　　陸		(5)	…	…	…	…	nc	nc	nc	nc	nc
関東・東山		(6)	…	…	…	…	nc	nc	nc	nc	nc
東　　海		(7)	…	…	…	…	nc	nc	nc	nc	nc
近　　畿		(8)	…	…	…	…	nc	nc	nc	nc	nc
中　　国		(9)	…	…	…	…	nc	nc	nc	nc	nc
四　　国		(10)	…	…	…	…	nc	nc	nc	nc	nc
九　　州		(11)	…	…	…	…	nc	nc	nc	nc	nc
沖　　縄		(12)	50	2,080	1,040	890	86	89	76	76	90
(都道府県)											
北　海　道		(13)	…	…	…	…	nc	nc	nc	nc	nc
青　　森		(14)	…	…	…	…	nc	nc	nc	nc	nc
岩　　手		(15)	38	2,560	973	790	103	107	110	110	104
宮　　城		(16)	…	…	…	…	nc	nc	nc	nc	nc
秋　　田		(17)	…	…	…	…	nc	nc	nc	nc	nc
山　　形		(18)	…	…	…	…	nc	nc	nc·	nc	nc
福　　島		(19)	…	…	…	…	nc	nc	nc	nc	nc
茨　　城		(20)	1,490	2,770	41,300	40,300	100	104	104	104	108
栃　　木		(21)	73	2,430	1,770	1,650	90	96	86	83	98
群　　馬		(22)	231	3,030	7,000	6,580	100	80	80	80	85
埼　　玉		(23)	70	2,320	1,620	1,360	97	97	95	94	95
千　　葉		(24)	83	1,900	1,580	1,410	100	111	111	111	95
東　　京		(25)	…	…	…	…	nc	nc	nc	nc	nc
神　奈　川		(26)	…	…	…	…	nc	nc	nc	nc	nc
新　　潟		(27)	…	…	…	…	nc	nc	nc	nc	nc
富　　山		(28)	…	…	…	…	nc	nc	nc	nc	nc
石　　川		(29)	…	…	…	…	nc	nc	nc	nc	nc
福　　井		(30)	…	…	…	…	nc	nc	nc	nc	nc
山　　梨		(31)	…	…	…	…	nc	nc	nc	nc	nc
長　　野		(32)	538	3,830	20,600	19,600	100	103	102	103	112
岐　　阜		(33)	…	…	…	…	nc	nc	nc	nc	nc
静　　岡		(34)	…	…	…	…	nc	nc	nc	nc	nc
愛　　知		(35)	…	…	…	…	nc	nc	nc	nc	nc
三　　重		(36)	…	…	…	…	nc	nc	nc	nc	nc
滋　　賀		(37)	…	…	…	…	nc	nc	nc	nc	nc
京　　都		(38)	…	…	…	…	nc	nc	nc	nc	nc
大　　阪		(39)	…	…	…	…	nc	nc	nc	nc	nc
兵　　庫		(40)	340	2,250	7,650	7,290	93	93	86	85	88
奈　　良		(41)	18	2,180	392	282	100	104	104	104	100
和　歌　山		(42)	…	…	…	…	nc	nc	nc	nc	nc
鳥　　取		(43)	…	…	…	…	nc	nc	nc	nc	nc
島　　根		(44)	…	…	…	…	nc	nc	nc	nc	nc
岡　　山		(45)	31	1,490	462	360	97	98	95	111	99
広　　島		(46)	…	…	…	…	nc	nc	nc	nc	nc
山　　口		(47)	…	…	…	…	nc	nc	nc	nc	nc
徳　　島		(48)	57	2,020	1,150	1,050	97	86	83	82	92
香　　川		(49)	145	2,280	3,310	3,020	96	96	92	91	95
愛　　媛		(50)	…	…	…	…	nc	nc	nc	nc	nc
高　　知		(51)	…	…	…	…	nc	nc	nc	nc	nc
福　　岡		(52)	250	1,840	4,600	4,280	90	97	87	87	92
佐　　賀		(53)	20	2,640	528	425	95	121	115	115	111
長　　崎		(54)	217	3,940	8,550	7,840	103	100	103	103	100
熊　　本		(55)	82	3,000	2,460	2,280	101	103	105	105	111
大　　分		(56)	55	2,490	1,370	1,170	90	98	89	89	98
宮　　崎		(57)	…	…	…	…	nc	nc	nc	nc	nc
鹿　児　島		(58)	…	…	…	…	nc	nc	nc	nc	nc
沖　　縄		(59)	50	2,080	1,040	890	86	89	76	76	90
関東農政局		(60)	…	…	…	…	nc	nc	nc	nc	nc
東海農政局		(61)	…	…	…	…	nc	nc	nc	nc	nc
中国四国農政局		(62)	…	…	…	…	nc	nc	nc	nc	nc

エ 春レタスのうちサラダ菜

作付面積	10a当たり収量	収穫量	出荷量	対前年産比				(参考)対平均収量比	
				作付面積	10a当たり収量	収穫量	出荷量		
ha	kg	t	t	%	%	%	%	%	
100	1,850	1,850	1,700	99	103	102	101	103	(1)
…	…	…	…	nc	nc	nc	nc	nc	(2)
…	…	…	…	nc	nc	nc	nc	nc	(3)
…	…	…	…	nc	nc	nc	nc	nc	(4)
…	…	…	…	nc	nc	nc	nc	nc	(5)
…	…	…	…	nc	nc	nc	nc	nc	(6)
…	…	…	…	nc	nc	nc	nc	nc	(7)
…	…	…	…	nc	nc	nc	nc	nc	(8)
…	…	…	…	nc	nc	nc	nc	nc	(9)
…	…	…	…	nc	nc	nc	nc	nc	(10)
…	…	…	…	nc	nc	nc	nc	nc	(11)
1	1,000	14	11	100	93	93	92	88	(12)
…	…	…	…	nc	nc	nc	nc	nc	(13)
…	…	…	…	nc	nc	nc	nc	nc	(14)
0	470	1	1	nc	107	100	100	98	(15)
…	…	…	…	nc	nc	nc	nc	nc	(16)
…	…	…	…	nc	nc	nc	nc	nc	(17)
…	…	…	…	nc	nc	nc	nc	nc	(18)
…	…	…	…	nc	nc	nc	nc	nc	(19)
−	−	−	−	nc	nc	nc	nc	−	(20)
0	2,000	8	8	nc	100	100	133	100	(21)
x	x	x	x	x	x	x	x	x	(22)
7	2,250	149	119	100	96	96	96	95	(23)
20	2,000	400	380	100	105	105	105	108	(24)
…	…	…	…	nc	nc	nc	nc	nc	(25)
…	…	…	…	nc	nc	nc	nc	nc	(26)
…	…	…	…	nc	nc	nc	nc	nc	(27)
…	…	…	…	nc	nc	nc	nc	nc	(28)
…	…	…	…	nc	nc	nc	nc	nc	(29)
…	…	…	…	nc	nc	nc	nc	nc	(30)
…	…	…	…	nc	nc	nc	nc	nc	(31)
x	x	x	x	x	x	x	x	x	(32)
…	…	…	…	nc	nc	nc	nc	nc	(33)
…	…	…	…	nc	nc	nc	nc	nc	(34)
…	…	…	…	nc	nc	nc	nc	nc	(35)
…	…	…	…	nc	nc	nc	nc	nc	(36)
…	…	…	…	nc	nc	nc	nc	nc	(37)
…	…	…	…	nc	nc	nc	nc	nc	(38)
…	…	…	…	nc	nc	nc	nc	nc	(39)
2	1,050	17	14	100	98	100	100	96	(40)
2	1,350	22	18	100	104	105	106	102	(41)
…	…	…	…	nc	nc	nc	nc	nc	(42)
…	…	…	…	nc	nc	nc	nc	nc	(43)
…	…	…	…	nc	nc	nc	nc	nc	(44)
0	1,360	5	5	nc	99	125	125	123	(45)
…	…	…	…	nc	nc	nc	nc	nc	(46)
…	…	…	…	nc	nc	nc	nc	nc	(47)
−	−	−	−	nc	nc	nc	nc	nc	(48)
1	1,800	9	8	100	100	100	100	100	(49)
…	…	…	…	nc	nc	nc	nc	nc	(50)
…	…	…	…	nc	nc	nc	nc	nc	(51)
17	1,840	313	294	106	96	99	99	108	(52)
0	2,000	8	7	nc	100	80	78	98	(53)
−	−	−	−	nc	nc	nc	nc	nc	(54)
1	2,070	29	26	50	95	78	79	110	(55)
x	x	x	x	x	x	x	x	x	(56)
…	…	…	…	nc	nc	nc	nc	nc	(57)
…	…	…	…	nc	nc	nc	nc	nc	(58)
1	1,000	14	11	100	93	93	92	88	(59)
…	…	…	…	nc	nc	nc	nc	nc	(60)
…	…	…	…	nc	nc	nc	nc	nc	(61)
…	…	…	…	nc	nc	nc	nc	nc	(62)

3　平成30年産都道府県別の作付面積、10ａ当たり収量、収穫量及び出荷量（続き）

（22）　レタス（続き）
オ　夏秋レタス

全 国 農 業 地 域 都　道　府　県		作 付 面 積	10ａ当たり 収　　量	収 穫 量	出 荷 量	対　前　年　産　比				(参考) 対平均 収量比
						作付面積	10ａ当たり 収　量	収穫量	出荷量	
		ha	kg	t	t	%	%	%	%	%
全　　　　国	(1)	9,260	3,010	278,500	267,200	100	95	95	98	98
(全国農業地域)										
北　海　道	(2)	417	2,470	10,300	9,580	97	95	92	92	101
都　府　県	(3)	…	…	…	…	nc	nc	nc	nc	nc
東　　北	(4)	…	…	…	…	nc	nc	nc	nc	nc
北　　陸	(5)	…	…	…	…	nc	nc	nc	nc	nc
関 東・東 山	(6)	…	…	…	…	nc	nc	nc	nc	nc
東　　海	(7)	…	…	…	…	nc	nc	nc	nc	nc
近　　畿	(8)	…	…	…	…	nc	nc	nc	nc	nc
中　　国	(9)	…	…	…	…	nc	nc	nc	nc	nc
四　　国	(10)	…	…	…	…	nc	nc	nc	nc	nc
九　　州	(11)	…	…	…	…	nc	nc	nc	nc	nc
沖　　縄	(12)	…	…	…	…	nc	nc	nc	nc	nc
(都道府県)										
北　海　道	(13)	417	2,470	10,300	9,580	97	95	92	92	101
青　　森	(14)	86	2,240	1,930	1,740	95	103	98	98	113
岩　　手	(15)	392	2,260	8,860	8,130	101	103	104	105	101
宮　　城	(16)	…	…	…	…	nc	nc	nc	nc	nc
秋　　田	(17)	…	…	…	…	nc	nc	nc	nc	nc
山　　形	(18)	…	…	…	…	nc	nc	nc	nc	nc
福　　島	(19)	…	…	…	…	nc	nc	nc	nc	nc
茨　　城	(20)	743	2,180	16,200	15,700	100	95	95	95	97
栃　　木	(21)	…	…	…	…	nc	nc	nc	nc	nc
群　　馬	(22)	1,050	3,620	38,000	36,100	95	102	97	97	88
埼　　玉	(23)	…	…	…	…	nc	nc	nc	nc	nc
千　　葉	(24)	…	…	…	…	nc	nc	nc	nc	nc
東　　京	(25)	…	…	…	…	nc	nc	nc	nc	nc
神　奈　川	(26)	…	…	…	…	nc	nc	nc	nc	nc
新　　潟	(27)	…	…	…	…	nc	nc	nc	nc	nc
富　　山	(28)	…	…	…	…	nc	nc	nc	nc	nc
石　　川	(29)	…	…	…	…	nc	nc	nc	nc	nc
福　　井	(30)	…	…	…	…	nc	nc	nc	nc	nc
山　　梨	(31)	…	…	…	…	nc	nc	nc	nc	nc
長　　野	(32)	5,620	3,350	188,300	183,100	101	93	94	98	100
岐　　阜	(33)	…	…	…	…	nc	nc	nc	nc	nc
静　　岡	(34)	…	…	…	…	nc	nc	nc	nc	nc
愛　　知	(35)	…	…	…	…	nc	nc	nc	nc	nc
三　　重	(36)	…	…	…	…	nc	nc	nc	nc	nc
滋　　賀	(37)	…	…	…	…	nc	nc	nc	nc	nc
京　　都	(38)	…	…	…	…	nc	nc	nc	nc	nc
大　　阪	(39)	…	…	…	…	nc	nc	nc	nc	nc
兵　　庫	(40)	…	…	…	…	nc	nc	nc	nc	nc
奈　　良	(41)	…	…	…	…	nc	nc	nc	nc	nc
和　歌　山	(42)	…	…	…	…	nc	nc	nc	nc	nc
鳥　　取	(43)	…	…	…	…	nc	nc	nc	nc	nc
島　　根	(44)	…	…	…	…	nc	nc	nc	nc	nc
岡　　山	(45)	…	…	…	…	nc	nc	nc	nc	nc
広　　島	(46)	…	…	…	…	nc	nc	nc	nc	nc
山　　口	(47)	…	…	…	…	nc	nc	nc	nc	nc
徳　　島	(48)	…	…	…	…	nc	nc	nc	nc	nc
香　　川	(49)	…	…	…	…	nc	nc	nc	nc	nc
愛　　媛	(50)	…	…	…	…	nc	nc	nc	nc	nc
高　　知	(51)	…	…	…	…	nc	nc	nc	nc	nc
福　　岡	(52)	…	…	…	…	nc	nc	nc	nc	nc
佐　　賀	(53)	…	…	…	…	nc	nc	nc	nc	nc
長　　崎	(54)	…	…	…	…	nc	nc	nc	nc	nc
熊　　本	(55)	…	…	…	…	nc	nc	nc	nc	nc
大　　分	(56)	56	1,210	678	635	108	88	95	97	95
宮　　崎	(57)	…	…	…	…	nc	nc	nc	nc	nc
鹿　児　島	(58)	…	…	…	…	nc	nc	nc	nc	nc
沖　　縄	(59)	…	…	…	…	nc	nc	nc	nc	nc
関 東 農 政 局	(60)	…	…	…	…	nc	nc	nc	nc	nc
東 海 農 政 局	(61)	…	…	…	…	nc	nc	nc	nc	nc
中国四国農政局	(62)	…	…	…	…	nc	nc	nc	nc	nc

カ 夏秋レタスのうちサラダ菜

作 付 面 積	10 a 当たり収 量	収 穫 量	出 荷 量	対 前 年 産 比				(参考)対平均収量比	
				作付面積	10 a 当たり収 量	収 穫 量	出 荷 量		
ha	kg	t	t	%	%	%	%	%	
157	1,840	2,890	2,640	101	107	108	106	107	(1)
5	1,900	95	76	125	100	125	123	87	(2)
…	…	…	…	nc	nc	nc	nc	nc	(3)
…	…	…	…	nc	nc	nc	nc	nc	(4)
…	…	…	…	nc	nc	nc	nc	nc	(5)
…	…	…	…	nc	nc	nc	nc	nc	(6)
…	…	…	…	nc	nc	nc	nc	nc	(7)
…	…	…	…	nc	nc	nc	nc	nc	(8)
…	…	…	…	nc	nc	nc	nc	nc	(9)
…	…	…	…	nc	nc	nc	nc	nc	(10)
…	…	…	…	nc	nc	nc	nc	nc	(11)
…	…	…	…	nc	nc	nc	nc	nc	(12)
5	1,900	95	76	125	100	125	123	87	(13)
1	1,800	11	10	100	90	92	91	81	(14)
0	415	1	1	nc	104	nc	nc	88	(15)
…	…	…	…	nc	nc	nc	nc	nc	(16)
…	…	…	…	nc	nc	nc	nc	nc	(17)
…	…	…	…	nc	nc	nc	nc	nc	(18)
…	…	…	…	nc	nc	nc	nc	nc	(19)
–	–	–	–	nc	nc	nc	nc	–	(20)
…	…	…	…	nc	nc	nc	nc	nc	(21)
x	x	x	x	x	x	x	x	x	(22)
…	…	…	…	nc	nc	nc	nc	nc	(23)
…	…	…	…	nc	nc	nc	nc	nc	(24)
…	…	…	…	nc	nc	nc	nc	nc	(25)
…	…	…	…	nc	nc	nc	nc	nc	(26)
…	…	…	…	nc	nc	nc	nc	nc	(27)
…	…	…	…	nc	nc	nc	nc	nc	(28)
…	…	…	…	nc	nc	nc	nc	nc	(29)
…	…	…	…	nc	nc	nc	nc	nc	(30)
…	…	…	…	nc	nc	nc	nc	nc	(31)
x	x	x	x	x	x	x	x	x	(32)
…	…	…	…	nc	nc	nc	nc	nc	(33)
…	…	…	…	nc	nc	nc	nc	nc	(34)
…	…	…	…	nc	nc	nc	nc	nc	(35)
…	…	…	…	nc	nc	nc	nc	nc	(36)
…	…	…	…	nc	nc	nc	nc	nc	(37)
…	…	…	…	nc	nc	nc	nc	nc	(38)
…	…	…	…	nc	nc	nc	nc	nc	(39)
…	…	…	…	nc	nc	nc	nc	nc	(40)
…	…	…	…	nc	nc	nc	nc	nc	(41)
…	…	…	…	nc	nc	nc	nc	nc	(42)
…	…	…	…	nc	nc	nc	nc	nc	(43)
…	…	…	…	nc	nc	nc	nc	nc	(44)
…	…	…	…	nc	nc	nc	nc	nc	(45)
…	…	…	…	nc	nc	nc	nc	nc	(46)
…	…	…	…	nc	nc	nc	nc	nc	(47)
…	…	…	…	nc	nc	nc	nc	nc	(48)
…	…	…	…	nc	nc	nc	nc	nc	(49)
…	…	…	…	nc	nc	nc	nc	nc	(50)
…	…	…	…	nc	nc	nc	nc	nc	(51)
…	…	…	…	nc	nc	nc	nc	nc	(52)
…	…	…	…	nc	nc	nc	nc	nc	(53)
…	…	…	…	nc	nc	nc	nc	nc	(54)
…	…	…	…	nc	nc	nc	nc	nc	(55)
x	x	x	x	x	x	x	x	x	(56)
…	…	…	…	nc	nc	nc	nc	nc	(57)
…	…	…	…	nc	nc	nc	nc	nc	(58)
…	…	…	…	nc	nc	nc	nc	nc	(59)
…	…	…	…	nc	nc	nc	nc	nc	(60)
…	…	…	…	nc	nc	nc	nc	nc	(61)
…	…	…	…	nc	nc	nc	nc	nc	(62)

3　平成30年産都道府県別の作付面積、10 a 当たり収量、収穫量及び出荷量（続き）

(22)　レタス（続き）
キ　冬レタス

全国農業地域 都 道 府 県		作 付 面 積	10 a 当たり 収 　 量	収 穫 量	出 荷 量	対 前 年 産 比				(参考) 対平均 収量比
						作付面積	10 a 当たり 収 　 量	収 穫 量	出 荷 量	
		ha	kg	t	t	%	%	%	%	%
全　　　　国	(1)	8,030	2,320	186,300	172,700	101	112	113	113	101
(全国農業地域)										
北 　 海 　 道	(2)	…	…	…	…	nc	nc	nc	nc	nc
都 　 府 　 県	(3)	…	…	…	…	nc	nc	nc	nc	nc
東 　 　 　 北	(4)	…	…	…	…	nc	nc	nc	nc	nc
北 　 　 　 陸	(5)	…	…	…	…	nc	nc	nc	nc	nc
関 東 ・ 東 山	(6)	…	…	…	…	nc	nc	nc	nc	nc
東 　 　 　 海	(7)	…	…	…	…	nc	nc	nc	nc	nc
近 　 　 　 畿	(8)	…	…	…	…	nc	nc	nc	nc	nc
中 　 　 　 国	(9)	…	…	…	…	nc	nc	nc	nc	nc
四 　 　 　 国	(10)	…	…	…	…	nc	nc	nc	nc	nc
九 　 　 　 州	(11)	…	…	…	…	nc	nc	nc	nc	nc
沖 　 　 　 縄	(12)	191	1,870	3,570	3,100	90	98	88	88	85
(都道府県)										
北 　 海 　 道	(13)	…	…	…	…	nc	nc	nc	nc	nc
青 　 　 　 森	(14)	…	…	…	…	nc	nc	nc	nc	nc
岩 　 　 　 手	(15)	…	…	…	…	nc	nc	nc	nc	nc
宮 　 　 　 城	(16)	…	…	…	…	nc	nc	nc	nc	nc
秋 　 　 　 田	(17)	…	…	…	…	nc	nc	nc	nc	nc
山 　 　 　 形	(18)	…	…	…	…	nc	nc	nc	nc	nc
福 　 　 　 島	(19)	…	…	…	…	nc	nc	nc	nc	nc
茨 　 　 　 城	(20)	1,470	2,200	32,300	30,600	101	104	105	105	97
栃 　 　 　 木	(21)	94	2,880	2,710	2,440	97	115	112	110	114
群 　 　 　 馬	(22)	…	…	…	…	nc	nc	nc	nc	nc
埼 　 　 　 玉	(23)	92	2,450	2,250	1,950	97	105	101	102	100
千 　 　 　 葉	(24)	346	1,900	6,570	5,950	100	106	106	107	99
東 　 　 　 京	(25)	…	…	…	…	nc	nc	nc	nc	nc
神 　 奈 　 川	(26)	…	…	…	…	nc	nc	nc	nc	nc
新 　 　 　 潟	(27)	…	…	…	…	nc	nc	nc	nc	nc
富 　 　 　 山	(28)	…	…	…	…	nc	nc	nc	nc	nc
石 　 　 　 川	(29)	…	…	…	…	nc	nc	nc	nc	nc
福 　 　 　 井	(30)	…	…	…	…	nc	nc	nc	nc	nc
山 　 　 　 梨	(31)	…	…	…	…	nc	nc	nc	nc	nc
長 　 　 　 野	(32)	…	…	…	…	nc	nc	nc	nc	nc
岐 　 　 　 阜	(33)	…	…	…	…	nc	nc	nc	nc	nc
静 　 　 　 岡	(34)	825	2,690	22,200	21,300	102	121	124	124	105
愛 　 　 　 知	(35)	293	1,620	4,740	4,320	98	117	114	112	101
三 　 　 　 重	(36)	…	…	…	…	nc	nc	nc	nc	nc
滋 　 　 　 賀	(37)	…	…	…	…	nc	nc	nc	nc	nc
京 　 　 　 都	(38)	…	…	…	…	nc	nc	nc	nc	nc
大 　 　 　 阪	(39)	7	1,910	134	128	100	103	103	103	104
兵 　 　 　 庫	(40)	858	2,460	21,100	20,200	101	122	123	125	101
奈 　 　 　 良	(41)	…	…	…	…	nc	nc	nc	nc	nc
和 　 歌 　 山	(42)	…	…	…	…	nc	nc	nc	nc	nc
鳥 　 　 　 取	(43)	…	…	…	…	nc	nc	nc	nc	nc
島 　 　 　 根	(44)	…	…	…	…	nc	nc	nc	nc	nc
岡 　 　 　 山	(45)	41	1,430	586	516	105	113	118	136	80
広 　 　 　 島	(46)	…	…	…	…	nc	nc	nc	nc	nc
山 　 　 　 口	(47)	…	…	…	…	nc	nc	nc	nc	nc
徳 　 　 　 島	(48)	237	2,030	4,810	4,420	97	126	122	121	109
香 　 　 　 川	(49)	691	2,220	15,300	14,200	97	137	132	133	109
愛 　 　 　 媛	(50)	81	1,630	1,320	1,210	99	110	109	109	76
高 　 　 　 知	(51)	…	…	…	…	nc	nc	nc	nc	nc
福 　 　 　 岡	(52)	741	1,690	12,500	12,000	107	104	112	112	97
佐 　 　 　 賀	(53)	71	1,930	1,370	1,190	101	113	114	114	96
長 　 　 　 崎	(54)	671	3,580	24,000	21,600	98	112	109	109	106
熊 　 　 　 本	(55)	527	2,690	14,200	13,300	101	103	104	104	99
大 　 　 　 分	(56)	…	…	…	…	nc	nc	nc	nc	nc
宮 　 　 　 崎	(57)	…	…	…	…	nc	nc	nc	nc	nc
鹿 　 児 　 島	(58)	256	2,640	6,760	5,880	106	98	104	105	105
沖 　 　 　 縄	(59)	191	1,870	3,570	3,100	90	98	88	88	85
関 東 農 政 局	(60)	…	…	…	…	nc	nc	nc	nc	nc
東 海 農 政 局	(61)	…	…	…	…	nc	nc	nc	nc	nc
中国四国農政局	(62)	…	…	…	…	nc	nc	nc	nc	nc

イ　春ねぎ

作付面積	10a当たり収量	収穫量	出荷量	対　前　年　産　比				(参考)対平均収量比	
				作付面積	10a当たり収量	収穫量	出荷量		
ha	kg	t	t	%	%	%	%	%	
3,430	2,260	77,500	68,700	99	95	94	94	93	(1)
…	…	…	…	nc	nc	nc	nc	nc	(2)
…	…	…	…	nc	nc	nc	nc	nc	(3)
…	…	…	…	nc	nc	nc	nc	nc	(4)
…	…	…	…	nc	nc	nc	nc	nc	(5)
…	…	…	…	nc	nc	nc	nc	nc	(6)
…	…	…	…	nc	nc	nc	nc	nc	(7)
…	…	…	…	nc	nc	nc	nc	nc	(8)
…	…	…	…	nc	nc	nc	nc	nc	(9)
…	…	…	…	nc	nc	nc	nc	nc	(10)
…	…	…	…	nc	nc	nc	nc	nc	(11)
…	…	…	…	nc	nc	nc	nc	nc	(12)
…	…	…	…	nc	nc	nc	nc	nc	(13)
…	…	…	…	nc	nc	nc	nc	nc	(14)
…	…	…	…	nc	nc	nc	nc	nc	(15)
95	1,420	1,350	1,080	102	94	96	96	95	(16)
…	…	…	…	nc	nc	nc	nc	nc	(17)
…	…	…	…	nc	nc	nc	nc	nc	(18)
…	…	…	…	nc	nc	nc	nc	nc	(19)
443	3,280	14,500	13,600	101	92	92	93	100	(20)
…	…	…	…	nc	nc	nc	nc	nc	(21)
129	2,500	3,230	2,750	102	86	88	85	93	(22)
184	3,450	6,350	5,380	99	96	96	97	92	(23)
617	2,910	18,000	15,900	98	93	91	91	84	(24)
…	…	…	…	nc	nc	nc	nc	nc	(25)
…	…	…	…	nc	nc	nc	nc	nc	(26)
…	…	…	…	nc	nc	nc	nc	nc	(27)
…	…	…	…	nc	nc	nc	nc	nc	(28)
…	…	…	…	nc	nc	nc	nc	nc	(29)
…	…	…	…	nc	nc	nc	nc	nc	(30)
…	…	…	…	nc	nc	nc	nc	nc	(31)
…	…	…	…	nc	nc	nc	nc	nc	(32)
…	…	…	…	nc	nc	nc	nc	nc	(33)
97	2,400	2,330	2,230	102	101	104	104	100	(34)
66	2,330	1,540	1,310	99	103	102	102	103	(35)
34	1,980	673	501	100	96	96	96	93	(36)
…	…	…	…	nc	nc	nc	nc	nc	(37)
65	1,810	1,180	1,030	100	82	83	82	83	(38)
57	3,100	1,770	1,680	98	103	101	101	100	(39)
62	2,090	1,300	1,030	98	101	100	106	101	(40)
…	…	…	…	nc	nc	nc	nc	nc	(41)
…	…	…	…	nc	nc	nc	nc	nc	(42)
114	1,830	2,090	1,940	91	99	90	90	79	(43)
…	…	…	…	nc	nc	nc	nc	nc	(44)
28	1,380	386	297	97	93	89	91	92	(45)
97	1,700	1,650	1,350	111	102	115	114	98	(46)
…	…	…	…	nc	nc	nc	nc	nc	(47)
58	1,700	986	879	102	93	95	95	96	(48)
77	1,330	1,020	890	96	102	98	99	103	(49)
…	…	…	…	nc	nc	nc	nc	nc	(50)
90	1,150	1,040	963	95	99	95	94	97	(51)
144	1,250	1,800	1,650	96	100	96	95	101	(52)
78	823	642	519	98	97	94	94	88	(53)
40	2,040	816	745	93	110	103	103	101	(54)
…	…	…	…	nc	nc	nc	nc	nc	(55)
181	1,960	3,550	3,350	105	96	101	101	91	(56)
…	…	…	…	nc	nc	nc	nc	nc	(57)
112	1,450	1,620	1,400	96	101	97	98	104	(58)
…	…	…	…	nc	nc	nc	nc	nc	(59)
…	…	…	…	nc	nc	nc	nc	nc	(60)
…	…	…	…	nc	nc	nc	nc	nc	(61)
…	…	…	…	nc	nc	nc	nc	nc	(62)

3　平成30年産都道府県別の作付面積、10a当たり収量、収穫量及び出荷量（続き）

(23)　ねぎ（続き）
ウ　夏ねぎ

全国農業地域 都　道　府　県		作付面積	10a当たり 収　　量	収　穫　量	出　荷　量	対　前　年　産　比				(参考) 対平均 収量比
						作付面積	10a当たり 収　量	収穫量	出荷量	
		ha	kg	t	t	%	%	%	%	%
全　　　国	(1)	4,920	1,750	86,200	76,600	98	96	94	94	97
（全国農業地域）										
北　海　道	(2)	341	2,820	9,620	8,920	83	93	78	78	97
都　府　県	(3)	…	…	…	…	nc	nc	nc	nc	nc
東　　　北	(4)	…	…	…	…	nc	nc	nc	nc	nc
北　　　陸	(5)	271	1,210	3,290	2,440	98	92	91	89	83
関東・東山	(6)	…	…	…	…	nc	nc	nc	nc	nc
東　　　海	(7)	…	…	…	…	nc	nc	nc	nc	nc
近　　　畿	(8)	…	…	…	…	nc	nc	nc	nc	nc
中　　　国	(9)	…	…	…	…	nc	nc	nc	nc	nc
四　　　国	(10)	…	…	…	…	nc	nc	nc	nc	nc
九　　　州	(11)	…	…	…	…	nc	nc	nc	nc	nc
沖　　　縄	(12)	…	…	…	…	nc	nc	nc	nc	nc
（都道府県）										
北　海　道	(13)	341	2,820	9,620	8,920	83	93	78	78	97
青　　　森	(14)	200	2,520	5,040	4,330	95	103	98	98	105
岩　　　手	(15)	150	1,630	2,450	1,940	100	104	105	105	97
宮　　　城	(16)	127	1,310	1,660	1,380	102	107	110	111	100
秋　　　田	(17)	170	2,050	3,490	3,210	100	96	96	96	100
山　　　形	(18)	118	2,100	2,480	2,050	98	99	96	97	103
福　　　島	(19)	…	…	…	…	nc	nc	nc	nc	nc
茨　　　城	(20)	664	2,300	15,300	14,400	100	99	99	99	102
栃　　　木	(21)	102	1,420	1,450	1,240	101	95	97	99	97
群　　　馬	(22)	98	1,160	1,140	969	102	79	81	93	81
埼　　　玉	(23)	293	2,050	6,010	5,100	100	99	99	99	97
千　　　葉	(24)	283	2,690	7,610	7,240	99	100	99	99	111
東　　　京	(25)	…	…	…	…	nc	nc	nc	nc	nc
神　奈　川	(26)	…	…	…	…	nc	nc	nc	nc	nc
新　　　潟	(27)	158	1,230	1,940	1,400	98	92	90	90	84
富　　　山	(28)	51	1,410	719	507	100	97	97	91	83
石　　　川	(29)	30	849	255	207	103	82	85	86	75
福　　　井	(30)	32	1,160	371	330	94	91	85	85	85
山　　　梨	(31)	…	…	…	…	nc	nc	nc	nc	nc
長　　　野	(32)	114	2,710	3,090	2,700	103	95	97	97	96
岐　　　阜	(33)	…	…	…	…	nc	nc	nc	nc	nc
静　　　岡	(34)	100	1,670	1,670	1,550	101	92	93	95	99
愛　　　知	(35)	89	1,550	1,380	1,100	98	96	94	94	99
三　　　重	(36)	42	955	401	317	105	78	82	81	70
滋　　　賀	(37)	…	…	…	…	nc	nc	nc	nc	nc
京　　　都	(38)	…	…	…	…	nc	nc	nc	nc	nc
大　　　阪	(39)	79	1,830	1,450	1,390	99	92	91	90	90
兵　　　庫	(40)	…	…	…	…	nc	nc	nc	nc	nc
奈　　　良	(41)	…	…	…	…	nc	nc	nc	nc	nc
和　歌　山	(42)	…	…	…	…	nc	nc	nc	nc	nc
鳥　　　取	(43)	182	1,130	2,060	1,940	99	98	98	98	94
島　　　根	(44)	…	…	…	…	nc	nc	nc	nc	nc
岡　　　山	(45)	27	1,260	340	290	96	93	90	91	88
広　　　島	(46)	121	1,160	1,400	1,210	104	89	93	93	82
山　　　口	(47)	…	…	…	…	nc	nc	nc	nc	nc
徳　　　島	(48)	…	…	…	…	nc	nc	nc	nc	nc
香　　　川	(49)	99	1,030	1,020	865	100	82	82	80	82
愛　　　媛	(50)	…	…	…	…	nc	nc	nc	nc	nc
高　　　知	(51)	…	…	…	…	nc	nc	nc	nc	nc
福　　　岡	(52)	157	866	1,360	1,270	107	92	98	98	93
佐　　　賀	(53)	…	…	…	…	nc	nc	nc	nc	nc
長　　　崎	(54)	47	1,010	475	403	90	106	96	94	89
熊　　　本	(55)	…	…	…	…	nc	nc	nc	nc	nc
大　　　分	(56)	246	1,190	2,930	2,700	104	93	97	97	97
宮　　　崎	(57)	…	…	…	…	nc	nc	nc	nc	nc
鹿　児　島	(58)	88	1,180	1,040	853	nc	nc	nc	nc	116
沖　　　縄	(59)	…	…	…	…	nc	nc	nc	nc	nc
関東農政局	(60)	…	…	…	…	nc	nc	nc	nc	nc
東海農政局	(61)	…	…	…	…	nc	nc	nc	nc	nc
中国四国農政局	(62)	…	…	…	…	nc	nc	nc	nc	nc

エ　秋冬ねぎ

作付面積	10a当たり収量	収穫量	出荷量	対前年産比				(参考)対平均収量比	
				作付面積	10a当たり収量	収穫量	出荷量		
ha	kg	t	t	%	%	%	%	%	
14,000	2,070	289,300	225,100	99	102	102	102	99	(1)
266	3,090	8,220	7,680	98	94	92	93	96	(2)
…	…	…	…	nc	nc	nc	nc	nc	(3)
2,160	1,960	42,300	28,800	101	102	102	103	101	(4)
777	1,560	12,100	9,030	96	92	88	92	85	(5)
…	…	…	…	nc	nc	nc	nc	nc	(6)
901	1,790	16,100	11,200	98	106	104	104	95	(7)
…	…	…	…	nc	nc	nc	nc	nc	(8)
…	…	…	…	nc	nc	nc	nc	nc	(9)
434	1,570	6,820	5,670	100	105	104	106	99	(10)
1,540	1,620	25,000	21,700	100	101	101	102	96	(11)
…	…	…	…	nc	nc	nc	nc	nc	(12)
266	3,090	8,220	7,680	98	94	92	93	96	(13)
295	2,510	7,400	5,330	97	97	94	95	96	(14)
264	1,610	4,250	3,250	103	103	107	109	100	(15)
395	1,590	6,280	4,060	102	113	115	115	113	(16)
379	2,450	9,290	7,000	106	99	105	105	101	(17)
305	2,140	6,530	4,190	99	99	98	98	98	(18)
520	1,640	8,530	5,010	100	101	101	102	99	(19)
800	2,510	20,100	15,500	100	100	100	99	105	(20)
434	2,090	9,070	6,900	101	109	110	106	109	(21)
816	1,860	15,200	11,200	100	101	100	100	100	(22)
1,900	2,270	43,100	34,400	98	97	95	95	93	(23)
1,330	2,780	37,000	33,600	98	116	114	114	108	(24)
…	…	…	…	nc	nc	nc	nc	nc	(25)
300	2,270	6,810	5,960	99	98	97	98	89	(26)
454	1,710	7,760	5,590	97	93	90	95	83	(27)
149	1,390	2,070	1,690	95	97	92	90	97	(28)
82	1,040	853	528	90	88	80	81	81	(29)
92	1,500	1,380	1,220	97	82	79	87	79	(30)
…	…	…	…	nc	nc	nc	nc	nc	(31)
562	1,990	11,200	5,300	98	102	101	110	110	(32)
172	947	1,630	668	101	96	97	97	89	(33)
301	2,040	6,140	5,070	100	97	97	98	91	(34)
260	1,880	4,890	3,430	96	108	103	103	94	(35)
168	2,060	3,460	2,040	99	127	126	126	108	(36)
…	…	…	…	nc	nc	nc	nc	nc	(37)
…	…	…	…	nc	nc	nc	nc	nc	(38)
…	…	…	…	nc	nc	nc	nc	nc	(39)
193	1,960	3,780	2,090	99	117	116	118	102	(40)
80	2,210	1,770	1,270	100	104	104	104	97	(41)
…	…	…	…	nc	nc	nc	nc	nc	(42)
347	2,070	7,180	6,420	104	99	103	103	98	(43)
97	1,560	1,510	1,020	101	113	114	116	107	(44)
108	1,550	1,670	1,150	99	98	97	101	96	(45)
209	2,300	4,810	4,010	100	115	115	122	118	(46)
…	…	…	…	nc	nc	nc	nc	nc	(47)
111	1,660	1,840	1,470	97	112	109	111	105	(48)
127	1,430	1,820	1,540	106	107	113	114	98	(49)
86	1,710	1,470	1,120	99	104	103	104	104	(50)
110	1,540	1,690	1,540	96	97	92	96	92	(51)
263	1,430	3,760	3,380	100	104	104	105	99	(52)
126	1,170	1,470	1,100	100	99	99	99	102	(53)
92	1,700	1,560	1,350	100	99	99	99	88	(54)
165	1,900	3,140	2,360	103	107	111	112	99	(55)
500	1,790	8,950	8,040	103	102	105	105	95	(56)
96	1,380	1,320	1,140	97	92	89	87	88	(57)
299	1,620	4,840	4,300	96	97	93	94	98	(58)
…	…	…	…	nc	nc	nc	nc	nc	(59)
…	…	…	…	nc	nc	nc	nc	nc	(60)
600	1,660	9,980	6,140	98	111	109	109	98	(61)
…	…	…	…	nc	nc	nc	nc	nc	(62)

3   平成30年産都道府県別の作付面積、10a当たり収量、収穫量及び出荷量（続き）

(24)   にら

全国農業地域 都 道 府 県		作 付 面 積	10a当たり 収 量	収 穫 量	出 荷 量	対 前 年 産 比				(参考) 対平均 収量比
						作付面積	10a当たり 収 量	収穫量	出荷量	
		ha	kg	t	t	%	%	%	%	%
全 国	(1)	2,020	2,900	58,500	52,900	98	100	98	98	101
(全国農業地域)										
北 海 道	(2)	68	4,270	2,900	2,760	94	96	91	90	94
都 府 県	(3)	…	…	…	…	nc	nc	nc	nc	nc
東 北	(4)	…	…	…	…	nc	nc	nc	nc	nc
北 陸	(5)	…	…	…	…	nc	nc	nc	nc	nc
関 東・東 山	(6)	…	…	…	…	nc	nc	nc	nc	nc
東 海	(7)	…	…	…	…	nc	nc	nc	nc	nc
近 畿	(8)	…	…	…	…	nc	nc	nc	nc	nc
中 国	(9)	…	…	…	…	nc	nc	nc	nc	nc
四 国	(10)	…	…	…	…	nc	nc	nc	nc	nc
九 州	(11)	…	…	…	…	nc	nc	nc	nc	nc
沖 縄	(12)	…	…	…	…	nc	nc	nc	nc	nc
(都道府県)										
北 海 道	(13)	68	4,270	2,900	2,760	94	96	91	90	94
青 森	(14)	…	…	…	…	nc	nc	nc	nc	nc
岩 手	(15)	…	…	…	…	nc	nc	nc	nc	nc
宮 城	(16)	…	…	…	…	nc	nc	nc	nc	nc
秋 田	(17)	…	…	…	…	nc	nc	nc	nc	nc
山 形	(18)	202	1,300	2,630	2,230	99	98	98	98	90
福 島	(19)	158	1,600	2,530	2,110	98	97	95	98	99
茨 城	(20)	208	3,840	7,990	7,180	99	103	102	102	112
栃 木	(21)	360	2,950	10,600	9,400	98	109	106	107	109
群 馬	(22)	181	1,720	3,110	2,900	99	98	97	96	91
埼 玉	(23)	…	…	…	…	nc	nc	nc	nc	nc
千 葉	(24)	117	1,900	2,220	1,930	90	104	93	93	96
東 京	(25)	…	…	…	…	nc	nc	nc	nc	nc
神 奈 川	(26)	…	…	…	…	nc	nc	nc	nc	nc
新 潟	(27)	…	…	…	…	nc	nc	nc	nc	nc
富 山	(28)	…	…	…	…	nc	nc	nc	nc	nc
石 川	(29)	…	…	…	…	nc	nc	nc	nc	nc
福 井	(30)	…	…	…	…	nc	nc	nc	nc	nc
山 梨	(31)	…	…	…	…	nc	nc	nc	nc	nc
長 野	(32)	…	…	…	…	nc	nc	nc	nc	nc
岐 阜	(33)	…	…	…	…	nc	nc	nc	nc	nc
静 岡	(34)	…	…	…	…	nc	nc	nc	nc	nc
愛 知	(35)	…	…	…	…	nc	nc	nc	nc	nc
三 重	(36)	…	…	…	…	nc	nc	nc	nc	nc
滋 賀	(37)	…	…	…	…	nc	nc	nc	nc	nc
京 都	(38)	…	…	…	…	nc	nc	nc	nc	nc
大 阪	(39)	…	…	…	…	nc	nc	nc	nc	nc
兵 庫	(40)	6	3,120	187	156	100	101	101	103	93
奈 良	(41)	…	…	…	…	nc	nc	nc	nc	nc
和 歌 山	(42)	…	…	…	…	nc	nc	nc	nc	nc
鳥 取	(43)	…	…	…	…	nc	nc	nc	nc	nc
島 根	(44)	…	…	…	…	nc	nc	nc	nc	nc
岡 山	(45)	…	…	…	…	nc	nc	nc	nc	nc
広 島	(46)	…	…	…	…	nc	nc	nc	nc	nc
山 口	(47)	…	…	…	…	nc	nc	nc	nc	nc
徳 島	(48)	…	…	…	…	nc	nc	nc	nc	nc
香 川	(49)	…	…	…	…	nc	nc	nc	nc	nc
愛 媛	(50)	…	…	…	…	nc	nc	nc	nc	nc
高 知	(51)	245	6,030	14,800	14,300	98	98	96	96	101
福 岡	(52)	19	4,500	855	749	106	99	103	103	99
佐 賀	(53)	…	…	…	…	nc	nc	nc	nc	nc
長 崎	(54)	28	2,100	588	528	100	98	98	98	93
熊 本	(55)	44	2,880	1,270	1,190	100	112	111	113	98
大 分	(56)	60	4,530	2,720	2,630	100	94	94	94	93
宮 崎	(57)	90	3,700	3,330	3,090	99	89	88	88	88
鹿 児 島	(58)	…	…	…	…	nc	nc	nc	nc	nc
沖 縄	(59)	…	…	…	…	nc	nc	nc	nc	nc
関 東 農 政 局	(60)	…	…	…	…	nc	nc	nc	nc	nc
東 海 農 政 局	(61)	…	…	…	…	nc	nc	nc	nc	nc
中国四国農政局	(62)	…	…	…	…	nc	nc	nc	nc	nc

(25) たまねぎ

作付面積	10 a 当たり収量	収穫量	出荷量	対前年産比				(参考)対平均収量比	
				作付面積	10 a 当たり収量	収穫量	出荷量		
ha	kg	t	t	%	%	%	%	%	
26,200	4,410	1,155,000	1,042,000	102	92	94	95	96	(1)
14,700	4,880	717,400	674,600	101	89	90	91	95	(2)
…	…	…	…	nc	nc	nc	nc	nc	(3)
…	…	…	…	nc	nc	nc	nc	nc	(4)
…	…	…	…	nc	nc	nc	nc	nc	(5)
…	…	…	…	nc	nc	nc	nc	nc	(6)
1,120	3,960	44,400	37,600	97	94	91	91	94	(7)
…	…	…	…	nc	nc	nc	nc	nc	(8)
…	…	…	…	nc	nc	nc	nc	nc	(9)
…	…	…	…	nc	nc	nc	nc	nc	(10)
…	…	…	…	nc	nc	nc	nc	nc	(11)
…	…	…	…	nc	nc	nc	nc	nc	(12)
14,700	4,880	717,400	674,600	101	89	90	91	95	(13)
…	…	…	…	nc	nc	nc	nc	nc	(14)
…	…	…	…	nc	nc	nc	nc	nc	(15)
…	…	…	…	nc	nc	nc	nc	nc	(16)
…	…	…	…	nc	nc	nc	nc	nc	(17)
…	…	…	…	nc	nc	nc	nc	nc	(18)
…	…	…	…	nc	nc	nc	nc	nc	(19)
162	3,000	4,860	2,820	100	94	94	94	100	(20)
253	4,760	12,000	10,600	106	87	92	93	92	(21)
224	3,860	8,650	7,890	95	89	84	90	87	(22)
137	3,360	4,600	2,450	96	96	93	92	99	(23)
184	2,660	4,890	3,040	100	89	89	89	90	(24)
…	…	…	…	nc	nc	nc	nc	nc	(25)
…	…	…	…	nc	nc	nc	nc	nc	(26)
…	…	…	…	nc	nc	nc	nc	nc	(27)
216	2,530	5,460	4,850	155	57	89	88	74	(28)
…	…	…	…	nc	nc	nc	nc	nc	(29)
…	…	…	…	nc	nc	nc	nc	nc	(30)
…	…	…	…	nc	nc	nc	nc	nc	(31)
166	2,870	4,760	2,540	108	99	106	114	104	(32)
114	2,400	2,740	1,440	98	91	89	89	94	(33)
319	3,570	11,400	10,300	99	90	89	89	92	(34)
573	4,820	27,600	24,400	98	97	95	95	97	(35)
118	2,240	2,640	1,480	94	75	71	67	79	(36)
…	…	…	…	nc	nc	nc	nc	nc	(37)
…	…	…	…	nc	nc	nc	nc	nc	(38)
114	3,660	4,170	3,760	98	96	94	94	97	(39)
1,700	5,670	96,400	87,400	99	104	104	104	107	(40)
…	…	…	…	nc	nc	nc	nc	nc	(41)
119	3,820	4,550	3,690	101	92	93	93	92	(42)
…	…	…	…	nc	nc	nc	nc	nc	(43)
108	2,710	2,930	1,550	101	94	95	95	95	(44)
175	3,100	5,430	3,600	99	103	102	113	96	(45)
…	…	…	…	nc	nc	nc	nc	nc	(46)
205	3,130	6,420	4,140	102	106	108	111	109	(47)
…	…	…	…	nc	nc	nc	nc	nc	(48)
224	4,480	10,000	8,890	103	92	94	94	97	(49)
326	2,990	9,750	7,710	98	87	85	85	89	(50)
…	…	…	…	nc	nc	nc	nc	nc	(51)
154	3,340	5,140	2,960	97	112	110	112	113	(52)
2,430	4,860	118,100	109,200	113	102	115	116	101	(53)
840	3,480	29,200	26,200	107	102	109	109	91	(54)
317	3,270	10,400	8,740	98	96	95	94	97	(55)
…	…	…	…	nc	nc	nc	nc	nc	(56)
59	2,370	1,400	1,220	102	92	93	93	83	(57)
…	…	…	…	nc	nc	nc	nc	nc	(58)
…	…	…	…	nc	nc	nc	nc	nc	(59)
…	…	…	…	nc	nc	nc	nc	nc	(60)
805	4,100	33,000	27,300	97	95	92	93	95	(61)
…	…	…	…	nc	nc	nc	nc	nc	(62)

3　平成30年産都道府県別の作付面積、10 a 当たり収量、収穫量及び出荷量（続き）

(26)　にんにく

全国農業地域 都 道 府 県		作付面積	10 a 当たり 収　量	収 穫 量	出 荷 量	対　前　年　産　比				(参考) 対平均 収量比
						作付面積	10 a 当たり 収　量	収穫量	出荷量	
		ha	kg	t	t	%	%	%	%	%
全　　　国	(1)	2,470	818	20,200	14,400	102	96	98	99	93
(全国農業地域)										
北　海　道	(2)	121	658	796	639	102	101	102	103	107
都　府　県	(3)	…	…	…	…	nc	nc	nc	nc	nc
東　　　北	(4)	…	…	…	…	nc	nc	nc	nc	nc
北　　　陸	(5)	…	…	…	…	nc	nc	nc	nc	nc
関 東 ・ 東 山	(6)	…	…	…	…	nc	nc	nc	nc	nc
東　　　海	(7)	…	…	…	…	nc	nc	nc	nc	nc
近　　　畿	(8)	…	…	…	…	nc	nc	nc	nc	nc
中　　　国	(9)	…	…	…	…	nc	nc	nc	nc	nc
四　　　国	(10)	…	…	…	…	nc	nc	nc	nc	nc
九　　　州	(11)	…	…	…	…	nc	nc	nc	nc	nc
沖　　　縄	(12)	…	…	…	…	nc	nc	nc	nc	nc
(都道府県)										
北　海　道	(13)	121	658	796	639	102	101	102	103	107
青　　　森	(14)	1,420	943	13,400	9,920	103	95	98	101	94
岩　　　手	(15)	59	624	368	228	97	103	99	98	97
宮　　　城	(16)	…	…	…	…	nc	nc	nc	nc	nc
秋　　　田	(17)	55	587	323	160	100	105	105	109	104
山　　　形	(18)	…	…	…	…	nc	nc	nc	nc	nc
福　　　島	(19)	44	652	287	32	98	102	100	100	98
茨　　　城	(20)	…	…	…	…	nc	nc	nc	nc	nc
栃　　　木	(21)	…	…	…	…	nc	nc	nc	nc	nc
群　　　馬	(22)	…	…	…	…	nc	nc	nc	nc	nc
埼　　　玉	(23)	…	…	…	…	nc	nc	nc	nc	nc
千　　　葉	(24)	…	…	…	…	nc	nc	nc	nc	nc
東　　　京	(25)	…	…	…	…	nc	nc	nc	nc	nc
神　奈　川	(26)	…	…	…	…	nc	nc	nc	nc	nc
新　　　潟	(27)	…	…	…	…	nc	nc	nc	nc	nc
富　　　山	(28)	…	…	…	…	nc	nc	nc	nc	nc
石　　　川	(29)	…	…	…	…	nc	nc	nc	nc	nc
福　　　井	(30)	…	…	…	…	nc	nc	nc	nc	nc
山　　　梨	(31)	…	…	…	…	nc	nc	nc	nc	nc
長　　　野	(32)	…	…	…	…	nc	nc	nc	nc	nc
岐　　　阜	(33)	…	…	…	…	nc	nc	nc	nc	nc
静　　　岡	(34)	…	…	…	…	nc	nc	nc	nc	nc
愛　　　知	(35)	…	…	…	…	nc	nc	nc	nc	nc
三　　　重	(36)	…	…	…	…	nc	nc	nc	nc	nc
滋　　　賀	(37)	…	…	…	…	nc	nc	nc	nc	nc
京　　　都	(38)	…	…	…	…	nc	nc	nc	nc	nc
大　　　阪	(39)	…	…	…	…	nc	nc	nc	nc	nc
兵　　　庫	(40)	…	…	…	…	nc	nc	nc	nc	nc
奈　　　良	(41)	…	…	…	…	nc	nc	nc	nc	nc
和　歌　山	(42)	…	…	…	…	nc	nc	nc	nc	nc
鳥　　　取	(43)	…	…	…	…	nc	nc	nc	nc	nc
島　　　根	(44)	…	…	…	…	nc	nc	nc	nc	nc
岡　　　山	(45)	…	…	…	…	nc	nc	nc	nc	nc
広　　　島	(46)	…	…	…	…	nc	nc	nc	nc	nc
山　　　口	(47)	…	…	…	…	nc	nc	nc	nc	nc
徳　　　島	(48)	17	882	150	115	94	106	100	99	95
香　　　川	(49)	98	594	582	516	96	81	78	77	77
愛　　　媛	(50)	…	…	…	…	nc	nc	nc	nc	nc
高　　　知	(51)	…	…	…	…	nc	nc	nc	nc	nc
福　　　岡	(52)	…	…	…	…	nc	nc	nc	nc	nc
佐　　　賀	(53)	…	…	…	…	nc	nc	nc	nc	nc
長　　　崎	(54)	…	…	…	…	nc	nc	nc	nc	nc
熊　　　本	(55)	38	815	310	230	100	101	101	99	101
大　　　分	(56)	42	583	245	198	100	95	95	95	91
宮　　　崎	(57)	60	510	306	292	88	107	95	95	75
鹿　児　島	(58)	44	855	376	268	nc	nc	nc	nc	nc
沖　　　縄	(59)	…	…	…	…	nc	nc	nc	nc	nc
関 東 農 政 局	(60)	…	…	…	…	nc	nc	nc	nc	nc
東 海 農 政 局	(61)	…	…	…	…	nc	nc	nc	nc	nc
中国四国農政局	(62)	…	…	…	…	nc	nc	nc	nc	nc

(27)　きゅうり
ア　計

作付面積	10 a 当たり収量	収穫量	出荷量	対 前 年 産 比				(参考)対平均収量比	
				作付面積	10 a 当たり収量	収穫量	出荷量		
ha	kg	t	t	%	%	%	%	%	
10,600	5,190	550,000	476,100	98	100	98	99	103	(1)
153	10,000	15,300	14,300	97	95	93	95	104	(2)
…	…	…	…	nc	nc	nc	nc	nc	(3)
2,120	4,370	92,700	76,600	99	101	100	100	100	(4)
…	…	…	…	nc	nc	nc	nc	nc	(5)
…	…	…	…	nc	nc	nc	nc	nc	(6)
…	…	…	…	nc	nc	nc	nc	nc	(7)
629	2,880	18,100	13,500	99	97	96	96	96	(8)
…	…	…	…	nc	nc	nc	nc	nc	(9)
559	7,960	44,500	40,500	98	101	99	99	106	(10)
1,730	6,920	119,800	111,000	99	98	98	98	106	(11)
…	…	…	…	nc	nc	nc	nc	nc	(12)
153	10,000	15,300	14,300	97	95	93	95	104	(13)
150	3,480	5,220	4,040	96	104	100	100	112	(14)
240	5,500	13,200	10,900	100	105	105	105	97	(15)
422	3,250	13,700	10,800	99	106	105	105	104	(16)
267	3,140	8,380	6,000	99	97	96	96	97	(17)
352	3,780	13,300	9,920	97	103	99	100	102	(18)
689	5,650	38,900	34,900	99	99	98	98	98	(19)
503	4,810	24,200	21,300	97	93	91	90	94	(20)
285	4,600	13,100	10,600	96	100	96	100	100	(21)
825	6,650	54,900	49,500	96	104	99	99	111	(22)
620	7,370	45,700	41,500	98	100	98	98	104	(23)
468	7,540	35,300	31,800	98	106	104	104	113	(24)
…	…	…	…	nc	nc	nc	nc	nc	(25)
261	4,250	11,100	10,500	98	100	99	99	111	(26)
445	1,980	8,800	5,340	97	99	95	98	80	(27)
61	2,000	1,220	657	100	114	114	163	106	(28)
74	2,930	2,170	1,470	97	93	90	94	87	(29)
…	…	…	…	nc	nc	nc	nc	nc	(30)
127	3,420	4,340	3,420	98	97	95	97	109	(31)
399	3,710	14,800	10,200	100	97	97	96	97	(32)
165	3,570	5,890	4,250	99	102	101	101	96	(33)
…	…	…	…	nc	nc	nc	nc	nc	(34)
156	8,330	13,000	11,500	100	100	100	100	98	(35)
93	2,160	2,010	1,170	86	97	84	84	91	(36)
124	2,790	3,460	2,410	96	104	100	98	119	(37)
136	3,180	4,330	3,620	100	94	94	94	88	(38)
47	4,040	1,900	1,760	98	99	96	97	96	(39)
185	1,850	3,420	1,470	103	101	104	105	101	(40)
71	2,730	1,940	1,520	97	97	94	94	87	(41)
66	4,670	3,080	2,700	97	92	90	90	88	(42)
…	…	…	…	nc	nc	nc	nc	nc	(43)
121	1,640	1,990	1,110	100	102	102	101	101	(44)
89	2,250	2,000	1,500	100	106	105	127	103	(45)
160	2,420	3,870	2,660	100	111	111	108	103	(46)
138	2,510	3,460	2,430	101	114	115	114	129	(47)
69	11,100	7,640	6,650	100	98	98	99	105	(48)
99	3,710	3,670	3,160	98	96	94	93	94	(49)
231	3,500	8,080	7,010	98	94	92	91	92	(50)
160	15,700	25,100	23,700	96	107	102	102	114	(51)
174	5,530	9,630	8,700	100	97	97	97	97	(52)
164	7,800	12,800	11,700	106	113	121	120	107	(53)
139	5,580	7,750	6,950	104	104	108	108	103	(54)
283	4,590	13,000	12,000	98	101	99	99	100	(55)
141	2,230	3,140	2,480	99	95	93	94	96	(56)
665	9,380	62,400	59,400	98	95	93	93	107	(57)
160	6,940	11,100	9,740	98	103	101	102	127	(58)
…	…	…	…	nc	nc	nc	nc	nc	(59)
…	…	…	…	nc	nc	nc	nc	nc	(60)
414	5,050	20,900	16,900	96	102	99	99	96	(61)
…	…	…	…	nc	nc	nc	nc	nc	(62)

3 平成30年産都道府県別の作付面積、10a当たり収量、収穫量及び出荷量（続き）

(27) きゅうり（続き）
イ 冬春きゅうり

全国農業地域 都 道 府 県		作 付 面 積	10a当たり 収　量	収 穫 量	出 荷 量	対　前　年　産　比				(参考) 対平均 収量比
						作付面積	10a当たり 収　量	収穫量	出荷量	
		ha	kg	t	t	%	%	%	%	%
全　　　国	(1)	2,760	10,800	298,100	280,500	98	100	98	98	107
（全国農業地域）										
北　海　道	(2)	…	…	…	…	nc	nc	nc	nc	nc
都　府　県	(3)	…	…	…	…	nc	nc	nc	nc	nc
東　　北	(4)	…	…	…	…	nc	nc	nc	nc	nc
北　　陸	(5)	…	…	…	…	nc	nc	nc	nc	nc
関東・東山	(6)	…	…	…	…	nc	nc	nc	nc	nc
東　　海	(7)	…	…	…	…	nc	nc	nc	nc	nc
近　　畿	(8)	…	…	…	…	nc	nc	nc	nc	nc
中　　国	(9)	…	…	…	…	nc	nc	nc	nc	nc
四　　国	(10)	216	15,800	34,100	32,200	97	104	100	101	108
九　　州	(11)	…	…	…	…	nc	nc	nc	nc	nc
沖　　縄	(12)	…	…	…	…	nc	nc	nc	nc	nc
（都道府県）										
北　海　道	(13)	…	…	…	…	nc	nc	nc	nc	nc
青　　森	(14)	…	…	…	…	nc	nc	nc	nc	nc
岩　　手	(15)	15	7,810	1,170	1,080	100	111	113	112	112
宮　　城	(16)	73	8,320	6,070	5,480	101	102	103	103	104
秋　　田	(17)	…	…	…	…	nc	nc	nc	nc	nc
山　　形	(18)	27	8,020	2,170	1,950	104	107	111	110	102
福　　島	(19)	100	7,590	7,590	7,130	97	102	99	99	99
茨　　城	(20)	143	10,400	14,900	14,200	95	93	89	89	96
栃　　木	(21)	49	12,400	6,080	5,700	98	98	96	95	107
群　　馬	(22)	284	12,300	34,900	32,600	94	105	98	98	109
埼　　玉	(23)	280	11,300	31,600	29,300	99	99	98	98	105
千　　葉	(24)	199	12,900	25,700	24,600	96	109	105	105	113
東　　京	(25)	…	…	…	…	nc	nc	nc	nc	nc
神　奈　川	(26)	85	7,780	6,610	6,350	98	97	95	95	122
新　　潟	(27)	41	6,190	2,540	2,330	100	103	103	103	94
富　　山	(28)	…	…	…	…	nc	nc	nc	nc	nc
石　　川	(29)	…	…	…	…	nc	nc	nc	nc	nc
福　　井	(30)	…	…	…	…	nc	nc	nc	nc	nc
山　　梨	(31)	21	6,120	1,290	1,200	111	103	114	114	105
長　　野	(32)	…	…	…	…	nc	nc	nc	nc	nc
岐　　阜	(33)	20	13,300	2,660	2,520	100	99	100	100	102
静　　岡	(34)	…	…	…	…	nc	nc	nc	nc	nc
愛　　知	(35)	54	19,300	10,400	9,910	100	100	100	100	100
三　　重	(36)	6	7,130	435	387	86	89	83	84	84
滋　　賀	(37)	17	9,080	1,540	1,470	100	100	100	100	90
京　　都	(38)	…	…	…	…	nc	nc	nc	nc	nc
大　　阪	(39)	…	…	…	…	nc	nc	nc	nc	nc
兵　　庫	(40)	…	…	…	…	nc	nc	nc	nc	nc
奈　　良	(41)	…	…	…	…	nc	nc	nc	nc	nc
和　歌　山	(42)	21	8,450	1,770	1,650	100	97	97	97	93
鳥　　取	(43)	…	…	…	…	nc	nc	nc	nc	nc
島　　根	(44)	7	6,250	406	369	100	99	99	99	99
岡　　山	(45)	…	…	…	…	nc	nc	nc	nc	nc
広　　島	(46)	10	9,420	942	895	100	99	90	90	100
山　　口	(47)	11	7,420	816	728	100	109	109	106	115
徳　　島	(48)	30	18,500	5,550	5,140	100	98	98	98	102
香　　川	(49)	22	5,750	1,270	1,150	96	90	85	85	93
愛　　媛	(50)	34	8,600	2,920	2,660	97	101	98	97	97
高　　知	(51)	130	18,800	24,400	23,200	96	106	102	102	112
福　　岡	(52)	41	13,200	5,410	5,100	100	96	95	95	98
佐　　賀	(53)	65	10,700	6,960	6,610	100	105	105	105	101
長　　崎	(54)	45	8,670	3,900	3,650	105	100	105	105	99
熊　　本	(55)	75	7,870	5,900	5,620	99	102	101	100	98
大　　分	(56)	…	…	…	…	nc	nc	nc	nc	nc
宮　　崎	(57)	570	10,300	58,700	55,900	99	94	93	93	108
鹿　児　島	(58)	63	13,800	8,690	8,110	98	103	101	102	127
沖　　縄	(59)	…	…	…	…	nc	nc	nc	nc	nc
関東農政局	(60)	…	…	…	…	nc	nc	nc	nc	nc
東海農政局	(61)	80	16,900	13,500	12,800	99	101	99	99	100
中国四国農政局	(62)	…	…	…	…	nc	nc	nc	nc	nc

ウ　夏秋きゅうり

作付面積	10 a 当たり収量	収　穫　量	出　荷　量	対　前　年　産　比				(参考)対平均収量比	
				作付面積	10 a 当たり収量	収　穫　量	出　荷　量		
ha	kg	t	t	%	%	%	%	%	
7,810	3,220	251,800	195,600	98	100	99	99	101	(1)
137	10,000	13,700	12,800	97	95	93	94	104	(2)
...	...	...	...	nc	nc	nc	nc	nc	(3)
1,900	3,950	75,000	60,400	99	101	99	99	99	(4)
...	...	...	...	nc	nc	nc	nc	nc	(5)
...	...	...	...	nc	nc	nc	nc	nc	(6)
...	...	...	...	nc	nc	nc	nc	nc	(7)
554	2,290	12,700	8,350	99	96	95	94	94	(8)
...	...	...	...	nc	nc	nc	nc	nc	(9)
...	...	...	...	nc	nc	nc	nc	nc	(10)
...	...	...	...	nc	nc	nc	nc	nc	(11)
...	...	...	...	nc	nc	nc	nc	nc	(12)
137	10,000	13,700	12,800	97	95	93	94	104	(13)
144	3,380	4,870	3,750	96	104	100	100	112	(14)
225	5,340	12,000	9,780	100	104	103	103	95	(15)
349	2,190	7,640	5,330	99	108	107	108	100	(16)
263	3,090	8,130	5,770	99	97	96	96	96	(17)
325	3,410	11,100	7,970	96	101	97	97	101	(18)
589	5,320	31,300	27,800	99	99	98	98	98	(19)
360	2,580	9,290	7,100	98	96	94	94	92	(20)
236	2,960	6,990	4,910	95	100	95	107	93	(21)
541	3,700	20,000	16,900	97	104	101	101	115	(22)
340	4,160	14,100	12,200	98	102	99	99	105	(23)
269	3,580	9,630	7,240	99	100	100	100	118	(24)
...	...	...	...	nc	nc	nc	nc	nc	(25)
176	2,530	4,450	4,160	99	106	105	106	101	(26)
404	1,550	6,260	3,010	96	96	92	95	76	(27)
59	1,800	1,060	433	100	115	114	163	107	(28)
63	1,840	1,160	565	97	93	91	94	90	(29)
...	...	...	...	nc	nc	nc	nc	nc	(30)
106	2,880	3,050	2,220	96	92	89	89	110	(31)
364	3,490	12,700	8,290	100	97	97	96	97	(32)
145	2,230	3,230	1,730	99	102	102	102	94	(33)
...	...	...	...	nc	nc	nc	nc	nc	(34)
...	...	...	...	nc	nc	nc	nc	nc	(35)
...	...	...	...	nc	nc	nc	nc	nc	(36)
107	1,790	1,920	935	96	104	99	96	119	(37)
120	2,760	3,310	2,630	100	94	94	94	88	(38)
43	3,760	1,620	1,510	98	98	96	97	94	(39)
175	1,730	3,030	1,100	103	101	104	105	101	(40)
64	2,360	1,510	1,120	97	97	94	94	85	(41)
45	2,920	1,310	1,050	96	85	81	81	83	(42)
...	...	...	...	nc	nc	nc	nc	nc	(43)
114	1,390	1,580	745	nc	nc	nc	nc	104	(44)
87	2,170	1,890	1,380	100	105	105	127	103	(45)
150	1,950	2,930	1,760	100	120	120	120	106	(46)
127	2,080	2,640	1,700	102	116	117	118	139	(47)
...	...	...	...	nc	nc	nc	nc	nc	(48)
77	3,120	2,400	2,010	99	100	99	99	95	(49)
197	2,620	5,160	4,350	99	91	89	88	89	(50)
...	...	...	...	nc	nc	nc	nc	nc	(51)
133	3,170	4,220	3,600	100	100	100	100	96	(52)
99	5,890	5,830	5,100	111	132	147	147	140	(53)
...	...	...	...	nc	nc	nc	nc	nc	(54)
208	3,430	7,130	6,360	98	101	99	99	100	(55)
125	1,790	2,240	1,640	98	94	92	92	97	(56)
95	3,940	3,740	3,490	92	96	88	89	88	(57)
...	...	...	...	nc	nc	nc	nc	nc	(58)
...	...	...	...	nc	nc	nc	nc	nc	(59)
...	...	...	...	nc	nc	nc	nc	nc	(60)
...	...	...	...	nc	nc	nc	nc	nc	(61)
...	...	...	...	nc	nc	nc	nc	nc	(62)

3 平成30年産都道府県別の作付面積、10a当たり収量、収穫量及び出荷量（続き）

(28) かぼちゃ

全国農業地域 都　道　府　県		作付面積	10a当たり 収　　量	収　穫　量	出　荷　量	対　前　年　産　比				(参考) 対平均 収量比
						作付面積	10a当たり 収　量	収　穫　量	出　荷　量	
		ha	kg	t	t	%	%	%	%	%
全　　　国	(1)	15,200	1,050	159,300	125,200	96	83	79	78	85
(全国農業地域)										
北　海　道	(2)	7,020	933	65,500	61,600	96	70	67	67	74
都　府　県	(3)	…	…	…	…	nc	nc	nc	nc	nc
東　　北	(4)	…	…	…	…	nc	nc	nc	nc	nc
北　　陸	(5)	…	…	…	…	nc	nc	nc	nc	nc
関　東・東　山	(6)	…	…	…	…	nc	nc	nc	nc	nc
東　　海	(7)	…	…	…	…	nc	nc	nc	nc	nc
近　　畿	(8)	…	…	…	…	nc	nc	nc	nc	nc
中　　国	(9)	…	…	…	…	nc	nc	nc	nc	nc
四　　国	(10)	…	…	…	…	nc	nc	nc	nc	nc
九　　州	(11)	…	…	…	…	nc	nc	nc	nc	nc
沖　　縄	(12)	427	878	3,750	3,330	96	105	101	101	107
(都道府県)										
北　海　道	(13)	7,020	933	65,500	61,600	96	70	67	67	74
青　　森	(14)	205	1,110	2,280	1,350	89	95	85	86	97
岩　　手	(15)	…	…	…	…	nc	nc	nc	nc	nc
宮　　城	(16)	227	718	1,630	631	103	97	100	101	95
秋　　田	(17)	364	780	2,840	1,420	97	102	99	99	103
山　　形	(18)	296	954	2,820	1,440	99	95	94	95	98
福　　島	(19)	312	723	2,260	934	99	97	96	103	99
茨　　城	(20)	463	1,720	7,960	6,460	97	104	101	101	102
栃　　木	(21)	…	…	…	…	nc	nc	nc	nc	nc
群　　馬	(22)	…	…	…	…	nc	nc	nc	nc	nc
埼　　玉	(23)	…	…	…	…	nc	nc	nc	nc	nc
千　　葉	(24)	221	1,980	4,380	3,160	88	105	93	93	100
東　　京	(25)	…	…	…	…	nc	nc	nc	nc	nc
神　奈　川	(26)	207	1,590	3,290	2,900	96	103	99	99	97
新　　潟	(27)	309	553	1,710	1,100	97	79	77	80	83
富　　山	(28)	…	…	…	…	nc	nc	nc	nc	nc
石　　川	(29)	230	946	2,180	1,710	101	90	91	90	81
福　　井	(30)	…	…	…	…	nc	nc	nc	nc	nc
山　　梨	(31)	…	…	…	…	nc	nc	nc	nc	nc
長　　野	(32)	527	1,230	6,480	4,410	103	103	105	107	101
岐　　阜	(33)	…	…	…	…	nc	nc	nc	nc	nc
静　　岡	(34)	…	…	…	…	nc	nc	nc	nc	nc
愛　　知	(35)	…	…	…	…	nc	nc	nc	nc	nc
三　　重	(36)	157	1,160	1,820	735	101	75	76	76	69
滋　　賀	(37)	…	…	…	…	nc	nc	nc	nc	nc
京　　都	(38)	…	…	…	…	nc	nc	nc	nc	nc
大　　阪	(39)	…	…	…	…	nc	nc	nc	nc	nc
兵　　庫	(40)	…	…	…	…	nc	nc	nc	nc	nc
奈　　良	(41)	…	…	…	…	nc	nc	nc	nc	nc
和　歌　山	(42)	20	1,190	238	188	83	117	97	97	89
鳥　　取	(43)	…	…	…	…	nc	nc	nc	nc	nc
島　　根	(44)	…	…	…	…	nc	nc	nc	nc	nc
岡　　山	(45)	126	1,500	1,890	1,440	98	87	86	88	91
広　　島	(46)	172	1,280	2,200	1,100	99	116	116	122	125
山　　口	(47)	106	808	856	504	96	114	110	110	96
徳　　島	(48)	…	…	…	…	nc	nc	nc	nc	nc
香　　川	(49)	…	…	…	…	nc	nc	nc	nc	nc
愛　　媛	(50)	100	986	986	711	86	86	74	74	78
高　　知	(51)	…	…	…	…	nc	nc	nc	nc	nc
福　　岡	(52)	…	…	…	…	nc	nc	nc	nc	nc
佐　　賀	(53)	69	1,220	842	598	93	101	94	94	110
長　　崎	(54)	484	842	4,080	3,410	95	93	88	88	71
熊　　本	(55)	138	1,560	2,150	1,720	nc	nc	nc	nc	nc
大　　分	(56)	117	1,270	1,490	1,020	98	99	97	97	98
宮　　崎	(57)	200	2,410	4,820	4,400	93	100	93	93	103
鹿　児　島	(58)	721	1,180	8,510	7,410	93	104	97	97	99
沖　　縄	(59)	427	878	3,750	3,330	96	105	101	101	107
関東農政局	(60)	…	…	…	…	nc	nc	nc	nc	nc
東海農政局	(61)	…	…	…	…	nc	nc	nc	nc	nc
中国四国農政局	(62)	…	…	…	…	nc	nc	nc	nc	nc

(29) なす
ア 計

作付面積	10a当たり収量	収穫量	出荷量	対前年産比 作付面積	10a当たり収量	収穫量	出荷量	(参考)対平均収量比	
ha	kg	t	t	%	%	%	%	%	
8,970	3,350	300,400	236,100	98	100	98	98	101	(1)
…	…	…	…	nc	nc	nc	nc	nc	(2)
…	…	…	…	nc	nc	nc	nc	nc	(3)
…	…	…	…	nc	nc	nc	nc	nc	(4)
…	…	…	…	nc	nc	nc	nc	nc	(5)
…	…	…	…	nc	nc	nc	nc	nc	(6)
…	…	…	…	nc	nc	nc	nc	nc	(7)
…	…	…	…	nc	nc	nc	nc	nc	(8)
…	…	…	…	nc	nc	nc	nc	nc	(9)
650	7,830	50,900	46,600	98	95	94	93	106	(10)
1,090	5,870	64,000	57,600	100	99	99	100	101	(11)
…	…	…	…	nc	nc	nc	nc	nc	(12)
…	…	…	…	nc	nc	nc	nc	nc	(13)
…	…	…	…	nc	nc	nc	nc	nc	(14)
121	2,500	3,030	1,820	100	107	107	108	100	(15)
214	1,220	2,610	1,230	98	111	109	109	105	(16)
395	1,420	5,610	1,960	99	103	102	102	125	(17)
424	1,330	5,630	2,590	96	109	105	104	97	(18)
270	1,730	4,660	2,660	98	100	98	100	96	(19)
431	3,850	16,600	14,500	98	95	93	94	98	(20)
377	3,930	14,800	12,800	96	113	108	113	106	(21)
559	4,620	25,800	22,500	100	105	105	105	114	(22)
289	3,180	9,190	6,830	101	103	104	103	95	(23)
308	2,530	7,780	5,440	97	98	96	95	93	(24)
…	…	…	…	nc	nc	nc	nc	nc	(25)
170	2,310	3,930	3,580	97	100	96	95	98	(26)
568	1,180	6,700	2,300	94	104	98	103	91	(27)
195	1,190	2,320	388	98	108	105	156	103	(28)
…	…	…	…	nc	nc	nc	nc	nc	(29)
100	1,680	1,680	621	91	157	142	152	144	(30)
138	4,090	5,640	4,750	96	89	85	85	93	(31)
267	1,720	4,590	819	100	97	97	92	93	(32)
161	1,700	2,740	1,440	99	90	90	90	84	(33)
…	…	…	…	nc	nc	nc	nc	nc	(34)
247	4,820	11,900	10,400	99	96	95	96	94	(35)
146	1,480	2,160	1,340	100	87	86	88	75	(36)
159	1,640	2,610	860	95	99	94	86	116	(37)
180	4,190	7,540	6,490	102	85	86	86	78	(38)
100	6,410	6,410	6,280	99	92	91	92	89	(39)
184	1,740	3,210	1,020	88	99	87	85	96	(40)
94	5,390	5,070	4,380	99	99	98	96	86	(41)
…	…	…	…	nc	nc	nc	nc	nc	(42)
…	…	…	…	nc	nc	nc	nc	nc	(43)
138	1,330	1,840	767	99	97	96	94	99	(44)
131	3,730	4,890	4,040	98	94	92	103	84	(45)
150	2,040	3,060	1,850	101	109	110	110	104	(46)
138	1,500	2,070	1,410	97	93	91	92	94	(47)
92	7,170	6,600	5,800	96	93	90	90	94	(48)
68	2,430	1,650	1,150	101	92	94	91	87	(49)
155	2,130	3,300	2,340	97	96	94	93	88	(50)
335	11,700	39,300	37,300	99	95	94	94	110	(51)
241	8,670	20,900	19,300	99	100	99	100	111	(52)
65	4,980	3,240	2,650	96	102	98	98	95	(53)
85	2,090	1,780	1,440	100	95	95	95	92	(54)
421	7,530	31,700	29,300	102	99	101	101	98	(55)
123	1,630	2,000	1,370	95	88	83	83	90	(56)
53	4,280	2,270	2,040	100	93	93	94	99	(57)
102	2,080	2,120	1,460	110	100	110	113	95	(58)
…	…	…	…	nc	nc	nc	nc	nc	(59)
…	…	…	…	nc	nc	nc	nc	nc	(60)
554	3,030	16,800	13,200	99	94	93	95	90	(61)
…	…	…	…	nc	nc	nc	nc	nc	(62)

3　平成30年産都道府県別の作付面積、10 a 当たり収量、収穫量及び出荷量（続き）

（29）　なす（続き）
イ　冬春なす

全国農業地域 都　道　府　県		作付面積	10 a 当たり 収　　量	収　穫　量	出　荷　量	対　前　年　産　比				（参考） 対平均 収量比
						作付面積	10 a 当たり 収　量	収穫量	出荷量	
		ha	kg	t	t	%	%	%	%	%
全　　国	(1)	1,080	10,800	116,900	110,300	100	98	98	98	104
（全国農業地域）										
北　海　道	(2)	…	…	…	…	nc	nc	nc	nc	nc
都　府　県	(3)	…	…	…	…	nc	nc	nc	nc	nc
東　　北	(4)	…	…	…	…	nc	nc	nc	nc	nc
北　　陸	(5)	…	…	…	…	nc	nc	nc	nc	nc
関 東・東 山	(6)	…	…	…	…	nc	nc	nc	nc	nc
東　　海	(7)	…	…	…	…	nc	nc	nc	nc	nc
近　　畿	(8)	…	…	…	…	nc	nc	nc	nc	nc
中　　国	(9)	…	…	…	…	nc	nc	nc	nc	nc
四　　国	(10)	326	12,400	40,300	38,200	99	95	94	94	108
九　　州	(11)	…	…	…	…	nc	nc	nc	nc	nc
沖　　縄	(12)	…	…	…	…	nc	nc	nc	nc	nc
（都道府県）										
北　海　道	(13)	…	…	…	…	nc	nc	nc	nc	nc
青　　森	(14)	…	…	…	…	nc	nc	nc	nc	nc
岩　　手	(15)	…	…	…	…	nc	nc	nc	nc	nc
宮　　城	(16)	…	…	…	…	nc	nc	nc	nc	nc
秋　　田	(17)	…	…	…	…	nc	nc	nc	nc	nc
山　　形	(18)	…	…	…	…	nc	nc	nc	nc	nc
福　　島	(19)	…	…	…	…	nc	nc	nc	nc	nc
茨　　城	(20)	…	…	…	…	nc	nc	nc	nc	nc
栃　　木	(21)	26	7,660	1,990	1,880	100	94	94	94	93
群　　馬	(22)	120	5,580	6,700	6,300	101	107	108	108	110
埼　　玉	(23)	26	5,690	1,480	1,330	100	101	101	102	99
千　　葉	(24)	26	5,860	1,520	1,450	100	93	93	93	91
東　　京	(25)	…	…	…	…	nc	nc	nc	nc	nc
神　奈　川	(26)	…	…	…	…	nc	nc	nc	nc	nc
新　　潟	(27)	…	…	…	…	nc	nc	nc	nc	nc
富　　山	(28)	…	…	…	…	nc	nc	nc	nc	nc
石　　川	(29)	…	…	…	…	nc	nc	nc	nc	nc
福　　井	(30)	…	…	…	…	nc	nc	nc	nc	nc
山　　梨	(31)	…	…	…	…	nc	nc	nc	nc	nc
長　　野	(32)	…	…	…	…	nc	nc	nc	nc	nc
岐　　阜	(33)	…	…	…	…	nc	nc	nc	nc	nc
静　　岡	(34)	…	…	…	…	nc	nc	nc	nc	nc
愛　　知	(35)	61	11,500	7,020	6,630	98	102	100	100	101
三　　重	(36)	…	…	…	…	nc	nc	nc	nc	nc
滋　　賀	(37)	…	…	…	…	nc	nc	nc	nc	nc
京　　都	(38)	…	…	…	…	nc	nc	nc	nc	nc
大　　阪	(39)	53	8,320	4,410	4,340	100	97	97	98	95
兵　　庫	(40)	…	…	…	…	nc	nc	nc	nc	nc
奈　　良	(41)	20	7,240	1,450	1,380	100	100	100	100	104
和　歌　山	(42)	…	…	…	…	nc	nc	nc	nc	nc
鳥　　取	(43)	…	…	…	…	nc	nc	nc	nc	nc
島　　根	(44)	…	…	…	…	nc	nc	nc	nc	nc
岡　　山	(45)	23	10,500	2,420	2,210	96	92	88	92	88
広　　島	(46)	…	…	…	…	nc	nc	nc	nc	nc
山　　口	(47)	…	…	…	…	nc	nc	nc	nc	nc
徳　　島	(48)	16	9,310	1,490	1,320	94	95	90	90	97
香　　川	(49)	6	5,980	347	285	120	78	93	89	72
愛　　媛	(50)	10	5,680	562	486	100	102	99	99	100
高　　知	(51)	294	12,900	37,900	36,100	99	96	94	94	108
福　　岡	(52)	107	16,000	17,100	16,300	101	101	101	102	119
佐　　賀	(53)	15	12,600	1,890	1,780	94	105	98	98	101
長　　崎	(54)	11	7,050	776	695	100	94	94	95	96
熊　　本	(55)	171	13,900	23,800	22,300	102	99	102	101	97
大　　分	(56)	…	…	…	…	nc	nc	nc	nc	nc
宮　　崎	(57)	21	6,910	1,450	1,350	105	87	91	91	100
鹿　児　島	(58)	11	6,740	741	689	110	100	110	113	95
沖　　縄	(59)	…	…	…	…	nc	nc	nc	nc	nc
関 東 農 政 局	(60)	…	…	…	…	nc	nc	nc	nc	nc
東 海 農 政 局	(61)	…	…	…	…	nc	nc	nc	nc	nc
中国四国農政局	(62)	…	…	…	…	nc	nc	nc	nc	nc

ウ　夏秋なす

作付面積	10a当たり収量	収穫量	出荷量	対前年産比				(参考)対平均収量比	
				作付面積	10a当たり収量	収穫量	出荷量		
ha	kg	t	t	%	%	%	%	%	
7,890	2,330	183,500	125,800	98	100	97	98	99	(1)
…	…	…	…	nc	nc	nc	nc	nc	(2)
…	…	…	…	nc	nc	nc	nc	nc	(3)
…	…	…	…	nc	nc	nc	nc	nc	(4)
…	…	…	…	nc	nc	nc	nc	nc	(5)
…	…	…	…	nc	nc	nc	nc	nc	(6)
…	…	…	…	nc	nc	nc	nc	nc	(7)
…	…	…	…	nc	nc	nc	nc	nc	(8)
…	…	…	…	nc	nc	nc	nc	nc	(9)
…	…	…	…	nc	nc	nc	nc	nc	(10)
…	…	…	…	nc	nc	nc	nc	nc	(11)
…	…	…	…	nc	nc	nc	nc	nc	(12)
…	…	…	…	nc	nc	nc	nc	nc	(13)
…	…	…	…	nc	nc	nc	nc	nc	(14)
121	2,500	3,030	1,820	100	107	107	108	100	(15)
211	1,160	2,450	1,080	98	112	109	109	105	(16)
395	1,420	5,610	1,960	99	103	102	102	125	(17)
420	1,300	5,460	2,440	96	109	105	104	96	(18)
270	1,720	4,640	2,640	98	100	98	100	96	(19)
425	3,820	16,200	14,200	98	95	93	93	97	(20)
351	3,650	12,800	10,900	96	116	110	117	108	(21)
439	4,340	19,100	16,200	99	104	104	104	115	(22)
263	2,930	7,710	5,500	101	103	104	104	96	(23)
282	2,220	6,260	3,990	97	99	96	96	93	(24)
…	…	…	…	nc	nc	nc	nc	nc	(25)
170	2,310	3,930	3,580	97	100	96	95	98	(26)
568	1,180	6,700	2,300	94	104	98	103	91	(27)
195	1,190	2,320	388	98	108	105	156	103	(28)
…	…	…	…	nc	nc	nc	nc	nc	(29)
100	1,680	1,680	621	91	157	142	152	144	(30)
x	x	x	x	x	x	x	x	x	(31)
267	1,720	4,590	819	100	97	97	92	93	(32)
159	1,640	2,610	1,320	99	91	90	90	84	(33)
…	…	…	…	nc	nc	nc	nc	nc	(34)
186	2,630	4,890	3,740	99	91	90	90	93	(35)
141	1,400	1,970	1,150	100	86	86	87	74	(36)
153	1,490	2,280	534	95	99	94	86	110	(37)
179	4,190	7,500	6,450	102	85	86	86	78	(38)
47	4,260	2,000	1,940	98	82	81	80	79	(39)
183	1,730	3,170	980	88	99	88	84	96	(40)
74	4,890	3,620	3,000	99	99	98	94	80	(41)
…	…	…	…	nc	nc	nc	nc	nc	(42)
…	…	…	…	nc	nc	nc	nc	nc	(43)
137	1,300	1,780	712	99	97	96	94	98	(44)
108	2,290	2,470	1,830	98	97	95	121	88	(45)
149	2,030	3,020	1,810	101	109	110	110	103	(46)
137	1,480	2,030	1,380	97	93	91	92	94	(47)
76	6,720	5,110	4,480	96	93	89	89	93	(48)
62	2,090	1,300	864	100	94	94	92	89	(49)
145	1,890	2,740	1,850	97	96	93	92	88	(50)
…	…	…	…	nc	nc	nc	nc	nc	(51)
134	2,860	3,830	3,020	98	93	91	92	91	(52)
50	2,700	1,350	873	96	101	97	97	98	(53)
…	…	…	…	nc	nc	nc	nc	nc	(54)
250	3,160	7,900	7,010	101	98	99	99	101	(55)
x	x	x	x	x	x	x	x	x	(56)
32	2,550	816	686	97	100	97	98	92	(57)
…	…	…	…	nc	nc	nc	nc	nc	(58)
…	…	…	…	nc	nc	nc	nc	nc	(59)
…	…	…	…	nc	nc	nc	nc	nc	(60)
486	1,950	9,470	6,210	99	90	89	89	86	(61)
…	…	…	…	nc	nc	nc	nc	nc	(62)

3　平成30年産都道府県別の作付面積、10 a 当たり収量、収穫量及び出荷量（続き）

(30)　トマト
ア　計

全国農業地域・都道府県		作付面積	10 a 当たり収量	収穫量	出荷量	対前年産比				(参考)対平均収量比
						作付面積	10 a 当たり収量	収穫量	出荷量	
		ha	kg	t	t	%	%	%	%	%
全　　国	(1)	11,800	6,140	724,200	657,100	98	100	98	98	101
(全国農業地域)										
北　海　道	(2)	804	6,830	54,900	50,500	94	94	88	88	96
都　府　県	(3)	…	…	…	…	nc	nc	nc	nc	nc
東　　北	(4)	1,610	4,750	76,400	64,600	98	99	97	96	103
北　　陸	(5)	690	2,710	18,700	13,800	97	99	95	99	94
関東・東山	(6)	…	…	…	…	nc	nc	nc	nc	nc
東　　海	(7)	1,220	7,600	92,700	85,600	99	100	99	99	99
近　　畿	(8)	…	…	…	…	nc	nc	nc	nc	nc
中　　国	(9)	636	3,840	24,400	20,200	99	99	98	98	100
四　　国	(10)	387	5,870	22,700	19,800	97	103	100	101	107
九　　州	(11)	2,250	9,200	207,000	196,800	99	105	104	105	106
沖　　縄	(12)	58	5,880	3,410	3,000	94	94	88	87	97
(都道府県)										
北　海　道	(13)	804	6,830	54,900	50,500	94	94	88	88	96
青　　森	(14)	369	4,550	16,800	14,700	97	98	95	95	98
岩　　手	(15)	211	4,500	9,490	7,920	102	103	105	105	101
宮　　城	(16)	216	4,150	8,960	7,470	99	101	100	99	112
秋　　田	(17)	238	3,350	7,980	5,720	99	97	97	98	109
山　　形	(18)	217	4,700	10,200	8,410	98	94	93	92	108
福　　島	(19)	361	6,370	23,000	20,400	97	98	95	93	98
茨　　城	(20)	915	5,060	46,300	43,900	100	96	96	96	97
栃　　木	(21)	349	10,300	36,000	33,700	93	107	100	99	108
群　　馬	(22)	297	7,440	22,100	20,500	95	97	93	93	98
埼　　玉	(23)	195	7,900	15,400	13,600	98	101	98	98	101
千　　葉	(24)	780	4,770	37,200	33,600	97	98	94	94	90
東　　京	(25)	…	…	…	…	nc	nc	nc	nc	nc
神　奈　川	(26)	259	4,670	12,100	11,700	98	96	95	97	93
新　　潟	(27)	418	2,610	10,900	7,690	97	97	93	96	90
富　　山	(28)	70	2,240	1,570	928	99	100	99	93	101
石　　川	(29)	123	3,090	3,800	2,990	95	90	86	86	85
福　　井	(30)	79	3,050	2,410	2,160	100	130	130	153	140
山　　梨	(31)	114	5,410	6,170	5,640	102	102	104	104	135
長　　野	(32)	364	4,290	15,600	12,500	97	90	87	84	83
岐　　阜	(33)	314	7,230	22,700	20,800	99	97	96	95	88
静　　岡	(34)	248	5,730	14,200	13,100	99	98	97	98	100
愛　　知	(35)	507	9,250	46,900	44,000	99	101	101	101	105
三　　重	(36)	155	5,770	8,940	7,720	102	105	107	107	96
滋　　賀	(37)	125	2,900	3,630	2,610	97	101	98	97	114
京　　都	(38)	148	3,050	4,520	3,540	101	95	96	96	84
大　　阪	(39)	…	…	…	…	nc	nc	nc	nc	nc
兵　　庫	(40)	270	3,360	9,070	6,960	101	99	100	101	125
奈　　良	(41)	73	5,070	3,700	3,270	99	97	96	96	90
和　歌　山	(42)	104	6,200	6,450	5,920	102	103	105	106	106
鳥　　取	(43)	106	2,790	2,960	2,040	100	90	90	91	90
島　　根	(44)	101	3,050	3,080	2,590	97	97	94	94	100
岡　　山	(45)	115	4,040	4,650	3,890	98	96	94	93	90
広　　島	(46)	185	4,810	8,890	7,870	99	99	99	99	97
山　　口	(47)	129	3,710	4,790	3,780	98	110	108	108	127
徳　　島	(48)	83	5,650	4,690	4,060	98	100	98	98	93
香　　川	(49)	69	5,140	3,550	2,940	96	107	103	103	112
愛　　媛	(50)	156	4,650	7,260	6,050	96	100	97	96	98
高　　知	(51)	79	9,150	7,230	6,790	100	106	106	106	130
福　　岡	(52)	219	8,540	18,700	17,200	98	97	95	96	98
佐　　賀	(53)	67	5,640	3,780	3,260	94	99	93	93	97
長　　崎	(54)	179	6,870	12,300	11,500	103	100	103	102	97
熊　　本	(55)	1,250	11,000	137,200	132,800	99	108	107	107	109
大　　分	(56)	180	5,670	10,200	9,360	97	107	103	104	111
宮　　崎	(57)	226	8,630	19,500	18,300	99	102	101	101	99
鹿　児　島	(58)	122	4,320	5,270	4,400	98	102	100	101	102
沖　　縄	(59)	58	5,880	3,410	3,000	94	94	88	87	97
関東農政局	(60)	…	…	…	…	nc	nc	nc	nc	nc
東海農政局	(61)	976	8,040	78,500	72,500	100	100	100	100	98
中国四国農政局	(62)	1,020	4,620	47,100	40,000	98	101	99	99	103

イ 計のうち加工用トマト

作付面積	10a当たり収量	収穫量	出荷量	対前年産比				(参考)対平均収量比	
				作付面積	10a当たり収量	収穫量	出荷量		
ha	kg	t	t	%	%	%	%	%	
400	6,430	25,700	25,700	95	91	87	87	91	(1)
13	3,910	508	497	81	84	69	69	81	(2)
…	…	…	…	nc	nc	nc	nc	nc	(3)
42	5,450	2,290	2,250	78	106	82	83	96	(4)
14	3,490	489	489	74	90	67	67	nc	(5)
…	…	…	…	nc	nc	nc	nc	nc	(6)
5	6,360	318	312	83	98	82	80	128	(7)
…	…	…	…	nc	nc	nc	nc	nc	(8)
x	x	x	x	x	x	x	x	x	(9)
…	…	…	…	nc	nc	nc	nc	nc	(10)
…	…	…	…	nc	nc	nc	nc	nc	(11)
…	…	…	…	nc	nc	nc	nc	nc	(12)
13	3,910	508	497	81	84	69	69	81	(13)
2	2,150	43	43	18	162	29	29	88	(14)
12	7,300	876	876	109	100	106	107	100	(15)
11	2,700	302	296	100	101	104	105	89	(16)
0	6,250	25	25	nc	116	132	132	142	(17)
6	6,530	392	392	86	87	77	77	108	(18)
11	5,910	650	619	79	83	66	66	85	(19)
171	7,690	13,100	13,100	110	88	96	96	95	(20)
17	8,460	1,440	1,440	94	89	84	84	95	(21)
7	7,240	521	521	78	113	93	93	83	(22)
…	…	…	…	nc	nc	nc	nc	nc	(23)
–	–	–	–	nc	nc	nc	nc	–	(24)
…	…	…	…	nc	nc	nc	nc	nc	(25)
–	–	–	–	nc	nc	nc	nc	nc	(26)
12	3,880	466	466	75	92	69	69	70	(27)
–	–	–	–	nc	nc	nc	nc	nc	(28)
2	1,530	23	23	67	68	41	41	nc	(29)
–	–	–	–	nc	nc	nc	nc	nc	(30)
2	2,470	37	37	100	90	67	67	63	(31)
125	5,580	6,980	6,980	91	85	77	77	78	(32)
–	–	–	–	nc	nc	nc	nc	nc	(33)
–	–	–	–	nc	nc	nc	nc	nc	(34)
5	5,890	312	306	83	91	82	80	119	(35)
0	2,010	6	6	nc	72	75	75	58	(36)
–	–	–	–	nc	nc	nc	nc	nc	(37)
…	…	…	…	nc	nc	nc	nc	nc	(38)
…	…	…	…	nc	nc	nc	nc	nc	(39)
1	960	7	7	100	20	21	21	24	(40)
x	x	x	x	x	x	x	x	x	(41)
…	…	…	…	nc	nc	nc	nc	nc	(42)
–	–	–	–	nc	nc	nc	nc	nc	(43)
2	1,650	28	28	100	85	85	85	83	(44)
–	–	–	–	nc	nc	nc	nc	nc	(45)
x	x	x	x	x	x	x	x	nc	(46)
–	–	–	–	nc	nc	nc	nc	nc	(47)
–	–	–	–	nc	nc	nc	nc	nc	(48)
–	–	–	–	nc	nc	nc	nc	nc	(49)
x	x	x	x	x	x	x	x	x	(50)
…	…	…	…	nc	nc	nc	nc	nc	(51)
–	–	–	–	nc	nc	nc	nc	nc	(52)
–	–	–	–	nc	nc	nc	nc	nc	(53)
–	–	–	–	nc	nc	nc	nc	nc	(54)
–	–	–	–	nc	nc	nc	nc	nc	(55)
–	–	–	–	nc	nc	nc	nc	nc	(56)
–	–	–	–	nc	nc	nc	nc	nc	(57)
–	–	–	–	nc	nc	nc	nc	nc	(58)
–	–	–	–	nc	nc	nc	nc	nc	(59)
…	…	…	…	nc	nc	nc	nc	nc	(60)
5	6,360	318	312	83	98	82	80	128	(61)
…	…	…	…	nc	nc	nc	nc	nc	(62)

3　平成30年産都道府県別の作付面積、10 a 当たり収量、収穫量及び出荷量（続き）

（30）　トマト（続き）
ウ　計のうちミニトマト

全国農業地域 ・ 都　道　府　県		作付面積	10 a 当たり 収　　量	収　穫　量	出　荷　量	対　前　年　産　比				（参考） 対平均 収量比
						作付面積	10 a 当たり 収　量	収穫量	出荷量	
		ha	kg	t	t	%	%	%	%	%
全　　国	(1)	2,520	5,750	144,800	134,100	102	100	101	102	101
（全国農業地域）										
北　海　道	(2)	288	5,100	14,700	13,300	100	95	95	96	99
都　府　県	(3)	…	…	…	…	nc	nc	nc	nc	nc
東　　北	(4)	368	4,730	17,400	15,400	104	99	103	103	102
北　　陸	(5)	95	2,470	2,350	1,900	104	98	103	103	100
関東・東山	(6)	…	…	…	…	nc	nc	nc	nc	nc
東　　海	(7)	271	7,560	20,500	19,400	101	102	104	104	95
近　　畿	(8)	…	…	…	…	nc	nc	nc	nc	nc
中　　国	(9)	112	5,380	6,020	5,450	97	99	96	96	92
四　　国	(10)	94	4,830	4,540	3,970	98	103	101	103	99
九　　州	(11)	691	7,370	50,900	48,700	102	102	104	104	103
沖　　縄	(12)	14	4,090	572	515	108	101	109	110	115
（都道府県）										
北　海　道	(13)	288	5,100	14,700	13,300	100	95	95	96	99
青　　森	(14)	55	4,730	2,600	2,360	106	100	106	107	106
岩　　手	(15)	63	3,400	2,140	1,790	107	104	111	111	101
宮　　城	(16)	36	3,250	1,170	998	100	104	104	102	105
秋　　田	(17)	27	3,250	878	646	100	96	96	98	98
山　　形	(18)	90	3,900	3,510	3,070	105	99	104	105	109
福　　島	(19)	97	7,300	7,080	6,530	104	95	100	100	98
茨　　城	(20)	207	3,700	7,650	7,010	106	94	99	99	101
栃　　木	(21)	14	5,860	821	751	93	111	103	107	112
群　　馬	(22)	30	6,070	1,820	1,600	97	93	90	86	87
埼　　玉	(23)	38	6,890	2,620	2,350	100	100	100	100	97
千　　葉	(24)	109	5,100	5,560	5,260	99	96	95	95	99
東　　京	(25)	…	…	…	…	nc	nc	nc	nc	nc
神　奈　川	(26)	3	2,570	77	75	100	95	95	96	112
新　　潟	(27)	55	2,420	1,330	1,050	108	100	108	108	98
富　　山	(28)	11	3,070	338	264	100	106	106	105	107
石　　川	(29)	13	1,840	239	188	100	81	80	73	73
福　　井	(30)	16	2,740	439	394	100	100	100	105	130
山　　梨	(31)	15	4,750	713	691	94	81	77	76	111
長　　野	(32)	66	5,360	3,540	3,070	112	99	111	111	103
岐　　阜	(33)	23	4,030	928	807	105	94	98	98	95
静　　岡	(34)	96	5,210	5,000	4,750	99	103	101	101	74
愛　　知	(35)	143	9,720	13,900	13,200	101	102	103	103	104
三　　重	(36)	9	7,930	714	678	129	170	218	238	157
滋　　賀	(37)	18	3,180	572	499	100	100	100	99	101
京　　都	(38)	8	2,300	184	147	100	92	92	92	92
大　　阪	(39)	…	…	…	…	nc	nc	nc	nc	nc
兵　　庫	(40)	16	4,470	715	651	100	100	100	100	175
奈　　良	(41)	8	2,140	171	155	100	97	97	97	94
和　歌　山	(42)	51	6,180	3,150	2,930	100	104	104	105	105
鳥　　取	(43)	31	3,220	998	841	100	91	91	92	91
島　　根	(44)	18	2,880	518	481	90	99	89	88	95
岡　　山	(45)	20	3,400	679	601	91	100	91	93	92
広　　島	(46)	31	11,200	3,480	3,260	100	99	99	99	91
山　　口	(47)	12	2,870	344	263	100	99	99	106	101
徳　　島	(48)	27	4,890	1,320	1,140	100	102	102	103	94
香　　川	(49)	37	5,160	1,910	1,660	93	104	96	98	110
愛　　媛	(50)	22	3,380	744	634	96	98	93	93	86
高　　知	(51)	8	7,040	563	531	133	104	139	140	95
福　　岡	(52)	21	2,590	544	457	100	97	97	95	93
佐　　賀	(53)	15	6,350	953	872	100	106	106	106	101
長　　崎	(54)	59	6,860	4,050	3,800	107	110	118	118	101
熊　　本	(55)	416	7,930	33,000	32,200	102	101	103	104	104
大　　分	(56)	35	4,490	1,570	1,430	100	105	105	104	109
宮　　崎	(57)	116	7,960	9,230	8,600	101	100	101	101	100
鹿　児　島	(58)	29	5,280	1,530	1,390	100	106	106	108	102
沖　　縄	(59)	14	4,090	572	515	108	101	109	110	115
関東農政局	(60)	…	…	…	…	nc	nc	nc	nc	nc
東海農政局	(61)	175	8,860	15,500	14,700	103	102	105	106	105
中国四国農政局	(62)	206	5,150	10,600	9,410	97	101	98	99	96

エ 冬春トマト

作 付 面 積	10a当たり収 量	収 穫 量	出 荷 量	対 前 年 産 比				(参考)対平均収量比	
				作付面積	10a当たり収 量	収 穫 量	出 荷 量		
ha	kg	t	t	%	%	%	%	%	
3,970	10,300	409,600	388,800	99	103	102	102	105	(1)
96	9,080	8,720	8,140	95	98	94	94	105	(2)
…	…	…	…	nc	nc	nc	nc	nc	(3)
…	…	…	…	nc	nc	nc	nc	nc	(4)
…	…	…	…	nc	nc	nc	nc	nc	(5)
…	…	…	…	nc	nc	nc	nc	nc	(6)
677	10,200	69,000	65,600	100	102	102	102	104	(7)
…	…	…	…	nc	nc	nc	nc	nc	(8)
…	…	…	…	nc	nc	nc	nc	nc	(9)
161	9,570	15,400	14,200	98	104	102	102	112	(10)
…	…	…	…	nc	nc	nc	nc	nc	(11)
56	6,020	3,370	2,970	93	94	88	87	98	(12)
96	9,080	8,720	8,140	95	98	94	94	105	(13)
12	6,690	803	733	100	99	99	101	100	(14)
…	…	…	…	nc	nc	nc	nc	nc	(15)
…	…	…	…	nc	nc	nc	nc	nc	(16)
…	…	…	…	nc	nc	nc	nc	nc	(17)
…	…	…	…	nc	nc	nc	nc	nc	(18)
42	14,900	6,260	5,950	100	103	103	102	117	(19)
142	7,990	11,300	10,600	100	94	93	93	90	(20)
212	13,800	29,300	27,700	95	107	102	101	110	(21)
125	9,670	12,100	11,400	92	104	95	95	102	(22)
123	10,900	13,400	12,600	98	100	98	98	101	(23)
288	6,640	19,100	17,700	97	96	93	93	86	(24)
…	…	…	…	nc	nc	nc	nc	nc	(25)
101	7,870	7,950	7,750	98	95	93	93	93	(26)
61	5,130	3,130	2,830	98	114	112	111	96	(27)
…	…	…	…	nc	nc	nc	nc	nc	(28)
24	5,470	1,310	1,190	83	76	63	62	77	(29)
…	…	…	…	nc	nc	nc	nc	nc	(30)
33	9,360	3,090	2,960	103	112	116	116	157	(31)
…	…	…	…	nc	nc	nc	nc	nc	(32)
46	16,200	7,450	7,000	98	105	102	102	98	(33)
163	7,180	11,700	11,200	102	98	99	99	100	(34)
406	10,600	43,000	41,000	100	102	101	101	106	(35)
62	11,000	6,820	6,370	102	106	108	107	103	(36)
22	5,720	1,260	1,160	105	101	106	105	103	(37)
…	…	…	…	nc	nc	nc	nc	nc	(38)
…	…	…	…	nc	nc	nc	nc	nc	(39)
52	8,850	4,600	4,420	102	98	100	100	161	(40)
27	8,580	2,320	2,220	96	100	97	97	102	(41)
51	9,040	4,610	4,380	102	104	105	106	105	(42)
…	…	…	…	nc	nc	nc	nc	nc	(43)
18	6,200	1,120	1,080	95	101	97	96	94	(44)
…	…	…	…	nc	nc	nc	nc	nc	(45)
29	14,100	4,090	3,930	100	108	108	107	117	(46)
…	…	…	…	nc	nc	nc	nc	nc	(47)
36	8,500	3,060	2,830	100	101	101	101	103	(48)
30	7,770	2,330	2,030	94	110	104	103	112	(49)
37	9,120	3,370	2,980	97	99	97	96	100	(50)
58	11,500	6,670	6,360	100	106	106	106	125	(51)
127	13,200	16,800	15,900	98	97	95	96	98	(52)
33	9,750	3,220	2,990	94	99	93	93	99	(53)
122	9,110	11,100	10,600	103	100	103	103	98	(54)
839	13,600	114,100	110,800	100	110	109	109	111	(55)
…	…	…	…	nc	nc	nc	nc	nc	(56)
176	9,790	17,200	16,200	99	102	102	102	100	(57)
61	6,820	4,160	3,730	98	102	100	101	99	(58)
56	6,020	3,370	2,970	93	94	88	87	98	(59)
…	…	…	…	nc	nc	nc	nc	nc	(60)
514	11,100	57,300	54,400	100	102	102	102	104	(61)
…	…	…	…	nc	nc	nc	nc	nc	(62)

3　平成30年産都道府県別の作付面積、10a当たり収量、収穫量及び出荷量（続き）

(30)　トマト（続き）
オ　冬春トマトのうちミニトマト

全国農業地域・都道府県		作付面積	10a当たり収量	収穫量	出荷量	対前年産比				(参考)対平均収量比
						作付面積	10a当たり収量	収穫量	出荷量	
		ha	kg	t	t	%	%	%	%	%
全　　国	(1)	1,060	8,580	91,000	86,700	102	102	104	104	101
(全国農業地域)										
北　海　道	(2)	20	7,130	1,430	1,340	91	108	99	101	128
都　府　県	(3)	…	…	…	…	nc	nc	nc	nc	nc
東　　北	(4)	…	…	…	…	nc	nc	nc	nc	nc
北　　陸	(5)	…	…	…	…	nc	nc	nc	nc	nc
関東・東山	(6)	…	…	…	…	nc	nc	nc	nc	nc
東　　海	(7)	205	8,980	18,400	17,600	103	103	106	106	98
近　　畿	(8)	…	…	…	…	nc	nc	nc	nc	nc
中　　国	(9)	…	…	…	…	nc	nc	nc	nc	nc
四　　国	(10)	43	7,120	3,060	2,810	100	104	104	105	103
九　　州	(11)	…	…	…	…	nc	nc	nc	nc	nc
沖　　縄	(12)	13	4,300	559	505	108	101	109	110	112
(都道府県)										
北　海　道	(13)	20	7,130	1,430	1,340	91	108	99	101	128
青　　森	(14)	4	4,790	192	174	100	100	100	100	102
岩　　手	(15)	…	…	…	…	nc	nc	nc	nc	nc
宮　　城	(16)	…	…	…	…	nc	nc	nc	nc	nc
秋　　田	(17)	…	…	…	…	nc	nc	nc	nc	nc
山　　形	(18)	…	…	…	…	nc	nc	nc	nc	nc
福　　島	(19)	20	18,900	3,780	3,580	100	102	102	102	109
茨　　城	(20)	29	6,000	1,740	1,620	161	95	154	154	98
栃　　木	(21)	7	7,600	532	500	88	112	104	107	112
群　　馬	(22)	19	7,110	1,350	1,240	90	92	83	82	89
埼　　玉	(23)	21	10,000	2,100	1,960	100	100	100	100	100
千　　葉	(24)	51	7,640	3,900	3,730	100	96	96	95	104
東　　京	(25)	…	…	…	…	nc	nc	nc	nc	nc
神　奈　川	(26)	2	2,900	46	45	100	95	94	94	113
新　　潟	(27)	13	2,820	367	321	118	109	129	126	100
富　　山	(28)	…	…	…	…	nc	nc	nc	nc	nc
石　　川	(29)	2	1,410	31	28	100	46	60	57	47
福　　井	(30)	…	…	…	…	nc	nc	nc	nc	nc
山　　梨	(31)	7	5,490	384	371	100	93	93	93	97
長　　野	(32)	…	…	…	…	nc	nc	nc	nc	nc
岐　　阜	(33)	4	7,840	282	268	100	103	103	103	122
静　　岡	(34)	63	6,420	4,040	3,870	102	104	105	105	76
愛　　知	(35)	133	10,100	13,400	12,800	102	101	103	103	105
三　　重	(36)	5	12,000	648	640	167	156	262	268	150
滋　　賀	(37)	7	5,070	355	333	100	100	100	100	93
京　　都	(38)	…	…	…	…	nc	nc	nc	nc	nc
大　　阪	(39)	…	…	…	…	nc	nc	nc	nc	nc
兵　　庫	(40)	6	7,780	467	453	100	98	100	100	196
奈　　良	(41)	3	2,850	71	64	100	100	100	100	106
和　歌　山	(42)	36	7,440	2,680	2,520	100	104	104	105	104
鳥　　取	(43)	…	…	…	…	nc	nc	nc	nc	nc
島　　根	(44)	3	3,100	93	91	75	103	70	70	85
岡　　山	(45)	…	…	…	…	nc	nc	nc	nc	nc
広　　島	(46)	9	25,400	2,290	2,130	100	104	104	104	93
山　　口	(47)	…	…	…	…	nc	nc	nc	nc	nc
徳　　島	(48)	10	7,590	759	710	100	107	107	107	108
香　　川	(49)	19	7,320	1,390	1,250	90	107	95	97	113
愛　　媛	(50)	7	6,010	403	363	100	99	96	96	91
高　　知	(51)	7	7,820	508	483	140	111	139	140	96
福　　岡	(52)	8	3,510	284	258	114	95	105	105	92
佐　　賀	(53)	12	7,500	900	837	100	106	106	106	101
長　　崎	(54)	42	8,760	3,680	3,480	105	114	119	120	107
熊　　本	(55)	296	9,520	28,200	27,500	101	102	103	103	102
大　　分	(56)	…	…	…	…	nc	nc	nc	nc	nc
宮　　崎	(57)	98	8,900	8,720	8,170	101	100	101	101	100
鹿　児　島	(58)	19	7,150	1,360	1,260	100	106	106	108	95
沖　　縄	(59)	13	4,300	559	505	108	101	109	110	112
関東農政局	(60)	…	…	…	…	nc	nc	nc	nc	nc
東海農政局	(61)	142	10,100	14,300	13,700	103	103	106	106	106
中国四国農政局	(62)	…	…	…	…	nc	nc	nc	nc	nc

カ　夏秋トマト

作付面積	10a当たり収量	収穫量	出荷量	対前年産比				(参考)対平均収量比	
				作付面積	10a当たり収量	収穫量	出荷量		
ha	kg	t	t	%	%	%	%	%	
7,810	4,030	314,600	268,300	98	96	94	94	95	(1)
708	6,530	46,200	42,400	94	93	87	87	94	(2)
...	...	...	...	nc	nc	nc	nc	nc	(3)
1,490	4,170	62,200	51,400	99	97	96	95	99	(4)
580	2,220	12,900	8,400	97	98	96	100	96	(5)
...	...	...	...	nc	nc	nc	nc	nc	(6)
547	4,330	23,700	20,000	99	94	93	93	86	(7)
...	...	...	...	nc	nc	nc	nc	nc	(8)
541	3,010	16,300	12,600	99	97	95	95	95	(9)
...	...	...	...	nc	nc	nc	nc	nc	(10)
...	...	...	...	nc	nc	nc	nc	nc	(11)
...	...	...	...	nc	nc	nc	nc	nc	(12)
708	6,530	46,200	42,400	94	93	87	87	94	(13)
357	4,490	16,000	14,000	97	98	95	95	99	(14)
207	4,460	9,230	7,680	102	103	105	105	101	(15)
178	2,350	4,180	3,120	99	101	100	99	102	(16)
237	3,350	7,940	5,690	99	97	97	98	110	(17)
192	4,260	8,180	6,500	98	94	93	92	107	(18)
319	5,250	16,700	14,400	97	95	92	89	91	(19)
773	4,530	35,000	33,300	100	97	97	97	99	(20)
137	4,890	6,700	5,980	91	101	92	92	100	(21)
172	5,820	10,000	9,090	98	92	90	90	97	(22)
...	...	...	...	nc	nc	nc	nc	nc	(23)
492	3,670	18,100	15,900	97	99	96	96	95	(24)
...	...	...	...	nc	nc	nc	nc	nc	(25)
158	2,630	4,160	3,930	99	98	97	103	91	(26)
357	2,170	7,750	4,860	96	90	87	88	89	(27)
61	1,870	1,140	557	98	101	99	93	99	(28)
99	2,520	2,490	1,800	99	107	106	115	100	(29)
63	2,330	1,470	1,180	100	130	130	153	149	(30)
81	3,800	3,080	2,680	101	93	94	94	118	(31)
336	4,060	13,600	10,600	97	90	87	83	84	(32)
268	5,690	15,200	13,800	99	94	93	93	85	(33)
85	2,880	2,450	1,850	94	92	87	87	82	(34)
101	3,900	3,940	3,040	98	95	94	92	92	(35)
93	2,280	2,120	1,350	102	102	104	105	83	(36)
103	2,300	2,370	1,450	95	99	94	92	113	(37)
120	2,280	2,740	1,890	101	95	96	96	84	(38)
...	...	...	...	nc	nc	nc	nc	nc	(39)
218	2,050	4,470	2,540	101	100	100	103	100	(40)
46	2,990	1,380	1,050	100	93	93	93	79	(41)
...	...	...	...	nc	nc	nc	nc	nc	(42)
96	2,590	2,490	1,610	100	90	90	91	90	(43)
83	2,360	1,960	1,510	98	95	92	93	103	(44)
102	3,630	3,700	3,030	98	96	94	93	89	(45)
156	3,080	4,800	3,940	99	93	92	92	84	(46)
104	3,230	3,360	2,520	97	111	108	108	131	(47)
47	3,470	1,630	1,230	96	96	92	92	80	(48)
39	3,140	1,220	908	98	103	101	102	108	(49)
119	3,270	3,890	3,070	96	101	97	97	95	(50)
...	...	...	...	nc	nc	nc	nc	nc	(51)
92	2,060	1,900	1,320	98	99	96	96	92	(52)
...	...	...	...	nc	nc	nc	nc	nc	(53)
57	2,070	1,180	931	104	93	97	96	82	(54)
415	5,570	23,100	22,000	99	98	97	97	96	(55)
154	5,220	8,040	7,270	97	107	104	104	111	(56)
50	4,640	2,320	2,110	98	100	98	98	102	(57)
...	...	...	...	nc	nc	nc	nc	nc	(58)
...	...	...	...	nc	nc	nc	nc	nc	(59)
...	...	...	...	nc	nc	nc	nc	nc	(60)
462	4,610	21,300	18,200	100	95	94	93	86	(61)
...	...	...	...	nc	nc	nc	nc	nc	(62)

3　平成30年産都道府県別の作付面積、10ａ当たり収量、収穫量及び出荷量（続き）

（30）　トマト（続き）
　　　キ　夏秋トマトのうち加工用トマト

全国農業地域・都道府県		作付面積	10ａ当たり収量	収穫量	出荷量	対前年産比				（参考）対平均収量比
						作付面積	10ａ当たり収量	収穫量	出荷量	
		ha	kg	t	t	%	%	%	%	%
全　　国	(1)	400	6,430	25,700	25,700	95	91	87	87	91
（全国農業地域）										
北　海　道	(2)	13	3,910	508	497	81	84	69	69	81
都　府　県	(3)	…	…	…	…	nc	nc	nc	nc	nc
東　　北	(4)	42	5,450	2,290	2,250	78	106	82	83	96
北　　陸	(5)	14	3,490	489	489	74	90	67	67	nc
関東・東山	(6)	…	…	…	…	nc	nc	nc	nc	nc
東　　海	(7)	5	6,360	318	312	83	98	82	80	128
近　　畿	(8)	…	…	…	…	nc	nc	nc	nc	nc
中　　国	(9)	x	x	x	x	x	x	x	x	x
四　　国	(10)	…	…	…	…	nc	nc	nc	nc	nc
九　　州	(11)	…	…	…	…	nc	nc	nc	nc	nc
沖　　縄	(12)	…	…	…	…	nc	nc	nc	nc	nc
（都道府県）										
北　海　道	(13)	13	3,910	508	497	81	84	69	69	81
青　　森	(14)	2	2,150	43	43	18	162	29	29	88
岩　　手	(15)	12	7,300	876	876	109	100	106	107	100
宮　　城	(16)	11	2,700	302	296	100	101	104	105	89
秋　　田	(17)	0	6,250	25	25	nc	116	132	132	142
山　　形	(18)	6	6,530	392	392	86	87	77	77	108
福　　島	(19)	11	5,910	650	619	79	83	66	66	85
茨　　城	(20)	171	7,690	13,100	13,100	110	88	96	96	95
栃　　木	(21)	17	8,460	1,440	1,440	94	89	84	84	95
群　　馬	(22)	7	7,240	521	521	78	113	93	93	83
埼　　玉	(23)	…	…	…	…	nc	nc	nc	nc	nc
千　　葉	(24)	-	-	-	-	nc	nc	nc	nc	-
東　　京	(25)	…	…	…	…	nc	nc	nc	nc	nc
神　奈　川	(26)	…	…	…	…	nc	nc	nc	nc	nc
新　　潟	(27)	12	3,880	466	466	75	92	69	69	70
富　　山	(28)	-	-	-	-	nc	nc	nc	nc	nc
石　　川	(29)	2	1,530	23	23	67	68	41	41	nc
福　　井	(30)	-	-	-	-	nc	nc	nc	nc	nc
山　　梨	(31)	2	2,470	37	37	100	90	67	67	63
長　　野	(32)	125	5,580	6,980	6,980	91	85	77	77	78
岐　　阜	(33)	-	-	-	-	nc	nc	nc	nc	nc
静　　岡	(34)	-	-	-	-	nc	nc	nc	nc	nc
愛　　知	(35)	5	5,890	312	306	83	91	82	80	119
三　　重	(36)	0	2,010	6	6	nc	72	75	75	58
滋　　賀	(37)	-	-	-	-	nc	nc	nc	nc	nc
京　　都	(38)	-	-	-	-	nc	nc	nc	nc	nc
大　　阪	(39)	…	…	…	…	nc	nc	nc	nc	nc
兵　　庫	(40)	1	960	7	7	100	20	21	21	24
奈　　良	(41)	x	x	x	x	x	x	x	x	x
和　歌　山	(42)	…	…	…	…	nc	nc	nc	nc	nc
鳥　　取	(43)	-	-	-	-	nc	nc	nc	nc	nc
島　　根	(44)	2	1,650	28	28	100	85	85	85	83
岡　　山	(45)	-	-	-	-	nc	nc	nc	nc	nc
広　　島	(46)	x	x	x	x	x	x	x	x	nc
山　　口	(47)	…	…	…	…	nc	nc	nc	nc	nc
徳　　島	(48)	-	-	-	-	nc	nc	nc	nc	nc
香　　川	(49)	-	-	-	-	nc	nc	nc	nc	nc
愛　　媛	(50)	x	x	x	x	x	x	x	x	x
高　　知	(51)	…	…	…	…	nc	nc	nc	nc	nc
福　　岡	(52)	-	-	-	-	nc	nc	nc	nc	nc
佐　　賀	(53)	-	-	-	-	nc	nc	nc	nc	nc
長　　崎	(54)	-	-	-	-	nc	nc	nc	nc	nc
熊　　本	(55)	-	-	-	-	nc	nc	nc	nc	nc
大　　分	(56)	-	-	-	-	nc	nc	nc	nc	nc
宮　　崎	(57)	-	-	-	-	nc	nc	nc	nc	nc
鹿　児　島	(58)	…	…	…	…	nc	nc	nc	nc	nc
沖　　縄	(59)	…	…	…	…	nc	nc	nc	nc	nc
関東農政局	(60)	…	…	…	…	nc	nc	nc	nc	nc
東海農政局	(61)	5	6,360	318	312	83	98	82	80	128
中国四国農政局	(62)	…	…	…	…	nc	nc	nc	nc	nc

ク 夏秋トマトのうちミニトマト

作付面積	10a当たり収量	収穫量	出荷量	対前年産比				(参考)対平均収量比	
				作付面積	10a当たり収量	収穫量	出荷量		
ha	kg	t	t	%	%	%	%	%	
1,460	3,680	53,800	47,400	101	96	97	97	97	(1)
268	4,950	13,300	12,000	100	95	95	95	96	(2)
…	…	…	…	nc	nc	nc	nc	nc	(3)
326	3,800	12,400	10,700	104	99	103	104	99	(4)
72	2,310	1,660	1,290	103	97	99	99	97	(5)
…	…	…	…	nc	nc	nc	nc	nc	(6)
66	3,210	2,120	1,860	99	93	91	91	80	(7)
…	…	…	…	nc	nc	nc	nc	nc	(8)
85	3,350	2,850	2,490	98	94	92	92	89	(9)
…	…	…	…	nc	nc	nc	nc	nc	(10)
…	…	…	…	nc	nc	nc	nc	nc	(11)
…	…	…	…	nc	nc	nc	nc	nc	(12)
268	4,950	13,300	12,000	100	95	95	95	96	(13)
51	4,730	2,410	2,190	106	100	106	107	107	(14)
61	3,360	2,050	1,710	107	104	111	111	101	(15)
27	2,630	710	594	100	104	103	102	102	(16)
27	3,230	872	640	100	96	96	98	98	(17)
83	3,630	3,010	2,580	104	100	104	105	111	(18)
77	4,290	3,300	2,950	105	92	97	97	85	(19)
178	3,320	5,910	5,390	100	90	90	90	93	(20)
7	4,130	289	251	100	103	103	107	102	(21)
11	4,430	465	364	110	103	112	112	91	(22)
…	…	…	…	nc	nc	nc	nc	nc	(23)
58	2,870	1,660	1,530	98	94	93	93	92	(24)
…	…	…	…	nc	nc	nc	nc	nc	(25)
1	2,200	31	30	100	96	97	100	102	(26)
42	2,290	962	732	105	97	102	102	97	(27)
7	2,600	192	128	100	107	106	105	90	(28)
11	1,890	208	160	100	85	85	77	77	(29)
12	2,500	300	265	100	100	100	106	125	(30)
8	4,110	329	320	89	72	64	63	129	(31)
55	4,270	2,350	1,890	112	99	111	111	105	(32)
19	3,400	646	539	106	93	96	96	89	(33)
33	2,900	957	877	94	94	88	88	71	(34)
10	4,540	454	409	100	95	95	95	92	(35)
4	1,660	66	38	100	83	83	83	67	(36)
11	1,970	217	166	100	99	99	95	108	(37)
7	1,870	131	103	100	92	92	92	84	(38)
…	…	…	…	nc	nc	nc	nc	nc	(39)
10	2,480	248	198	100	100	100	103	123	(40)
5	2,000	100	91	100	96	95	95	85	(41)
…	…	…	…	nc	nc	nc	nc	nc	(42)
26	2,890	751	628	100	91	91	92	91	(43)
15	2,830	425	390	94	98	94	93	96	(44)
14	2,260	316	260	93	97	91	93	80	(45)
22	5,390	1,190	1,130	100	91	91	91	86	(46)
8	2,060	165	85	100	100	99	106	100	(47)
17	3,290	559	432	100	96	96	96	82	(48)
18	2,880	518	405	95	102	98	98	104	(49)
15	2,270	341	271	94	97	91	90	87	(50)
…	…	…	…	nc	nc	nc	nc	nc	(51)
13	2,000	260	199	93	93	90	85	88	(52)
…	…	…	…	nc	nc	nc	nc	nc	(53)
17	2,180	371	316	113	93	106	105	74	(54)
120	4,000	4,800	4,650	105	98	103	103	104	(55)
27	4,150	1,120	1,030	100	104	105	105	112	(56)
18	2,820	508	434	100	104	104	102	90	(57)
…	…	…	…	nc	nc	nc	nc	nc	(58)
…	…	…	…	nc	nc	nc	nc	nc	(59)
…	…	…	…	nc	nc	nc	nc	nc	(60)
33	3,550	1,170	986	103	92	95	95	89	(61)
…	…	…	…	nc	nc	nc	nc	nc	(62)

3　平成30年産都道府県別の作付面積、10a当たり収量、収穫量及び出荷量（続き）

(31)　ピーマン
ア　計

全国農業地域 都　道　府　県		作付面積	10a当たり 収　　量	収　穫　量	出　荷　量	対　前　年　産　比				(参考) 対平均 収量比
						作付面積	10a当たり 収　量	収　穫　量	出荷量	
		ha	kg	t	t	%	%	%	%	%
全　　　国	(1)	3,220	4,360	140,300	124,500	99	96	95	96	101
(全国農業地域)										
北　海　道	(2)	82	6,000	4,920	4,560	95	92	88	89	100
都　府　県	(3)	…	…	…	…	nc	nc	nc	nc	nc
東　　北	(4)	…	…	…	…	nc	nc	nc	nc	nc
北　　陸	(5)	…	…	…	…	nc	nc	nc	nc	nc
関東・東山	(6)	…	…	…	…	nc	nc	nc	nc	nc
東　　海	(7)	…	…	…	…	nc	nc	nc	nc	nc
近　　畿	(8)	…	…	…	…	nc	nc	nc	nc	nc
中　　国	(9)	274	1,330	3,640	2,090	nc	nc	nc	nc	95
四　　国	(10)	…	…	…	…	nc	nc	nc	nc	nc
九　　州	(11)	…	…	…	…	nc	nc	nc	nc	nc
沖　　縄	(12)	40	6,500	2,600	2,290	100	96	96	97	104
(都道府県)										
北　海　道	(13)	82	6,000	4,920	4,560	95	92	88	89	100
青　　森	(14)	89	3,490	3,110	2,600	100	99	100	101	104
岩　　手	(15)	184	4,090	7,530	6,480	100	105	105	105	101
宮　　城	(16)	…	…	…	…	nc	nc	nc	nc	nc
秋　　田	(17)	36	1,300	468	300	95	99	94	96	108
山　　形	(18)	44	2,080	915	556	100	98	98	97	104
福　　島	(19)	82	3,440	2,820	2,420	98	99	96	94	102
茨　　城	(20)	526	6,350	33,400	31,300	100	94	94	94	100
栃　　木	(21)	…	…	…	…	nc	nc	nc	nc	nc
群　　馬	(22)	…	…	…	…	nc	nc	nc	nc	nc
埼　　玉	(23)	…	…	…	…	nc	nc	nc	nc	nc
千　　葉	(24)	83	2,640	2,190	1,540	95	94	89	89	89
東　　京	(25)	…	…	…	…	nc	nc	nc	nc	nc
神　奈　川	(26)	…	…	…	…	nc	nc	nc	nc	nc
新　　潟	(27)	68	1,010	687	354	99	89	88	92	88
富　　山	(28)	…	…	…	…	nc	nc	nc	nc	nc
石　　川	(29)	…	…	…	…	nc	nc	nc	nc	nc
福　　井	(30)	…	…	…	…	nc	nc	nc	nc	nc
山　　梨	(31)	…	…	…	…	nc	nc	nc	nc	nc
長　　野	(32)	101	2,000	2,020	1,280	104	90	94	94	90
岐　　阜	(33)	40	1,280	512	333	98	90	86	87	91
静　　岡	(34)	…	…	…	…	nc	nc	nc	nc	nc
愛　　知	(35)	43	1,390	598	327	98	93	91	91	76
三　　重	(36)	47	1,020	479	197	100	91	91	91	82
滋　　賀	(37)	…	…	…	…	nc	nc	nc	nc	nc
京　　都	(38)	89	1,790	1,590	1,300	98	80	78	76	75
大　　阪	(39)	…	…	…	…	nc	nc	nc	nc	nc
兵　　庫	(40)	101	1,350	1,360	953	100	60	60	68	61
奈　　良	(41)	…	…	…	…	nc	nc	nc	nc	nc
和　歌　山	(42)	35	4,090	1,430	1,290	97	100	97	97	103
鳥　　取	(43)	50	1,500	748	389	98	96	94	87	99
島　　根	(44)	75	1,060	797	415	100	95	95	93	96
岡　　山	(45)	38	1,410	537	349	nc	nc	nc	nc	87
広　　島	(46)	74	1,600	1,180	649	100	98	98	97	95
山　　口	(47)	37	1,020	377	286	103	94	96	96	93
徳　　島	(48)	29	1,820	527	388	100	91	91	92	84
香　　川	(49)	…	…	…	…	nc	nc	nc	nc	nc
愛　　媛	(50)	65	2,310	1,500	1,120	96	103	98	98	98
高　　知	(51)	129	10,500	13,500	12,900	97	100	96	97	113
福　　岡	(52)	…	…	…	…	nc	nc	nc	nc	nc
佐　　賀	(53)	…	…	…	…	nc	nc	nc	nc	nc
長　　崎	(54)	…	…	…	…	nc	nc	nc	nc	nc
熊　　本	(55)	92	3,610	3,320	3,060	101	102	103	104	102
大　　分	(56)	115	5,190	5,970	5,670	100	100	100	100	105
宮　　崎	(57)	305	8,690	26,500	25,100	99	97	96	96	100
鹿　児　島	(58)	148	8,510	12,600	11,700	99	101	100	100	105
沖　　縄	(59)	40	6,500	2,600	2,290	100	96	96	97	104
関東農政局	(60)	…	…	…	…	nc	nc	nc	nc	nc
東海農政局	(61)	130	1,220	1,590	857	98	91	90	89	82
中国四国農政局	(62)	…	…	…	…	nc	nc	nc	nc	nc

イ　計のうちししとう

作 付 面 積	10a 当たり収量	収 穫 量	出 荷 量	対 前 年 産 比				(参考)対平均収量比	
				作付面積	10a当たり収量	収穫量	出荷量		
ha	kg	t	t	%	%	%	%	%	
335	2,170	7,270	5,990	97	96	93	93	98	(1)
5	2,400	120	93	83	102	85	88	106	(2)
…	…	…	…	nc	nc	nc	nc	nc	(3)
…	…	…	…	nc	nc	nc	nc	nc	(4)
…	…	…	…	nc	nc	nc	nc	nc	(5)
…	…	…	…	nc	nc	nc	nc	nc	(6)
…	…	…	…	nc	nc	nc	nc	nc	(7)
…	…	…	…	nc	nc	nc	nc	nc	(8)
21	1,200	251	143	nc	nc	nc	nc	101	(9)
…	…	…	…	nc	nc	nc	nc	nc	(10)
…	…	…	…	nc	nc	nc	nc	nc	(11)
1	1,250	10	8	100	78	63	89	105	(12)
5	2,400	120	93	83	102	85	88	106	(13)
0	620	2	2	0	103	33	33	106	(14)
2	1,500	30	21	100	104	103	100	93	(15)
…	…	…	…	nc	nc	nc	nc	nc	(16)
3	1,230	37	29	100	97	97	97	85	(17)
15	1,390	209	112	100	96	96	90	97	(18)
4	1,080	43	24	100	101	98	96	99	(19)
8	1,770	135	86	100	86	86	86	81	(20)
…	…	…	…	nc	nc	nc	nc	nc	(21)
…	…	…	…	nc	nc	nc	nc	nc	(22)
…	…	…	…	nc	nc	nc	nc	nc	(23)
38	2,660	1,010	889	97	107	104	104	106	(24)
…	…	…	…	nc	nc	nc	nc	nc	(25)
…	…	…	…	nc	nc	nc	nc	nc	(26)
13	1,040	135	71	100	93	92	99	91	(27)
…	…	…	…	nc	nc	nc	nc	nc	(28)
…	…	…	…	nc	nc	nc	nc	nc	(29)
…	…	…	…	nc	nc	nc	nc	nc	(30)
…	…	…	…	nc	nc	nc	nc	nc	(31)
5	1,010	52	12	83	94	87	92	92	(32)
9	1,260	113	73	90	89	84	85	94	(33)
…	…	…	…	nc	nc	nc	nc	nc	(34)
5	1,120	56	48	100	93	93	94	88	(35)
8	1,030	82	53	100	97	96	96	85	(36)
…	…	…	…	nc	nc	nc	nc	nc	(37)
6	550	33	28	120	57	69	70	61	(38)
…	…	…	…	nc	nc	nc	nc	nc	(39)
9	1,080	92	31	100	60	59	60	59	(40)
…	…	…	…	nc	nc	nc	nc	nc	(41)
17	2,100	357	314	94	99	94	93	97	(42)
7	1,660	123	69	100	101	102	101	100	(43)
3	767	19	15	100	79	79	75	82	(44)
5	1,060	53	30	nc	nc	nc	nc	91	(45)
3	867	26	13	100	130	130	130	121	(46)
3	1,000	30	16	100	115	115	114	112	(47)
13	1,700	221	159	100	83	83	83	76	(48)
…	…	…	…	nc	nc	nc	nc	nc	(49)
6	1,120	67	52	100	107	106	108	103	(50)
53	5,470	2,900	2,730	93	98	91	90	105	(51)
…	…	…	…	nc	nc	nc	nc	nc	(52)
…	…	…	…	nc	nc	nc	nc	nc	(53)
…	…	…	…	nc	nc	nc	nc	nc	(54)
9	1,530	138	116	100	99	99	99	105	(55)
8	1,550	124	108	100	103	102	103	103	(56)
9	2,820	254	228	100	101	101	101	98	(57)
5	700	35	21	100	95	95	95	78	(58)
1	1,250	10	8	100	78	63	89	105	(59)
…	…	…	…	nc	nc	nc	nc	nc	(60)
22	1,140	251	174	96	94	90	91	89	(61)
…	…	…	…	nc	nc	nc	nc	nc	(62)

3　平成30年産都道府県別の作付面積、10ａ当たり収量、収穫量及び出荷量（続き）

（31）　ピーマン（続き）
　　　ウ　冬春ピーマン

全国農業地域・都道府県		作付面積	10ａ当たり収量	収穫量	出荷量	対　前　年　産　比				（参考）対平均収量比
						作付面積	10ａ当たり収量	収穫量	出荷量	
		ha	kg	t	t	%	%	%	%	%
全　　国	(1)	741	10,200	75,900	71,900	100	96	97	97	100
（全国農業地域）										
北　海　道	(2)	…	…	…	…	nc	nc	nc	nc	nc
都　府　県	(3)	…	…	…	…	nc	nc	nc	nc	nc
東　　北	(4)	…	…	…	…	nc	nc	nc	nc	nc
北　　陸	(5)	…	…	…	…	nc	nc	nc	nc	nc
関東・東山	(6)	…	…	…	…	nc	nc	nc	nc	nc
東　　海	(7)	…	…	…	…	nc	nc	nc	nc	nc
近　　畿	(8)	…	…	…	…	nc	nc	nc	nc	nc
中　　国	(9)	…	…	…	…	nc	nc	nc	nc	nc
四　　国	(10)	…	…	…	…	nc	nc	nc	nc	nc
九　　州	(11)	…	…	…	…	nc	nc	nc	nc	nc
沖　　縄	(12)	33	7,060	2,330	2,060	100	96	96	97	104
（都道府県）										
北　海　道	(13)	…	…	…	…	nc	nc	nc	nc	nc
青　　森	(14)	…	…	…	…	nc	nc	nc	nc	nc
岩　　手	(15)	…	…	…	…	nc	nc	nc	nc	nc
宮　　城	(16)	…	…	…	…	nc	nc	nc	nc	nc
秋　　田	(17)	…	…	…	…	nc	nc	nc	nc	nc
山　　形	(18)	…	…	…	…	nc	nc	nc	nc	nc
福　　島	(19)	…	…	…	…	nc	nc	nc	nc	nc
茨　　城	(20)	235	9,680	22,700	21,400	100	96	96	96	99
栃　　木	(21)	…	…	…	…	nc	nc	nc	nc	nc
群　　馬	(22)	…	…	…	…	nc	nc	nc	nc	nc
埼　　玉	(23)	…	…	…	…	nc	nc	nc	nc	nc
千　　葉	(24)	…	…	…	…	nc	nc	nc	nc	nc
東　　京	(25)	…	…	…	…	nc	nc	nc	nc	nc
神　奈　川	(26)	…	…	…	…	nc	nc	nc	nc	nc
新　　潟	(27)	…	…	…	…	nc	nc	nc	nc	nc
富　　山	(28)	…	…	…	…	nc	nc	nc	nc	nc
石　　川	(29)	…	…	…	…	nc	nc	nc	nc	nc
福　　井	(30)	…	…	…	…	nc	nc	nc	nc	nc
山　　梨	(31)	…	…	…	…	nc	nc	nc	nc	nc
長　　野	(32)	…	…	…	…	nc	nc	nc	nc	nc
岐　　阜	(33)	…	…	…	…	nc	nc	nc	nc	nc
静　　岡	(34)	…	…	…	…	nc	nc	nc	nc	nc
愛　　知	(35)	…	…	…	…	nc	nc	nc	nc	nc
三　　重	(36)	…	…	…	…	nc	nc	nc	nc	nc
滋　　賀	(37)	…	…	…	…	nc	nc	nc	nc	nc
京　　都	(38)	…	…	…	…	nc	nc	nc	nc	nc
大　　阪	(39)	…	…	…	…	nc	nc	nc	nc	nc
兵　　庫	(40)	…	…	…	…	nc	nc	nc	nc	nc
奈　　良	(41)	…	…	…	…	nc	nc	nc	nc	nc
和　歌　山	(42)	8	9,520	781	735	100	101	100	99	102
鳥　　取	(43)	…	…	…	…	nc	nc	nc	nc	nc
島　　根	(44)	…	…	…	…	nc	nc	nc	nc	nc
岡　　山	(45)	…	…	…	…	nc	nc	nc	nc	nc
広　　島	(46)	…	…	…	…	nc	nc	nc	nc	nc
山　　口	(47)	…	…	…	…	nc	nc	nc	nc	nc
徳　　島	(48)	…	…	…	…	nc	nc	nc	nc	nc
香　　川	(49)	…	…	…	…	nc	nc	nc	nc	nc
愛　　媛	(50)	…	…	…	…	nc	nc	nc	nc	nc
高　　知	(51)	94	12,900	12,100	11,600	99	98	98	98	112
福　　岡	(52)	…	…	…	…	nc	nc	nc	nc	nc
佐　　賀	(53)	…	…	…	…	nc	nc	nc	nc	nc
長　　崎	(54)	…	…	…	…	nc	nc	nc	nc	nc
熊　　本	(55)	20	6,270	1,250	1,170	105	101	106	105	100
大　　分	(56)	…	…	…	…	nc	nc	nc	nc	nc
宮　　崎	(57)	223	10,400	23,200	22,100	100	96	96	96	97
鹿　児　島	(58)	92	12,900	11,900	11,400	103	98	101	101	96
沖　　縄	(59)	33	7,060	2,330	2,060	100	96	96	97	104
関東農政局	(60)	…	…	…	…	nc	nc	nc	nc	nc
東海農政局	(61)	…	…	…	…	nc	nc	nc	nc	nc
中国四国農政局	(62)	…	…	…	…	nc	nc	nc	nc	nc

エ　冬春ピーマンのうちししとう

作付面積	10 a 当たり収量	収穫量	出荷量	対前年産比 作付面積	10 a 当たり収量	収穫量	出荷量	(参考)対平均収量比	
ha	kg	t	t	%	%	%	%	%	
43	5,700	2,450	2,280	98	96	94	94	101	(1)
…	…	…	…	nc	nc	nc	nc	nc	(2)
…	…	…	…	nc	nc	nc	nc	nc	(3)
…	…	…	…	nc	nc	nc	nc	nc	(4)
…	…	…	…	nc	nc	nc	nc	nc	(5)
…	…	…	…	nc	nc	nc	nc	nc	(6)
…	…	…	…	nc	nc	nc	nc	nc	(7)
…	…	…	…	nc	nc	nc	nc	nc	(8)
…	…	…	…	nc	nc	nc	nc	nc	(9)
…	…	…	…	nc	nc	nc	nc	nc	(10)
…	…	…	…	nc	nc	nc	nc	nc	(11)
0	2,000	6	4	nc	89	67	80	95	(12)
…	…	…	…	nc	nc	nc	nc	nc	(13)
…	…	…	…	nc	nc	nc	nc	nc	(14)
…	…	…	…	nc	nc	nc	nc	nc	(15)
…	…	…	…	nc	nc	nc	nc	nc	(16)
…	…	…	…	nc	nc	nc	nc	nc	(17)
…	…	…	…	nc	nc	nc	nc	nc	(18)
…	…	…	…	nc	nc	nc	nc	nc	(19)
－	－	－	－	nc	nc	nc	nc	nc	(20)
…	…	…	…	nc	nc	nc	nc	nc	(21)
…	…	…	…	nc	nc	nc	nc	nc	(22)
…	…	…	…	nc	nc	nc	nc	nc	(23)
…	…	…	…	nc	nc	nc	nc	nc	(24)
…	…	…	…	nc	nc	nc	nc	nc	(25)
…	…	…	…	nc	nc	nc	nc	nc	(26)
…	…	…	…	nc	nc	nc	nc	nc	(27)
…	…	…	…	nc	nc	nc	nc	nc	(28)
…	…	…	…	nc	nc	nc	nc	nc	(29)
…	…	…	…	nc	nc	nc	nc	nc	(30)
…	…	…	…	nc	nc	nc	nc	nc	(31)
…	…	…	…	nc	nc	nc	nc	nc	(32)
…	…	…	…	nc	nc	nc	nc	nc	(33)
…	…	…	…	nc	nc	nc	nc	nc	(34)
…	…	…	…	nc	nc	nc	nc	nc	(35)
…	…	…	…	nc	nc	nc	nc	nc	(36)
…	…	…	…	nc	nc	nc	nc	nc	(37)
…	…	…	…	nc	nc	nc	nc	nc	(38)
…	…	…	…	nc	nc	nc	nc	nc	(39)
…	…	…	…	nc	nc	nc	nc	nc	(40)
…	…	…	…	nc	nc	nc	nc	nc	(41)
2	3,600	58	54	100	100	95	95	102	(42)
…	…	…	…	nc	nc	nc	nc	nc	(43)
…	…	…	…	nc	nc	nc	nc	nc	(44)
…	…	…	…	nc	nc	nc	nc	nc	(45)
…	…	…	…	nc	nc	nc	nc	nc	(46)
…	…	…	…	nc	nc	nc	nc	nc	(47)
…	…	…	…	nc	nc	nc	nc	nc	(48)
…	…	…	…	nc	nc	nc	nc	nc	(49)
…	…	…	…	nc	nc	nc	nc	nc	(50)
30	6,680	2,000	1,890	97	96	93	93	100	(51)
…	…	…	…	nc	nc	nc	nc	nc	(52)
…	…	…	…	nc	nc	nc	nc	nc	(53)
…	…	…	…	nc	nc	nc	nc	nc	(54)
1	5,940	36	32	100	100	100	100	97	(55)
…	…	…	…	nc	nc	nc	nc	nc	(56)
2	6,450	129	119	100	103	103	103	98	(57)
0	1,500	2	1	nc	100	67	50	90	(58)
0	2,000	6	4	nc	89	67	80	95	(59)
…	…	…	…	nc	nc	nc	nc	nc	(60)
…	…	…	…	nc	nc	nc	nc	nc	(61)
…	…	…	…	nc	nc	nc	nc	nc	(62)

3　平成30年産都道府県別の作付面積、10a当たり収量、収穫量及び出荷量（続き）

(31)　ピーマン（続き）
オ　夏秋ピーマン

全国農業地域 都道府県		作付面積	10a当たり 収量	収穫量	出荷量	対前年産比				(参考) 対平均 収量比
						作付面積	10a当たり 収量	収穫量	出荷量	
		ha	kg	t	t	%	%	%	%	%
全　　国	(1)	2,480	2,600	64,400	52,600	99	95	93	94	98
（全国農業地域）										
北　海　道	(2)	82	6,000	4,920	4,560	95	92	88	89	100
都　府　県	(3)	…	…	…	…	nc	nc	nc	nc	nc
東　　北	(4)	…	…	…	…	nc	nc	nc	nc	nc
北　　陸	(5)	…	…	…	…	nc	nc	nc	nc	nc
関東・東山	(6)	…	…	…	…	nc	nc	nc	nc	nc
東　　海	(7)	…	…	…	…	nc	nc	nc	nc	nc
近　　畿	(8)	…	…	…	…	nc	nc	nc	nc	nc
中　　国	(9)	268	1,310	3,500	1,990	nc	nc	nc	nc	94
四　　国	(10)	…	…	…	…	nc	nc	nc	nc	nc
九　　州	(11)	…	…	…	…	nc	nc	nc	nc	nc
沖　　縄	(12)	…	…	…	…	nc	nc	nc	nc	nc
（都道府県）										
北　海　道	(13)	82	6,000	4,920	4,560	95	92	88	89	100
青　　森	(14)	89	3,490	3,110	2,600	100	99	100	101	104
岩　　手	(15)	184	4,080	7,510	6,470	100	105	105	105	101
宮　　城	(16)	…	…	…	…	nc	nc	nc	nc	nc
秋　　田	(17)	36	1,300	468	300	95	99	94	96	108
山　　形	(18)	44	2,080	915	556	100	98	98	97	105
福　　島	(19)	82	3,440	2,820	2,420	98	99	96	94	102
茨　　城	(20)	291	3,690	10,700	9,890	100	91	91	91	102
栃　　木	(21)	…	…	…	…	nc	nc	nc	nc	nc
群　　馬	(22)	…	…	…	…	nc	nc	nc	nc	nc
埼　　玉	(23)	…	…	…	…	nc	nc	nc	nc	nc
千　　葉	(24)	80	2,560	2,050	1,430	95	93	89	89	89
東　　京	(25)	…	…	…	…	nc	nc	nc	nc	nc
神　奈　川	(26)	…	…	…	…	nc	nc	nc	nc	nc
新　　潟	(27)	68	1,010	687	354	99	89	88	92	88
富　　山	(28)	…	…	…	…	nc	nc	nc	nc	nc
石　　川	(29)	…	…	…	…	nc	nc	nc	nc	nc
福　　井	(30)	…	…	…	…	nc	nc	nc	nc	nc
山　　梨	(31)	…	…	…	…	nc	nc	nc	nc	nc
長　　野	(32)	101	2,000	2,020	1,280	104	90	94	94	90
岐　　阜	(33)	40	1,280	512	333	98	90	86	87	90
静　　岡	(34)	…	…	…	…	nc	nc	nc	nc	nc
愛　　知	(35)	43	1,390	598	327	98	93	91	91	93
三　　重	(36)	47	1,010	475	195	100	91	91	91	81
滋　　賀	(37)	…	…	…	…	nc	nc	nc	nc	nc
京　　都	(38)	85	1,760	1,500	1,220	98	80	79	77	75
大　　阪	(39)	…	…	…	…	nc	nc	nc	nc	nc
兵　　庫	(40)	101	1,350	1,360	953	100	60	60	68	61
奈　　良	(41)	…	…	…	…	nc	nc	nc	nc	nc
和　歌　山	(42)	27	2,390	645	555	96	98	94	94	97
鳥　　取	(43)	48	1,420	682	359	98	96	94	87	96
島　　根	(44)	72	1,030	742	364	100	94	95	93	96
岡　　山	(45)	38	1,390	528	340	nc	nc	nc	nc	87
広　　島	(46)	74	1,600	1,180	649	100	98	98	97	95
山　　口	(47)	36	1,030	371	281	103	94	96	96	93
徳　　島	(48)	28	1,700	476	346	100	91	91	92	85
香　　川	(49)	…	…	…	…	nc	nc	nc	nc	nc
愛　　媛	(50)	65	2,270	1,480	1,110	96	102	98	98	97
高　　知	(51)	35	4,060	1,420	1,330	92	96	88	88	106
福　　岡	(52)	…	…	…	…	nc	nc	nc	nc	nc
佐　　賀	(53)	…	…	…	…	nc	nc	nc	nc	nc
長　　崎	(54)	…	…	…	…	nc	nc	nc	nc	nc
熊　　本	(55)	72	2,880	2,070	1,890	100	102	102	103	102
大　　分	(56)	113	5,080	5,740	5,460	100	100	100	100	104
宮　　崎	(57)	82	4,020	3,300	3,000	99	99	97	97	107
鹿　児　島	(58)	56	1,250	700	340	92	99	91	91	92
沖　　縄	(59)	…	…	…	…	nc	nc	nc	nc	nc
関東農政局	(60)	…	…	…	…	nc	nc	nc	nc	nc
東海農政局	(61)	130	1,220	1,590	855	98	91	90	89	88
中国四国農政局	(62)	…	…	…	…	nc	nc	nc	nc	nc

カ　夏秋ピーマンのうちししとう

作付面積	10a当たり収量	収穫量	出荷量	対前年産比				(参考)対平均収量比	
				作付面積	10a当たり収量	収穫量	出荷量		
ha	kg	t	t	%	%	%	%	%	
292	1,650	4,830	3,710	97	95	93	93	95	(1)
5	2,350	118	92	83	95	85	88	104	(2)
…	…	…	…	nc	nc	nc	nc	nc	(3)
…	…	…	…	nc	nc	nc	nc	nc	(4)
…	…	…	…	nc	nc	nc	nc	nc	(5)
…	…	…	…	nc	nc	nc	nc	nc	(6)
…	…	…	…	nc	nc	nc	nc	nc	(7)
…	…	…	…	nc	nc	nc	nc	nc	(8)
21	1,200	251	143	nc	nc	nc	nc	101	(9)
…	…	…	…	nc	nc	nc	nc	nc	(10)
…	…	…	…	nc	nc	nc	nc	nc	(11)
…	…	…	…	nc	nc	nc	nc	nc	(12)
5	2,350	118	92	83	95	85	88	104	(13)
0	620	2	2	nc	103	33	33	106	(14)
2	1,500	30	21	100	104	103	100	93	(15)
…	…	…	…	nc	nc	nc	nc	nc	(16)
3	1,230	37	29	100	97	97	97	85	(17)
15	1,390	209	112	100	96	96	90	97	(18)
4	1,080	43	24	100	101	98	96	99	(19)
8	1,770	135	86	100	86	86	86	81	(20)
…	…	…	…	nc	nc	nc	nc	nc	(21)
…	…	…	…	nc	nc	nc	nc	nc	(22)
…	…	…	…	nc	nc	nc	nc	nc	(23)
36	2,610	940	834	97	107	104	104	105	(24)
…	…	…	…	nc	nc	nc	nc	nc	(25)
…	…	…	…	nc	nc	nc	nc	nc	(26)
13	1,040	135	71	100	93	92	99	91	(27)
…	…	…	…	nc	nc	nc	nc	nc	(28)
…	…	…	…	nc	nc	nc	nc	nc	(29)
…	…	…	…	nc	nc	nc	nc	nc	(30)
…	…	…	…	nc	nc	nc	nc	nc	(31)
5	1,010	52	12	83	94	87	92	92	(32)
9	1,260	113	73	90	89	84	85	94	(33)
…	…	…	…	nc	nc	nc	nc	nc	(34)
5	1,120	56	48	100	93	93	94	88	(35)
8	1,040	81	52	100	96	96	96	87	(36)
…	…	…	…	nc	nc	nc	nc	nc	(37)
6	533	32	27	120	57	68	69	56	(38)
…	…	…	…	nc	nc	nc	nc	nc	(39)
9	1,080	92	31	100	60	59	60	59	(40)
…	…	…	…	nc	nc	nc	nc	nc	(41)
15	1,990	299	260	94	100	93	93	98	(42)
7	1,660	123	69	100	101	102	101	100	(43)
3	767	19	15	100	79	79	75	82	(44)
5	1,060	53	30	nc	nc	nc	nc	91	(45)
3	867	26	13	100	130	130	130	121	(46)
3	1,000	30	16	100	114	115	114	112	(47)
12	1,620	194	137	100	84	83	83	77	(48)
…	…	…	…	nc	nc	nc	nc	nc	(49)
6	1,200	67	52	100	104	106	108	108	(50)
23	3,920	902	844	88	97	86	85	111	(51)
…	…	…	…	nc	nc	nc	nc	nc	(52)
…	…	…	…	nc	nc	nc	nc	nc	(53)
…	…	…	…	nc	nc	nc	nc	nc	(54)
8	1,270	102	84	100	98	99	99	95	(55)
x	x	x	x	x	x	x	x	x	(56)
7	1,790	125	109	100	99	99	100	101	(57)
5	733	33	20	100	101	97	100	95	(58)
…	…	…	…	nc	nc	nc	nc	nc	(59)
…	…	…	…	nc	nc	nc	nc	nc	(60)
22	1,140	250	173	96	94	90	91	90	(61)
…	…	…	…	nc	nc	nc	nc	nc	(62)

3 平成30年産都道府県別の作付面積、10a当たり収量、収穫量及び出荷量（続き）

(32) スイートコーン

全国農業地域 都道府県		作付面積	10a当たり 収量	収穫量	出荷量	対前年産比				(参考) 対平均収量比
						作付面積	10a当たり 収量	収穫量	出荷量	
		ha	kg	t	t	%	%	%	%	%
全 国	(1)	23,100	942	217,600	174,400	102	92	94	94	95
(全国農業地域)										
北 海 道	(2)	8,500	984	83,600	80,600	106	83	89	89	82
都 府 県	(3)	…	…	…	…	nc	nc	nc	nc	nc
東 北	(4)	…	…	…	…	nc	nc	nc	nc	nc
北 陸	(5)	…	…	…	…	nc	nc	nc	nc	nc
関 東 ・ 東 山	(6)	…	…	…	…	nc	nc	nc	nc	nc
東 海	(7)	…	…	…	…	nc	nc	nc	nc	nc
近 畿	(8)	…	…	…	…	nc	nc	nc	nc	nc
中 国	(9)	…	…	…	…	nc	nc	nc	nc	nc
四 国	(10)	…	…	…	…	nc	nc	nc	nc	nc
九 州	(11)	…	…	…	…	nc	nc	nc	nc	nc
沖 縄	(12)	…	…	…	…	nc	nc	nc	nc	nc
(都道府県)										
北 海 道	(13)	8,500	984	83,600	80,600	106	83	89	89	82
青 森	(14)	437	623	2,720	1,360	101	76	76	76	77
岩 手	(15)	534	594	3,170	2,190	97	99	97	94	101
宮 城	(16)	461	514	2,370	512	100	92	92	93	98
秋 田	(17)	…	…	…	…	nc	nc	nc	nc	nc
山 形	(18)	…	…	…	…	nc	nc	nc	nc	nc
福 島	(19)	575	516	2,970	1,150	99	98	97	97	98
茨 城	(20)	1,250	1,200	15,000	9,900	100	98	98	98	103
栃 木	(21)	577	1,010	5,830	4,020	100	105	106	110	115
群 馬	(22)	1,200	932	11,200	9,220	100	107	107	107	107
埼 玉	(23)	581	1,270	7,380	5,350	101	101	102	101	110
千 葉	(24)	1,750	976	17,100	14,200	99	102	101	101	98
東 京	(25)	…	…	…	…	nc	nc	nc	nc	nc
神 奈 川	(26)	…	…	…	…	nc	nc	nc	nc	nc
新 潟	(27)	…	…	…	…	nc	nc	nc	nc	nc
富 山	(28)	…	…	…	…	nc	nc	nc	nc	nc
石 川	(29)	…	…	…	…	nc	nc	nc	nc	nc
福 井	(30)	…	…	…	…	nc	nc	nc	nc	nc
山 梨	(31)	757	1,120	8,480	6,980	100	93	93	93	95
長 野	(32)	1,200	700	8,400	5,410	94	103	98	99	101
岐 阜	(33)	…	…	…	…	nc	nc	nc	nc	nc
静 岡	(34)	429	927	3,980	2,490	94	115	108	108	110
愛 知	(35)	534	982	5,240	4,190	98	97	95	97	97
三 重	(36)	…	…	…	…	nc	nc	nc	nc	nc
滋 賀	(37)	…	…	…	…	nc	nc	nc	nc	nc
京 都	(38)	…	…	…	…	nc	nc	nc	nc	nc
大 阪	(39)	…	…	…	…	nc	nc	nc	nc	nc
兵 庫	(40)	113	723	817	416	99	98	97	98	111
奈 良	(41)	…	…	…	…	nc	nc	nc	nc	nc
和 歌 山	(42)	…	…	…	…	nc	nc	nc	nc	nc
鳥 取	(43)	75	952	714	229	96	93	90	90	109
島 根	(44)	…	…	…	…	nc	nc	nc	nc	nc
岡 山	(45)	…	…	…	…	nc	nc	nc	nc	nc
広 島	(46)	…	…	…	…	nc	nc	nc	nc	nc
山 口	(47)	…	…	…	…	nc	nc	nc	nc	nc
徳 島	(48)	199	1,040	2,070	1,650	93	88	81	82	103
香 川	(49)	102	1,190	1,210	1,070	101	89	90	91	102
愛 媛	(50)	…	…	…	…	nc	nc	nc	nc	nc
高 知	(51)	…	…	…	…	nc	nc	nc	nc	nc
福 岡	(52)	…	…	…	…	nc	nc	nc	nc	nc
佐 賀	(53)	…	…	…	…	nc	nc	nc	nc	nc
長 崎	(54)	…	…	…	…	nc	nc	nc	nc	nc
熊 本	(55)	…	…	…	…	nc	nc	nc	nc	nc
大 分	(56)	…	…	…	…	nc	nc	nc	nc	nc
宮 崎	(57)	351	1,240	4,350	4,100	98	112	109	109	96
鹿 児 島	(58)	…	…	…	…	nc	nc	nc	nc	nc
沖 縄	(59)	…	…	…	…	nc	nc	nc	nc	nc
関 東 農 政 局	(60)	…	…	…	…	nc	nc	nc	nc	nc
東 海 農 政 局	(61)	…	…	…	…	nc	nc	nc	nc	nc
中国四国農政局	(62)	…	…	…	…	nc	nc	nc	nc	nc

(33)　さやいんげん

作付面積	10a当たり収量	収穫量	出荷量	対前年産比 作付面積	10a当たり収量	収穫量	出荷量	(参考)対平均収量比	
ha	kg	t	t	%	%	%	%	%	
5,330	702	37,400	24,900	95	99	94	94	101	(1)
451	623	2,810	2,640	103	87	89	89	82	(2)
…	…	…	…	nc	nc	nc	nc	nc	(3)
1,140	588	6,700	3,780	97	99	95	95	101	(4)
…	…	…	…	nc	nc	nc	nc	nc	(5)
…	…	…	…	nc	nc	nc	nc	nc	(6)
…	…	…	…	nc	nc	nc	nc	nc	(7)
…	…	…	…	nc	nc	nc	nc	nc	(8)
…	…	…	…	nc	nc	nc	nc	nc	(9)
…	…	…	…	nc	nc	nc	nc	nc	(10)
…	…	…	…	nc	nc	nc	nc	nc	(11)
177	1,220	2,160	2,000	101	110	111	113	117	(12)
451	623	2,810	2,640	103	87	89	89	82	(13)
102	821	837	502	94	110	104	104	112	(14)
99	451	446	208	94	97	92	86	94	(15)
194	399	774	211	96	105	101	101	111	(16)
132	474	626	277	99	92	92	91	94	(17)
126	456	575	270	99	93	93	93	89	(18)
489	703	3,440	2,310	98	96	94	94	101	(19)
193	833	1,610	967	97	98	96	98	95	(20)
166	624	1,040	591	95	98	94	102	105	(21)
174	575	1,000	652	98	95	93	94	100	(22)
148	539	798	398	99	95	95	94	94	(23)
458	1,350	6,180	4,450	94	102	96	96	119	(24)
…	…	…	…	nc	nc	nc	nc	nc	(25)
98	623	611	416	99	96	95	95	81	(26)
86	342	294	44	99	76	75	83	70	(27)
…	…	…	…	nc	nc	nc	nc	nc	(28)
…	…	…	…	nc	nc	nc	nc	nc	(29)
…	…	…	…	nc	nc	nc	nc	nc	(30)
105	371	390	301	99	90	90	95	83	(31)
276	333	919	433	89	103	92	95	97	(32)
88	419	369	190	99	71	70	70	72	(33)
…	…	…	…	nc	nc	nc	nc	nc	(34)
…	…	…	…	nc	nc	nc	nc	nc	(35)
…	…	…	…	nc	nc	nc	nc	nc	(36)
…	…	…	…	nc	nc	nc	nc	nc	(37)
…	…	…	…	nc	nc	nc	nc	nc	(38)
…	…	…	…	nc	nc	nc	nc	nc	(39)
…	…	…	…	nc	nc	nc	nc	nc	(40)
…	…	…	…	nc	nc	nc	nc	nc	(41)
…	…	…	…	nc	nc	nc	nc	nc	(42)
…	…	…	…	nc	nc	nc	nc	nc	(43)
…	…	…	…	nc	nc	nc	nc	nc	(44)
…	…	…	…	nc	nc	nc	nc	nc	(45)
100	549	549	235	100	103	103	98	100	(46)
…	…	…	…	nc	nc	nc	nc	nc	(47)
…	…	…	…	nc	nc	nc	nc	nc	(48)
17	576	98	37	100	98	98	93	83	(49)
100	428	428	198	96	97	93	98	92	(50)
29	2,000	580	545	94	100	94	93	108	(51)
97	611	593	409	98	99	97	97	106	(52)
…	…	…	…	nc	nc	nc	nc	nc	(53)
119	512	609	510	98	107	105	105	81	(54)
92	818	753	580	99	114	113	113	106	(55)
…	…	…	…	nc	nc	nc	nc	nc	(56)
…	…	…	…	nc	nc	nc	nc	nc	(57)
266	1,070	2,850	2,530	72	111	80	79	125	(58)
177	1,220	2,160	2,000	101	110	111	113	117	(59)
…	…	…	…	nc	nc	nc	nc	nc	(60)
…	…	…	…	nc	nc	nc	nc	nc	(61)
…	…	…	…	nc	nc	nc	nc	nc	(62)

3　平成30年産都道府県別の作付面積、10 a 当たり収量、収穫量及び出荷量（続き）

(34)　さやえんどう

全国農業地域 都道府県	作付面積	10 a 当たり収量	収穫量	出荷量	対前年産比 作付面積	10 a 当たり収量	収穫量	出荷量	(参考)対平均収量比
	ha	kg	t	t	%	%	%	%	%
全　　国　(1)	2,910	674	19,600	12,500	95	95	90	91	103
（全国農業地域）									
北　海　道　(2)	73	548	400	339	96	84	81	80	86
都　府　県　(3)	…	…	…	…	nc	nc	nc	nc	nc
東　　北　(4)	…	…	…	…	nc	nc	nc	nc	nc
北　　陸　(5)	…	…	…	…	nc	nc	nc	nc	nc
関東・東山　(6)	…	…	…	…	nc	nc	nc	nc	nc
東　　海　(7)	…	…	…	…	nc	nc	nc	nc	nc
近　　畿　(8)	…	…	…	…	nc	nc	nc	nc	nc
中　　国　(9)	…	…	…	…	nc	nc	nc	nc	nc
四　　国　(10)	…	…	…	…	nc	nc	nc	nc	nc
九　　州　(11)	…	…	…	…	nc	nc	nc	nc	nc
沖　　縄　(12)	…	…	…	…	nc	nc	nc	nc	nc
（都道府県）									
北　海　道　(13)	73	548	400	339	96	84	81	80	86
青　　森　(14)	63	461	290	174	90	101	91	88	99
岩　　手　(15)	101	386	390	229	94	95	90	86	109
宮　　城　(16)	57	488	278	54	98	101	99	96	100
秋　　田　(17)	99	460	455	120	99	97	96	96	105
山　　形　(18)	…	…	…	…	nc	nc	nc	nc	nc
福　　島　(19)	249	448	1,120	871	98	97	96	99	112
茨　　城　(20)	60	768	461	209	87	95	83	100	99
栃　　木　(21)	…	…	…	…	nc	nc	nc	nc	nc
群　　馬　(22)	…	…	…	…	nc	nc	nc	nc	nc
埼　　玉　(23)	…	…	…	…	nc	nc	nc	nc	nc
千　　葉　(24)	126	476	600	296	95	94	90	90	99
東　　京　(25)	…	…	…	…	nc	nc	nc	nc	nc
神　奈　川　(26)	…	…	…	…	nc	nc	nc	nc	nc
新　　潟　(27)	58	426	247	41	98	88	86	91	87
富　　山　(28)	…	…	…	…	nc	nc	nc	nc	nc
石　　川　(29)	…	…	…	…	nc	nc	nc	nc	nc
福　　井　(30)	…	…	…	…	nc	nc	nc	nc	nc
山　　梨　(31)	…	…	…	…	nc	nc	nc	nc	nc
長　　野　(32)	89	370	329	64	92	100	91	94	99
岐　　阜　(33)	…	…	…	…	nc	nc	nc	nc	nc
静　　岡　(34)	84	739	621	445	98	98	96	96	100
愛　　知　(35)	134	966	1,290	1,060	99	96	94	95	98
三　　重　(36)	72	739	532	180	100	99	99	99	95
滋　　賀　(37)	…	…	…	…	nc	nc	nc	nc	nc
京　　都　(38)	69	477	329	208	103	104	107	121	107
大　　阪　(39)	…	…	…	…	nc	nc	nc	nc	nc
兵　　庫　(40)	91	463	421	110	99	98	97	97	100
奈　　良　(41)	…	…	…	…	nc	nc	nc	nc	nc
和　歌　山　(42)	74	984	728	655	100	81	81	81	81
鳥　　取　(43)	…	…	…	…	nc	nc	nc	nc	nc
島　　根　(44)	…	…	…	…	nc	nc	nc	nc	nc
岡　　山　(45)	79	453	358	160	93	108	100	103	112
広　　島　(46)	94	695	653	351	100	98	98	100	101
山　　口　(47)	…	…	…	…	nc	nc	nc	nc	nc
徳　　島　(48)	56	582	326	258	78	100	78	95	101
香　　川　(49)	…	…	…	…	nc	nc	nc	nc	nc
愛　　媛　(50)	82	444	364	160	99	90	89	91	89
高　　知　(51)	…	…	…	…	nc	nc	nc	nc	nc
福　　岡　(52)	53	532	282	160	96	98	96	96	106
佐　　賀　(53)	…	…	…	…	nc	nc	nc	nc	nc
長　　崎　(54)	56	870	487	375	93	97	90	89	94
熊　　本　(55)	…	…	…	…	nc	nc	nc	nc	nc
大　　分　(56)	51	882	450	321	96	96	93	93	99
宮　　崎　(57)	…	…	…	…	nc	nc	nc	nc	nc
鹿　児　島　(58)	390	1,130	4,410	3,690	93	94	88	87	93
沖　　縄　(59)	…	…	…	…	nc	nc	nc	nc	nc
関東農政局　(60)	…	…	…	…	nc	nc	nc	nc	nc
東海農政局　(61)	…	…	…	…	nc	nc	nc	nc	nc
中国四国農政局　(62)	…	…	…	…	nc	nc	nc	nc	nc

(35)　グリーンピース

作付面積	10 a 当たり収量	収穫量	出荷量	対前年産比 作付面積	10 a 当たり収量	収穫量	出荷量	(参考)対平均収量比	
ha	kg	t	t	%	%	%	%	%	
760	782	5,940	4,680	98	94	93	92	103	(1)
54	425	230	223	129	74	95	96	78	(2)
…	…	…	…	nc	nc	nc	nc	nc	(3)
…	…	…	…	nc	nc	nc	nc	nc	(4)
…	…	…	…	nc	nc	nc	nc	nc	(5)
…	…	…	…	nc	nc	nc	nc	nc	(6)
…	…	…	…	nc	nc	nc	nc	nc	(7)
…	…	…	…	nc	nc	nc	nc	nc	(8)
…	…	…	…	nc	nc	nc	nc	nc	(9)
…	…	…	…	nc	nc	nc	nc	nc	(10)
…	…	…	…	nc	nc	nc	nc	nc	(11)
…	…	…	…	nc	nc	nc	nc	nc	(12)
54	425	230	223	129	74	95	96	78	(13)
…	…	…	…	nc	nc	nc	nc	nc	(14)
…	…	…	…	nc	nc	nc	nc	nc	(15)
…	…	…	…	nc	nc	nc	nc	nc	(16)
…	…	…	…	nc	nc	nc	nc	nc	(17)
…	…	…	…	nc	nc	nc	nc	nc	(18)
27	400	108	90	82	97	79	78	97	(19)
…	…	…	…	nc	nc	nc	nc	nc	(20)
…	…	…	…	nc	nc	nc	nc	nc	(21)
…	…	…	…	nc	nc	nc	nc	nc	(22)
…	…	…	…	nc	nc	nc	nc	nc	(23)
…	…	…	…	nc	nc	nc	nc	nc	(24)
…	…	…	…	nc	nc	nc	nc	nc	(25)
…	…	…	…	nc	nc	nc	nc	nc	(26)
…	…	…	…	nc	nc	nc	nc	nc	(27)
…	…	…	…	nc	nc	nc	nc	nc	(28)
…	…	…	…	nc	nc	nc	nc	nc	(29)
…	…	…	…	nc	nc	nc	nc	nc	(30)
…	…	…	…	nc	nc	nc	nc	nc	(31)
…	…	…	…	nc	nc	nc	nc	nc	(32)
22	686	151	54	100	103	103	104	104	(33)
…	…	…	…	nc	nc	nc	nc	nc	(34)
…	…	…	…	nc	nc	nc	nc	nc	(35)
…	…	…	…	nc	nc	nc	nc	nc	(36)
16	650	104	54	107	106	113	115	110	(37)
…	…	…	…	nc	nc	nc	nc	nc	(38)
35	586	205	113	100	101	100	101	104	(39)
22	514	113	43	100	98	97	98	99	(40)
26	589	153	75	93	96	89	89	100	(41)
243	1,040	2,530	2,240	99	93	92	93	102	(42)
…	…	…	…	nc	nc	nc	nc	nc	(43)
…	…	…	…	nc	nc	nc	nc	nc	(44)
18	461	83	42	95	95	90	95	96	(45)
…	…	…	…	nc	nc	nc	nc	nc	(46)
…	…	…	…	nc	nc	nc	nc	nc	(47)
…	…	…	…	nc	nc	nc	nc	nc	(48)
…	…	…	…	nc	nc	nc	nc	nc	(49)
…	…	…	…	nc	nc	nc	nc	nc	(50)
…	…	…	…	nc	nc	nc	nc	nc	(51)
21	770	162	93	100	101	101	101	101	(52)
…	…	…	…	nc	nc	nc	nc	nc	(53)
…	…	…	…	nc	nc	nc	nc	nc	(54)
24	1,090	262	245	100	106	106	105	116	(55)
…	…	…	…	nc	nc	nc	nc	nc	(56)
…	…	…	…	nc	nc	nc	nc	nc	(57)
107	830	888	757	91	94	85	86	93	(58)
…	…	…	…	nc	nc	nc	nc	nc	(59)
…	…	…	…	nc	nc	nc	nc	nc	(60)
…	…	…	…	nc	nc	nc	nc	nc	(61)
…	…	…	…	nc	nc	nc	nc	nc	(62)

3 平成30年産都道府県別の作付面積、10a当たり収量、収穫量及び出荷量（続き）

(36) そらまめ

全国農業地域 都 道 府 県		作 付 面 積	10a当たり 収　　量	収 穫 量	出 荷 量	対　前　年　産　比				(参考) 対平均 収量比
						作付面積	10a当たり 収　量	収穫量	出荷量	
		ha	kg	t	t	%	%	%	%	%
全　　　　国	(1)	1,810	801	14,500	10,100	95	98	94	94	97
(全国農業地域)										
北　海　道	(2)	…	…	…	…	nc	nc	nc	nc	nc
都　府　県	(3)	…	…	…	…	nc	nc	nc	nc	nc
東　　北	(4)	…	…	…	…	nc	nc	nc	nc	nc
北　　陸	(5)	…	…	…	…	nc	nc	nc	nc	nc
関東・東山	(6)	…	…	…	…	nc	nc	nc	nc	nc
東　　海	(7)	…	…	…	…	nc	nc	nc	nc	nc
近　　畿	(8)	…	…	…	…	nc	nc	nc	nc	nc
中　　国	(9)	…	…	…	…	nc	nc	nc	nc	nc
四　　国	(10)	…	…	…	…	nc	nc	nc	nc	nc
九　　州	(11)	…	…	…	…	nc	nc	nc	nc	nc
沖　　縄	(12)	…	…	…	…	nc	nc	nc	nc	nc
(都道府県)										
北　海　道	(13)	…	…	…	…	nc	nc	nc	nc	nc
青　　森	(14)	24	936	225	203	96	92	88	88	93
岩　　手	(15)	…	…	…	…	nc	nc	nc	nc	nc
宮　　城	(16)	67	706	473	349	103	100	103	104	101
秋　　田	(17)	30	700	210	176	94	94	88	88	95
山　　形	(18)	…	…	…	…	nc	nc	nc	nc	nc
福　　島	(19)	…	…	…	…	nc	nc	nc	nc	nc
茨　　城	(20)	135	1,270	1,710	1,350	99	100	98	99	117
栃　　木	(21)	…	…	…	…	nc	nc	nc	nc	nc
群　　馬	(22)	…	…	…	…	nc	nc	nc	nc	nc
埼　　玉	(23)	…	…	…	…	nc	nc	nc	nc	nc
千　　葉	(24)	358	728	2,610	1,820	95	118	112	112	107
東　　京	(25)	…	…	…	…	nc	nc	nc	nc	nc
神　奈　川	(26)	…	…	…	…	nc	nc	nc	nc	nc
新　　潟	(27)	56	670	375	222	97	83	80	82	84
富　　山	(28)	…	…	…	…	nc	nc	nc	nc	nc
石　　川	(29)	…	…	…	…	nc	nc	nc	nc	nc
福　　井	(30)	…	…	…	…	nc	nc	nc	nc	nc
山　　梨	(31)	…	…	…	…	nc	nc	nc	nc	nc
長　　野	(32)	…	…	…	…	nc	nc	nc	nc	nc
岐　　阜	(33)	…	…	…	…	nc	nc	nc	nc	nc
静　　岡	(34)	…	…	…	…	nc	nc	nc	nc	nc
愛　　知	(35)	…	…	…	…	nc	nc	nc	nc	nc
三　　重	(36)	…	…	…	…	nc	nc	nc	nc	nc
滋　　賀	(37)	…	…	…	…	nc	nc	nc	nc	nc
京　　都	(38)	…	…	…	…	nc	nc	nc	nc	nc
大　　阪	(39)	36	458	165	107	100	101	101	102	101
兵　　庫	(40)	40	433	173	45	98	99	97	96	102
奈　　良	(41)	…	…	…	…	nc	nc	nc	nc	nc
和　歌　山	(42)	34	688	234	178	100	108	107	107	106
鳥　　取	(43)	62	537	333	60	100	78	78	79	81
島　　根	(44)	…	…	…	…	nc	nc	nc	nc	nc
岡　　山	(45)	…	…	…	…	nc	nc	nc	nc	nc
広　　島	(46)	…	…	…	…	nc	nc	nc	nc	nc
山　　口	(47)	…	…	…	…	nc	nc	nc	nc	nc
徳　　島	(48)	44	650	286	140	88	98	86	93	99
香　　川	(49)	89	373	332	130	100	87	86	95	91
愛　　媛	(50)	137	582	797	563	99	103	102	104	86
高　　知	(51)	…	…	…	…	nc	nc	nc	nc	nc
福　　岡	(52)	51	650	332	229	98	99	98	98	89
佐　　賀	(53)	…	…	…	…	nc	nc	nc	nc	nc
長　　崎	(54)	43	823	354	286	86	84	72	73	73
熊　　本	(55)	32	1,180	378	303	91	125	114	114	118
大　　分	(56)	…	…	…	…	nc	nc	nc	nc	nc
宮　　崎	(57)	…	…	…	…	nc	nc	nc	nc	nc
鹿　児　島	(58)	254	1,240	3,150	2,730	90	93	83	83	93
沖　　縄	(59)	…	…	…	…	nc	nc	nc	nc	nc
関東農政局	(60)	…	…	…	…	nc	nc	nc	nc	nc
東海農政局	(61)	…	…	…	…	nc	nc	nc	nc	nc
中国四国農政局	(62)	…	…	…	…	nc	nc	nc	nc	nc

(37) えだまめ

作付面積	10a当たり収量	収穫量	出荷量	対前年産比 作付面積	10a当たり収量	収穫量	出荷量	(参考)対平均収量比	
ha	kg	t	t	%	%	%	%	%	
12,800	498	63,800	48,700	99	95	94	94	95	(1)
917	656	6,020	5,770	83	95	80	80	106	(2)
…	…	…	…	nc	nc	nc	nc	nc	(3)
3,880	348	13,500	9,250	99	94	94	93	91	(4)
…	…	…	…	nc	nc	nc	nc	nc	(5)
…	…	…	…	nc	nc	nc	nc	nc	(6)
…	…	…	…	nc	nc	nc	nc	nc	(7)
…	…	…	…	nc	nc	nc	nc	nc	(8)
…	…	…	…	nc	nc	nc	nc	nc	(9)
…	…	…	…	nc	nc	nc	nc	nc	(10)
…	…	…	…	nc	nc	nc	nc	nc	(11)
…	…	…	…	nc	nc	nc	nc	nc	(12)
917	656	6,020	5,770	83	95	80	80	106	(13)
265	368	975	419	94	89	83	84	84	(14)
260	270	702	403	98	97	95	96	90	(15)
296	410	1,210	493	100	108	108	107	104	(16)
1,310	310	4,060	3,120	101	89	90	90	83	(17)
1,480	374	5,540	4,490	100	95	95	95	94	(18)
269	363	976	321	99	97	96	97	97	(19)
…	…	…	…	nc	nc	nc	nc	nc	(20)
…	…	…	…	nc	nc	nc	nc	nc	(21)
1,100	584	6,420	5,560	98	100	98	98	125	(22)
706	832	5,870	4,480	99	101	101	101	102	(23)
795	733	5,830	4,930	97	99	96	96	86	(24)
…	…	…	…	nc	nc	nc	nc	nc	(25)
316	863	2,730	2,320	99	107	107	107	100	(26)
1,560	289	4,510	2,800	99	93	92	93	82	(27)
55	309	170	114	134	91	121	123	65	(28)
…	…	…	…	nc	nc	nc	nc	nc	(29)
…	…	…	…	nc	nc	nc	nc	nc	(30)
…	…	…	…	nc	nc	nc	nc	nc	(31)
…	…	…	…	nc	nc	nc	nc	nc	(32)
301	435	1,310	1,030	97	85	82	83	89	(33)
…	…	…	…	nc	nc	nc	nc	nc	(34)
…	…	…	…	nc	nc	nc	nc	nc	(35)
…	…	…	…	nc	nc	nc	nc	nc	(36)
…	…	…	…	nc	nc	nc	nc	nc	(37)
228	445	1,010	895	nc	nc	nc	nc	80	(38)
136	880	1,200	1,100	96	98	94	95	97	(39)
381	399	1,520	1,010	137	68	92	92	71	(40)
…	…	…	…	nc	nc	nc	nc	nc	(41)
…	…	…	…	nc	nc	nc	nc	nc	(42)
…	…	…	…	nc	nc	nc	nc	nc	(43)
…	…	…	…	nc	nc	nc	nc	nc	(44)
…	…	…	…	nc	nc	nc	nc	nc	(45)
…	…	…	…	nc	nc	nc	nc	nc	(46)
…	…	…	…	nc	nc	nc	nc	nc	(47)
238	490	1,170	990	105	97	103	103	99	(48)
42	452	190	119	95	107	102	99	94	(49)
97	358	347	211	98	96	94	93	103	(50)
…	…	…	…	nc	nc	nc	nc	nc	(51)
…	…	…	…	nc	nc	nc	nc	nc	(52)
…	…	…	…	nc	nc	nc	nc	nc	(53)
…	…	…	…	nc	nc	nc	nc	nc	(54)
…	…	…	…	nc	nc	nc	nc	nc	(55)
…	…	…	…	nc	nc	nc	nc	nc	(56)
282	480	1,350	1,190	nc	nc	nc	nc	nc	(57)
…	…	…	…	nc	nc	nc	nc	nc	(58)
…	…	…	…	nc	nc	nc	nc	nc	(59)
…	…	…	…	nc	nc	nc	nc	nc	(60)
…	…	…	…	nc	nc	nc	nc	nc	(61)
…	…	…	…	nc	nc	nc	nc	nc	(62)

3 平成30年産都道府県別の作付面積、10a当たり収量、収穫量及び出荷量（続き）

(38) しょうが

全国農業地域 都 道 府 県		作付面積	10a当たり 収　量	収 穫 量	出 荷 量	対 前 年 産 比				(参考) 対平均 収量比
						作付面積	10a当たり 収　量	収穫量	出荷量	
		ha	kg	t	t	%	%	%	%	%
全 国	(1)	1,750	2,660	46,600	36,400	98	98	96	96	97
(全国農業地域)										
北 海 道	(2)	…	…	…	…	nc	nc	nc	nc	nc
都 府 県	(3)	…	…	…	…	nc	nc	nc	nc	nc
東 北	(4)	…	…	…	…	nc	nc	nc	nc	nc
北 陸	(5)	…	…	…	…	nc	nc	nc	nc	nc
関 東 ・ 東 山	(6)	…	…	…	…	nc	nc	nc	nc	nc
東 海	(7)	…	…	…	…	nc	nc	nc	nc	nc
近 畿	(8)	…	…	…	…	nc	nc	nc	nc	nc
中 国	(9)	…	…	…	…	nc	nc	nc	nc	nc
四 国	(10)	…	…	…	…	nc	nc	nc	nc	nc
九 州	(11)	…	…	…	…	nc	nc	nc	nc	nc
沖 縄	(12)	…	…	…	…	nc	nc	nc	nc	nc
(都道府県)										
北 海 道	(13)	…	…	…	…	nc	nc	nc	nc	nc
青 森	(14)	…	…	…	…	nc	nc	nc	nc	nc
岩 手	(15)	…	…	…	…	nc	nc	nc	nc	nc
宮 城	(16)	…	…	…	…	nc	nc	nc	nc	nc
秋 田	(17)	…	…	…	…	nc	nc	nc	nc	nc
山 形	(18)	…	…	…	…	nc	nc	nc	nc	nc
福 島	(19)	…	…	…	…	nc	nc	nc	nc	nc
茨 城	(20)	104	2,410	2,510	1,970	98	96	95	94	100
栃 木	(21)	…	…	…	…	nc	nc	nc	nc	nc
群 馬	(22)	…	…	…	…	nc	nc	nc	nc	nc
埼 玉	(23)	39	1,160	452	346	nc	nc	nc	nc	nc
千 葉	(24)	305	1,470	4,480	2,510	97	126	121	121	134
東 京	(25)	…	…	…	…	nc	nc	nc	nc	nc
神 奈 川	(26)	…	…	…	…	nc	nc	nc	nc	nc
新 潟	(27)	…	…	…	…	nc	nc	nc	nc	nc
富 山	(28)	…	…	…	…	nc	nc	nc	nc	nc
石 川	(29)	…	…	…	…	nc	nc	nc	nc	nc
福 井	(30)	…	…	…	…	nc	nc	nc	nc	nc
山 梨	(31)	…	…	…	…	nc	nc	nc	nc	nc
長 野	(32)	…	…	…	…	nc	nc	nc	nc	nc
岐 阜	(33)	…	…	…	…	nc	nc	nc	nc	nc
静 岡	(34)	91	1,800	1,640	1,380	93	97	90	90	98
愛 知	(35)	49	1,090	534	352	96	92	89	90	92
三 重	(36)	…	…	…	…	nc	nc	nc	nc	nc
滋 賀	(37)	…	…	…	…	nc	nc	nc	nc	nc
京 都	(38)	…	…	…	…	nc	nc	nc	nc	nc
大 阪	(39)	…	…	…	…	nc	nc	nc	nc	nc
兵 庫	(40)	…	…	…	…	nc	nc	nc	nc	nc
奈 良	(41)	…	…	…	…	nc	nc	nc	nc	nc
和 歌 山	(42)	…	…	…	…	nc	nc	nc	nc	nc
鳥 取	(43)	…	…	…	…	nc	nc	nc	nc	nc
島 根	(44)	…	…	…	…	nc	nc	nc	nc	nc
岡 山	(45)	10	2,900	290	232	100	83	83	83	82
広 島	(46)	…	…	…	…	nc	nc	nc	nc	nc
山 口	(47)	…	…	…	…	nc	nc	nc	nc	nc
徳 島	(48)	9	2,130	192	163	100	60	60	61	61
香 川	(49)	…	…	…	…	nc	nc	nc	nc	nc
愛 媛	(50)	…	…	…	…	nc	nc	nc	nc	nc
高 知	(51)	420	4,660	19,600	15,800	101	94	95	95	95
福 岡	(52)	…	…	…	…	nc	nc	nc	nc	nc
佐 賀	(53)	…	…	…	…	nc	nc	nc	nc	nc
長 崎	(54)	68	2,050	1,390	896	111	100	111	113	94
熊 本	(55)	179	3,020	5,410	4,170	100	96	96	95	98
大 分	(56)	…	…	…	…	nc	nc	nc	nc	nc
宮 崎	(57)	82	3,080	2,530	2,230	96	110	105	105	97
鹿 児 島	(58)	84	2,380	2,000	1,770	86	87	75	74	93
沖 縄	(59)	…	…	…	…	nc	nc	nc	nc	nc
関 東 農 政 局	(60)	…	…	…	…	nc	nc	nc	nc	nc
東 海 農 政 局	(61)	…	…	…	…	nc	nc	nc	nc	nc
中国四国農政局	(62)	…	…	…	…	nc	nc	nc	nc	nc

(39) いちご

作 付 面 積	10a当たり収　量	収　穫　量	出　荷　量	対　前　年　産　比				(参考)対平均収量比	
				作付面積	10a当たり収　量	収穫量	出荷量		
ha	kg	t	t	%	%	%	%	%	
5,200	3,110	161,800	148,600	98	100	99	99	106	(1)
100	1,830	1,830	1,710	98	102	99	101	106	(2)
…	…	…	…	nc	nc	nc	nc	nc	(3)
…	…	…	…	nc	nc	nc	nc	nc	(4)
…	…	…	…	nc	nc	nc	nc	nc	(5)
…	…	…	…	nc	nc	nc	nc	nc	(6)
750	3,320	24,900	23,000	99	99	98	98	102	(7)
…	…	…	…	nc	nc	nc	nc	nc	(8)
…	…	…	…	nc	nc	nc	nc	nc	(9)
…	…	…	…	nc	nc	nc	nc	nc	(10)
…	…	…	…	nc	nc	nc	nc	nc	(11)
…	…	…	…	nc	nc	nc	nc	nc	(12)
100	1,830	1,830	1,710	98	102	99	101	106	(13)
86	1,370	1,180	1,000	99	107	106	108	115	(14)
…	…	…	…	nc	nc	nc	nc	nc	(15)
124	3,600	4,460	4,070	100	99	99	99	115	(16)
…	…	…	…	nc	nc	nc	nc	nc	(17)
…	…	…	…	nc	nc	nc	nc	nc	(18)
108	2,210	2,390	2,120	100	101	101	100	105	(19)
242	3,780	9,150	8,560	100	102	102	102	109	(20)
545	4,560	24,900	23,400	98	101	99	99	106	(21)
115	2,750	3,160	2,960	91	98	88	89	106	(22)
104	3,030	3,150	2,800	98	103	101	104	106	(23)
222	3,030	6,730	6,360	100	101	101	101	99	(24)
…	…	…	…	nc	nc	nc	nc	nc	(25)
…	…	…	…	nc	nc	nc	nc	nc	(26)
98	1,230	1,210	1,030	99	103	103	107	105	(27)
…	…	…	…	nc	nc	nc	nc	nc	(28)
…	…	…	…	nc	nc	nc	nc	nc	(29)
…	…	…	…	nc	nc	nc	nc	nc	(30)
…	…	…	…	nc	nc	nc	nc	nc	(31)
…	…	…	…	nc	nc	nc	nc	nc	(32)
115	2,150	2,470	1,990	97	98	95	95	93	(33)
301	3,580	10,800	10,100	99	102	102	102	105	(34)
265	3,650	9,670	8,990	100	96	96	96	104	(35)
69	2,900	2,000	1,870	97	96	93	94	99	(36)
…	…	…	…	nc	nc	nc	nc	nc	(37)
…	…	…	…	nc	nc	nc	nc	nc	(38)
…	…	…	…	nc	nc	nc	nc	nc	(39)
181	999	1,810	1,090	100	96	96	96	111	(40)
105	2,210	2,320	2,110	97	100	97	97	106	(41)
…	…	…	…	nc	nc	nc	nc	nc	(42)
…	…	…	…	nc	nc	nc	nc	nc	(43)
…	…	…	…	nc	nc	nc	nc	nc	(44)
…	…	…	…	nc	nc	nc	nc	nc	(45)
…	…	…	…	nc	nc	nc	nc	nc	(46)
104	2,280	2,370	1,830	99	97	96	99	107	(47)
…	…	…	…	nc	nc	nc	nc	nc	(48)
87	3,540	3,080	2,860	99	114	112	113	112	(49)
82	3,070	2,520	2,300	98	100	98	97	108	(50)
…	…	…	…	nc	nc	nc	nc	nc	(51)
443	3,680	16,300	15,500	97	94	92	92	97	(52)
188	4,210	7,910	7,390	94	97	92	93	103	(53)
273	3,730	10,200	9,790	102	103	105	105	100	(54)
309	3,620	11,200	10,600	98	106	104	103	105	(55)
…	…	…	…	nc	nc	nc	nc	nc	(56)
69	3,820	2,640	2,430	103	109	112	111	110	(57)
…	…	…	…	nc	nc	nc	nc	nc	(58)
…	…	…	…	nc	nc	nc	nc	nc	(59)
…	…	…	…	nc	nc	nc	nc	nc	(60)
449	3,140	14,100	12,900	99	97	95	96	101	(61)
…	…	…	…	nc	nc	nc	nc	nc	(62)

3 平成30年産都道府県別の作付面積、10a当たり収量、収穫量及び出荷量（続き）

（40） メロン
ア 計

全国農業地域 都 道 府 県		作付面積	10a当たり 収　量	収　穫　量	出　荷　量	対　前　年　産　比				（参考） 対平均 収量比
						作付面積	10a当たり 収　量	収穫量	出荷量	
		ha	kg	t	t	%	%	%	%	%
全　　　国	(1)	6,630	2,310	152,900	138,700	98	101	99	99	103
（全国農業地域）										
北　海　道	(2)	992	2,190	21,700	20,100	94	92	87	88	95
都　府　県	(3)	…	…	…	…	nc	nc	nc	nc	nc
東　　北	(4)	…	…	…	…	nc	nc	nc	nc	nc
北　　陸	(5)	…	…	…	…	nc	nc	nc	nc	nc
関東・東山	(6)	…	…	…	…	nc	nc	nc	nc	nc
東　　海	(7)	…	…	…	…	nc	nc	nc	nc	nc
近　　畿	(8)	…	…	…	…	nc	nc	nc	nc	nc
中　　国	(9)	…	…	…	…	nc	nc	nc	nc	nc
四　　国	(10)	…	…	…	…	nc	nc	nc	nc	nc
九　　州	(11)	…	…	…	…	nc	nc	nc	nc	nc
沖　　縄	(12)	…	…	…	…	nc	nc	nc	nc	nc
（都道府県）										
北　海　道	(13)	992	2,190	21,700	20,100	94	92	87	88	95
青　　森	(14)	522	1,860	9,710	8,350	101	93	93	91	100
岩　　手	(15)	…	…	…	…	nc	nc	nc	nc	nc
宮　　城	(16)	…	…	…	…	nc	nc	nc	nc	nc
秋　　田	(17)	179	1,860	3,330	2,600	97	116	112	112	117
山　　形	(18)	532	2,060	11,000	9,610	100	107	107	107	99
福　　島	(19)	…	…	…	…	nc	nc	nc	nc	nc
茨　　城	(20)	1,310	3,070	40,200	37,600	98	102	101	101	106
栃　　木	(21)	…	…	…	…	nc	nc	nc	nc	nc
群　　馬	(22)	…	…	…	…	nc	nc	nc	nc	nc
埼　　玉	(23)	…	…	…	…	nc	nc	nc	nc	nc
千　　葉	(24)	329	2,230	7,340	7,080	99	89	88	88	98
東　　京	(25)	…	…	…	…	nc	nc	nc	nc	nc
神　奈　川	(26)	…	…	…	…	nc	nc	nc	nc	nc
新　　潟	(27)	…	…	…	…	nc	nc	nc	nc	nc
富　　山	(28)	…	…	…	…	nc	nc	nc	nc	nc
石　　川	(29)	30	1,290	387	219	97	95	92	96	93
福　　井	(30)	36	2,130	767	684	84	110	92	92	123
山　　梨	(31)	…	…	…	…	nc	nc	nc	nc	nc
長　　野	(32)	…	…	…	…	nc	nc	nc	nc	nc
岐　　阜	(33)	…	…	…	…	nc	nc	nc	nc	nc
静　　岡	(34)	271	2,690	7,290	7,050	98	99	97	97	96
愛　　知	(35)	382	2,220	8,480	7,840	98	101	100	100	105
三　　重	(36)	…	…	…	…	nc	nc	nc	nc	nc
滋　　賀	(37)	…	…	…	…	nc	nc	nc	nc	nc
京　　都	(38)	…	…	…	…	nc	nc	nc	nc	nc
大　　阪	(39)	…	…	…	…	nc	nc	nc	nc	nc
兵　　庫	(40)	…	…	…	…	nc	nc	nc	nc	nc
奈　　良	(41)	…	…	…	…	nc	nc	nc	nc	nc
和　歌　山	(42)	…	…	…	…	nc	nc	nc	nc	nc
鳥　　取	(43)	55	2,430	1,340	1,030	96	137	133	132	129
島　　根	(44)	…	…	…	…	nc	nc	nc	nc	nc
岡　　山	(45)	15	1,430	215	174	94	106	100	101	104
広　　島	(46)	…	…	…	…	nc	nc	nc	nc	nc
山　　口	(47)	…	…	…	…	nc	nc	nc	nc	nc
徳　　島	(48)	…	…	…	…	nc	nc	nc	nc	nc
香　　川	(49)	…	…	…	…	nc	nc	nc	nc	nc
愛　　媛	(50)	…	…	…	…	nc	nc	nc	nc	nc
高　　知	(51)	…	…	…	…	nc	nc	nc	nc	nc
福　　岡	(52)	…	…	…	…	nc	nc	nc	nc	nc
佐　　賀	(53)	…	…	…	…	nc	nc	nc	nc	nc
長　　崎	(54)	…	…	…	…	nc	nc	nc	nc	nc
熊　　本	(55)	914	2,420	22,100	20,900	99	111	109	109	106
大　　分	(56)	…	…	…	…	nc	nc	nc	nc	nc
宮　　崎	(57)	…	…	…	…	nc	nc	nc	nc	nc
鹿　児　島	(58)	…	…	…	…	nc	nc	nc	nc	nc
沖　　縄	(59)	…	…	…	…	nc	nc	nc	nc	nc
関東農政局	(60)	…	…	…	…	nc	nc	nc	nc	nc
東海農政局	(61)	…	…	…	…	nc	nc	nc	nc	nc
中国四国農政局	(62)	…	…	…	…	nc	nc	nc	nc	nc

イ　計のうち温室メロン（アールスフェボリット系）

作 付 面 積	10 a 当たり収　量	収 穫 量	出 荷 量	対 前 年 産 比				(参考)対平均収量比	
				作付面積	10 a 当たり収　量	収 穫 量	出 荷 量		
ha	kg	t	t	%	%	%	%	%	
678	2,730	18,500	17,700	97	102	99	99	103	(1)
–	–	–	–	nc	nc	nc	nc	nc	(2)
…	…	…	…	nc	nc	nc	nc	nc	(3)
…	…	…	…	nc	nc	nc	nc	nc	(4)
…	…	…	…	nc	nc	nc	nc	nc	(5)
…	…	…	…	nc	nc	nc	nc	nc	(6)
…	…	…	…	nc	nc	nc	nc	nc	(7)
…	…	…	…	nc	nc	nc	nc	nc	(8)
…	…	…	…	nc	nc	nc	nc	nc	(9)
…	…	…	…	nc	nc	nc	nc	nc	(10)
…	…	…	…	nc	nc	nc	nc	nc	(11)
…	…	…	…	nc	nc	nc	nc	nc	(12)
–	–	–	–	nc	nc	nc	nc	nc	(13)
–	–	–	–	nc	nc	nc	nc	nc	(14)
…	…	…	…	nc	nc	nc	nc	nc	(15)
…	…	…	…	nc	nc	nc	nc	nc	(16)
–	–	–	–	nc	nc	nc	nc	nc	(17)
–	–	–	–	nc	nc	nc	nc	nc	(18)
…	…	…	…	nc	nc	nc	nc	nc	(19)
120	2,900	3,480	3,300	92	110	102	102	105	(20)
…	…	…	…	nc	nc	nc	nc	nc	(21)
…	…	…	…	nc	nc	nc	nc	nc	(22)
…	…	…	…	nc	nc	nc	nc	nc	(23)
24	2,370	569	538	100	102	102	102	93	(24)
…	…	…	…	nc	nc	nc	nc	nc	(25)
…	…	…	…	nc	nc	nc	nc	nc	(26)
…	…	…	…	nc	nc	nc	nc	nc	(27)
…	…	…	…	nc	nc	nc	nc	nc	(28)
6	2,400	144	137	100	98	92	93	87	(29)
18	2,120	382	363	90	100	90	90	117	(30)
…	…	…	…	nc	nc	nc	nc	nc	(31)
…	…	…	…	nc	nc	nc	nc	nc	(32)
…	…	…	…	nc	nc	nc	nc	nc	(33)
260	2,710	7,050	6,870	98	99	97	97	95	(34)
126	3,030	3,820	3,620	98	102	100	100	107	(35)
…	…	…	…	nc	nc	nc	nc	nc	(36)
…	…	…	…	nc	nc	nc	nc	nc	(37)
…	…	…	…	nc	nc	nc	nc	nc	(38)
…	…	…	…	nc	nc	nc	nc	nc	(39)
…	…	…	…	nc	nc	nc	nc	nc	(40)
…	…	…	…	nc	nc	nc	nc	nc	(41)
…	…	…	…	nc	nc	nc	nc	nc	(42)
4	1,500	60	51	100	79	90	88	86	(43)
…	…	…	…	nc	nc	nc	nc	nc	(44)
4	1,700	68	64	100	92	92	91	90	(45)
…	…	…	…	nc	nc	nc	nc	nc	(46)
…	…	…	…	nc	nc	nc	nc	nc	(47)
…	…	…	…	nc	nc	nc	nc	nc	(48)
…	…	…	…	nc	nc	nc	nc	nc	(49)
…	…	…	…	nc	nc	nc	nc	nc	(50)
…	…	…	…	nc	nc	nc	nc	nc	(51)
…	…	…	…	nc	nc	nc	nc	nc	(52)
…	…	…	…	nc	nc	nc	nc	nc	(53)
…	…	…	…	nc	nc	nc	nc	nc	(54)
–	–	–	–	nc	nc	nc	nc	nc	(55)
…	…	…	…	nc	nc	nc	nc	nc	(56)
…	…	…	…	nc	nc	nc	nc	nc	(57)
…	…	…	…	nc	nc	nc	nc	nc	(58)
…	…	…	…	nc	nc	nc	nc	nc	(59)
…	…	…	…	nc	nc	nc	nc	nc	(60)
…	…	…	…	nc	nc	nc	nc	nc	(61)
…	…	…	…	nc	nc	nc	nc	nc	(62)

3 平成30年産都道府県別の作付面積、10 a 当たり収量、収穫量及び出荷量（続き）

(41) すいか

全国農業地域 都 道 府 県		作 付 面 積	10 a 当たり 収　　量	収 穫 量	出 荷 量	対　前　年　産　比				(参考) 対平均 収量比
						作付面積	10 a 当たり 収　　量	収穫量	出荷量	
		ha	kg	t	t	%	%	%	%	%
全　　国	(1)	9,970	3,220	320,600	276,500	98	99	97	97	99
(全国農業地域)										
北 海 道	(2)	324	3,240	10,500	9,670	94	84	79	78	84
都 府 県	(3)	…	…	…	…	nc	nc	nc	nc	nc
東 北	(4)	…	…	…	…	nc	nc	nc	nc	nc
北 陸	(5)	…	…	…	…	nc	nc	nc	nc	nc
関東・東山	(6)	…	…	…	…	nc	nc	nc	nc	nc
東 海	(7)	…	…	…	…	nc	nc	nc	nc	nc
近 畿	(8)	…	…	…	…	nc	nc	nc	nc	nc
中 国	(9)	…	…	…	…	nc	nc	nc	nc	nc
四 国	(10)	…	…	…	…	nc	nc	nc	nc	nc
九 州	(11)	…	…	…	…	nc	nc	nc	nc	nc
沖 縄	(12)	…	…	…	…	nc	nc	nc	nc	nc
(都道府県)										
北 海 道	(13)	324	3,240	10,500	9,670	94	84	79	78	84
青 森	(14)	297	2,770	8,230	7,160	99	99	98	98	96
岩 手	(15)	…	…	…	…	nc	nc	nc	nc	nc
宮 城	(16)	…	…	…	…	nc	nc	nc	nc	nc
秋 田	(17)	436	2,800	12,200	10,100	98	100	98	99	99
山 形	(18)	824	3,930	32,400	28,300	98	102	101	100	100
福 島	(19)	…	…	…	…	nc	nc	nc	nc	nc
茨 城	(20)	403	3,960	16,000	14,100	98	97	95	95	102
栃 木	(21)	…	…	…	…	nc	nc	nc	nc	nc
群 馬	(22)	…	…	…	…	nc	nc	nc	nc	nc
埼 玉	(23)	…	…	…	…	nc	nc	nc	nc	nc
千 葉	(24)	1,030	4,020	41,400	38,300	97	109	106	106	106
東 京	(25)	…	…	…	…	nc	nc	nc	nc	nc
神 奈 川	(26)	370	3,130	11,600	11,000	98	103	102	102	101
新 潟	(27)	527	3,350	17,700	15,400	96	108	104	104	95
富 山	(28)	…	…	…	…	nc	nc	nc	nc	nc
石 川	(29)	303	4,280	13,000	11,100	99	98	98	97	99
福 井	(30)	164	2,410	3,950	3,540	96	95	91	91	115
山 梨	(31)	…	…	…	…	nc	nc	nc	nc	nc
長 野	(32)	340	5,140	17,500	16,500	97	93	91	93	100
岐 阜	(33)	…	…	…	…	nc	nc	nc	nc	nc
静 岡	(34)	172	3,020	5,190	4,090	99	106	105	105	106
愛 知	(35)	415	3,110	12,900	11,100	99	97	96	95	99
三 重	(36)	…	…	…	…	nc	nc	nc	nc	nc
滋 賀	(37)	79	1,670	1,320	645	98	101	99	99	118
京 都	(38)	…	…	…	…	nc	nc	nc	nc	nc
大 阪	(39)	…	…	…	…	nc	nc	nc	nc	nc
兵 庫	(40)	254	937	2,380	476	100	78	78	78	82
奈 良	(41)	82	2,440	2,000	1,080	98	96	93	93	97
和 歌 山	(42)	92	2,630	2,420	1,960	99	92	91	91	97
鳥 取	(43)	385	4,510	17,400	15,900	99	85	84	85	85
島 根	(44)	…	…	…	…	nc	nc	nc	nc	nc
岡 山	(45)	79	1,230	972	583	93	104	97	102	104
広 島	(46)	…	…	…	…	nc	nc	nc	nc	nc
山 口	(47)	91	1,860	1,690	1,150	98	100	98	107	104
徳 島	(48)	…	…	…	…	nc	nc	nc	nc	nc
香 川	(49)	…	…	…	…	nc	nc	nc	nc	nc
愛 媛	(50)	227	1,640	3,720	2,590	98	82	81	79	93
高 知	(51)	…	…	…	…	nc	nc	nc	nc	nc
福 岡	(52)	108	2,400	2,590	2,010	98	92	90	90	95
佐 賀	(53)	…	…	…	…	nc	nc	nc	nc	nc
長 崎	(54)	249	3,160	7,870	6,890	100	101	101	101	99
熊 本	(55)	1,360	3,450	46,900	44,400	97	103	100	100	98
大 分	(56)	…	…	…	…	nc	nc	nc	nc	nc
宮 崎	(57)	…	…	…	…	nc	nc	nc	nc	nc
鹿 児 島	(58)	115	2,840	3,270	2,520	94	103	97	100	111
沖 縄	(59)	…	…	…	…	nc	nc	nc	nc	nc
関 東 農 政 局	(60)	…	…	…	…	nc	nc	nc	nc	nc
東 海 農 政 局	(61)	…	…	…	…	nc	nc	nc	nc	nc
中国四国農政局	(62)	…	…	…	…	nc	nc	nc	nc	nc

4 平成30年産都道府県別・品目別の作付面積、収穫量及び出荷量

品　　　目	北　海　道			青　　　森			岩　　　手		
	作付面積	収穫量	出荷量	作付面積	収穫量	出荷量	作付面積	収穫量	出荷量
	ha	t	t	ha	t	t	ha	t	t
だ い こ ん　(1)	3,270	156,900	146,800	2,990	122,500	110,700	841	24,700	17,700
か　　　ぶ　(2)	120	3,720	3,490	185	6,720	6,050	…	…	…
に ん じ ん　(3)	4,640	164,200	152,400	1,160	37,400	34,800	161	2,630	1,620
ご　ぼ　う　(4)	615	13,500	12,500	2,350	49,600	46,600	…	…	…
れ ん こ ん　(5)	…	…	…	…	…	…	…	…	…
ば れ い し ょ　(6)	50,800	1,742,000	1,557,000	725	16,000	12,000	…	…	…
さ と い も　(7)	…	…	…	…	…	…	110	756	373
や ま の い も　(8)	1,910	60,400	53,600	2,280	54,500	49,500	194	3,510	2,940
は く さ い　(9)	631	25,900	24,000	165	5,320	3,470	309	7,460	3,680
こ ま つ な　(10)	159	2,190	2,020	…	…	…	…	…	…
キ ャ ベ ツ　(11)	1,150	56,300	53,200	443	17,300	14,700	826	29,600	26,300
ち ん げ ん さ い　(12)	42	756	685	…	…	…	…	…	…
ほ う れ ん そ う　(13)	496	4,920	4,580	…	…	…	755	3,540	2,890
ふ　　　き　(14)	23	382	362	4	26	8	19	104	50
み　つ　ば　(15)	46	275	257	…	…	…	…	…	…
し ゅ ん ぎ く　(16)	…	…	…	29	226	145	43	349	241
み　ず　な　(17)	38	889	819	…	…	…	…	…	…
セ ル リ ー　(18)	22	796	751	…	…	…	…	…	…
ア ス パ ラ ガ ス　(19)	1,280	3,640	3,310	139	635	482	299	517	436
カ リ フ ラ ワ ー　(20)	34	307	291	18	175	123	…	…	…
ブ ロ ッ コ リ ー　(21)	2,560	22,800	21,700	173	1,160	1,020	111	839	720
レ　タ　ス　(22)	497	14,200	13,200	93	2,100	1,910	433	9,900	8,980
ね　　　ぎ　(23)	651	19,300	17,900	511	12,800	9,930	449	7,170	5,450
に　　　ら　(24)	68	2,900	2,760	…	…	…	…	…	…
た ま ね ぎ　(25)	14,700	717,400	674,600	…	…	…	…	…	…
に ん に く　(26)	121	796	639	1,420	13,400	9,920	59	368	228
き ゅ う り　(27)	153	15,300	14,300	150	5,220	4,040	240	13,200	10,900
か ぼ ち ゃ　(28)	7,020	65,500	61,600	205	2,280	1,350	…	…	…
な　　　す　(29)	…	…	…	…	…	…	121	3,030	1,820
ト　マ　ト　(30)	804	54,900	50,500	369	16,800	14,700	211	9,490	7,920
ピ ー マ ン　(31)	82	4,920	4,560	89	3,110	2,600	184	7,530	6,480
ス イ ー ト コ ー ン　(32)	8,500	83,600	80,600	437	2,720	1,360	534	3,170	2,190
さ や い ん げ ん　(33)	451	2,810	2,640	102	837	502	99	446	208
さ や え ん ど う　(34)	73	400	339	63	290	174	101	390	229
グ リ ー ン ピ ー ス　(35)	54	230	223	…	…	…	…	…	…
そ ら ま め　(36)	…	…	…	24	225	203	…	…	…
え だ ま め　(37)	917	6,020	5,770	265	975	419	260	702	403
し ょ う が　(38)	…	…	…	…	…	…	…	…	…
い　ち　ご　(39)	100	1,830	1,710	86	1,180	1,000	…	…	…
メ　ロ　ン　(40)	992	21,700	20,100	522	9,710	8,350	…	…	…
す　い　か　(41)	324	10,500	9,670	297	8,230	7,160	…	…	…

宮	城		秋	田		山	形		
作付面積	収穫量	出荷量	作付面積	収穫量	出荷量	作付面積	収穫量	出荷量	
ha	t	t	ha	t	t	ha	t	t	
549	11,700	4,610	555	16,000	7,680	459	16,200	9,080	(1)
…	…	…	…	…	…	256	3,510	2,820	(2)
…	…	…	…	…	…	…	…	…	(3)
…	…	…	…	…	…	…	…	…	(4)
…	…	…	…	…	…	…	…	…	(5)
…	…	…	…	…	…	…	…	…	(6)
…	…	…	…	…	…	182	1,680	810	(7)
…	…	…	115	1,250	680	…	…	…	(8)
458	9,690	3,780	251	6,520	2,310	208	6,740	2,610	(9)
130	1,680	1,290	…	…	…	112	1,440	1,240	(10)
369	6,900	5,030	360	8,950	5,560	…	…	…	(11)
53	673	498	…	…	…	…	…	…	(12)
364	2,980	1,740	205	1,460	1,110	…	…	…	(13)
…	…	…	34	313	223	11	56	38	(14)
…	…	…	…	…	…	…	…	…	(15)
53	599	508	…	…	…	…	…	…	(16)
52	770	663	…	…	…	…	…	…	(17)
…	…	…	…	…	…	…	…	…	(18)
…	…	…	408	1,350	1,100	359	1,620	1,370	(19)
…	…	…	28	252	147	25	242	134	(20)
…	…	…	…	…	…	…	…	…	(21)
…	…	…	…	…	…	…	…	…	(22)
617	9,290	6,520	571	13,200	10,600	445	9,410	6,580	(23)
…	…	…	…	…	…	202	2,630	2,230	(24)
…	…	…	…	…	…	…	…	…	(25)
…	…	…	55	323	160	…	…	…	(26)
422	13,700	10,800	267	8,380	6,000	352	13,300	9,920	(27)
227	1,630	631	364	2,840	1,420	296	2,820	1,440	(28)
214	2,610	1,230	395	5,610	1,960	424	5,630	2,590	(29)
216	8,960	7,470	238	7,980	5,720	217	10,200	8,410	(30)
…	…	…	36	468	300	44	915	556	(31)
461	2,370	512	…	…	…	…	…	…	(32)
194	774	211	132	626	277	126	575	270	(33)
57	278	54	99	455	120	…	…	…	(34)
…	…	…	…	…	…	…	…	…	(35)
67	473	349	30	210	176	…	…	…	(36)
296	1,210	493	1,310	4,060	3,120	1,480	5,540	4,490	(37)
…	…	…	…	…	…	…	…	…	(38)
124	4,460	4,070	…	…	…	…	…	…	(39)
…	…	…	179	3,330	2,600	532	11,000	9,610	(40)
…	…	…	436	12,200	10,100	824	32,400	28,300	(41)

4 平成30年産都道府県別・品目別の作付面積、収穫量及び出荷量（続き）

品　　目	福　　島			茨　　城			栃　　木		
	作付面積	収穫量	出荷量	作付面積	収穫量	出荷量	作付面積	収穫量	出荷量
	ha	t	t	ha	t	t	ha	t	t
だ い こ ん (1)	644	22,000	9,100	1,220	57,200	46,700	438	18,000	14,100
か ぶ (2)	105	1,670	794	78	1,650	929	66	1,680	1,380
に ん じ ん (3)	132	1,600	688	844	30,900	25,600	…	…	…
ご ぼ う (4)	…	…	…	830	14,300	12,500	294	4,940	4,640
れ ん こ ん (5)	…	…	…	1,660	29,500	25,600	…	…	…
ば れ い し ょ (6)	1,050	18,100	2,370	1,560	46,300	38,800	…	…	…
さ と い も (7)	257	2,060	840	333	3,900	2,050	518	8,600	5,280
や ま の い も (8)	…	…	…	134	3,560	2,980	…	…	…
は く さ い (9)	536	16,300	5,560	3,330	236,200	222,400	510	24,400	17,800
こ ま つ な (10)	…	…	…	990	20,000	18,400	…	…	…
キ ャ ベ ツ (11)	249	5,650	3,450	2,420	109,500	102,800	…	…	…
ち ん げ ん さ い (12)	36	587	392	496	11,700	11,000	…	…	…
ほ う れ ん そ う (13)	305	2,920	1,960	1,240	17,900	16,200	624	6,680	5,910
ふ き (14)	18	99	83	…	…	…	9	82	54
み つ ば (15)	40	520	456	180	1,760	1,610	…	…	…
し ゅ ん ぎ く (16)	73	861	672	125	2,540	2,020	49	1,230	976
み ず な (17)	…	…	…	978	21,000	19,700	…	…	…
セ ル リ ー (18)	…	…	…	…	…	…	…	…	…
ア ス パ ラ ガ ス (19)	370	1,430	1,240	…	…	…	101	1,680	1,430
カ リ フ ラ ワ ー (20)	26	230	118	113	2,310	2,170	…	…	…
ブ ロ ッ コ リ ー (21)	443	3,920	3,400	218	2,010	1,650	161	1,720	1,490
レ タ ス (22)	…	…	…	3,710	89,800	86,600	231	5,970	5,450
ね ぎ (23)	628	10,100	6,340	1,910	49,900	43,500	584	11,900	9,340
に ら (24)	158	2,530	2,110	208	7,990	7,180	360	10,600	9,400
た ま ね ぎ (25)	…	…	…	162	4,860	2,820	253	12,000	10,600
に ん に く (26)	44	287	32	…	…	…	…	…	…
き ゅ う り (27)	689	38,900	34,900	503	24,200	21,300	285	13,100	10,600
か ぼ ち ゃ (28)	312	2,260	934	463	7,960	6,460	…	…	…
な す (29)	270	4,660	2,660	431	16,600	14,500	377	14,800	12,800
ト マ ト (30)	361	23,000	20,400	915	46,300	43,900	349	36,000	33,700
ピ ー マ ン (31)	82	2,820	2,420	526	33,400	31,300	…	…	…
ス イ ー ト コ ー ン (32)	575	2,970	1,150	1,250	15,000	9,900	577	5,830	4,020
さ や い ん げ ん (33)	489	3,440	2,310	193	1,610	967	166	1,040	591
さ や え ん ど う (34)	249	1,120	871	60	461	209	…	…	…
グ リ ー ン ピ ー ス (35)	27	108	90	…	…	…	…	…	…
そ ら ま め (36)	…	…	…	135	1,710	1,350	…	…	…
え だ ま め (37)	269	976	321	…	…	…	…	…	…
し ょ う が (38)	…	…	…	104	2,510	1,970	…	…	…
い ち ご (39)	108	2,390	2,120	242	9,150	8,560	545	24,900	23,400
メ ロ ン (40)	…	…	…	1,310	40,200	37,600	…	…	…
す い か (41)	…	…	…	403	16,000	14,100	…	…	…

群	馬		埼	玉		千	葉		
作付面積	収穫量	出荷量	作付面積	収穫量	出荷量	作付面積	収穫量	出荷量	
ha	t	t	ha	t	t	ha	t	t	
790	30,900	21,100	564	23,400	17,200	2,700	150,500	140,200	(1)
…	…	…	448	17,300	14,500	904	34,400	32,700	(2)
…	…	…	530	19,300	16,300	3,010	109,400	101,700	(3)
415	7,550	6,850	…	…	…	375	7,730	6,840	(4)
…	…	…	…	…	…	…	…	…	(5)
…	…	…	…	…	…	1,200	32,200	26,700	(6)
279	2,620	1,160	814	18,100	13,000	1,250	16,500	13,500	(7)
516	6,450	5,020	179	1,810	1,230	498	6,570	4,840	(8)
564	32,700	25,400	504	23,700	16,300	250	8,930	6,430	(9)
526	7,310	6,560	849	14,700	12,500	344	6,300	5,180	(10)
3,860	276,100	250,800	429	16,300	12,500	2,860	124,900	115,300	(11)
149	2,400	2,120	113	2,500	2,180	77	1,390	1,120	(12)
1,910	21,400	19,600	2,020	24,200	20,100	2,110	25,500	23,300	(13)
100	1,380	1,090	…	…	…	10	168	116	(14)
…	…	…	59	1,480	1,400	153	2,820	2,690	(15)
125	2,190	1,850	80	1,110	747	163	3,410	3,000	(16)
67	1,180	1,010	145	1,750	1,530	…	…	…	(17)
…	…	…	…	…	…	19	838	780	(18)
…	…	…	…	…	…	…	…	…	(19)
…	…	…	95	1,680	1,470	36	562	496	(20)
661	6,870	5,930	1,240	14,000	12,000	320	2,390	2,040	(21)
1,330	46,000	43,500	168	3,970	3,390	501	9,200	8,320	(22)
1,040	19,600	14,900	2,380	55,500	44,900	2,230	62,600	56,700	(23)
181	3,110	2,900	…	…	…	117	2,220	1,930	(24)
224	8,650	7,890	137	4,600	2,450	184	4,890	3,040	(25)
…	…	…	…	…	…	…	…	…	(26)
825	54,900	49,500	620	45,700	41,500	468	35,300	31,800	(27)
…	…	…	…	…	…	221	4,380	3,160	(28)
559	25,800	22,500	289	9,190	6,830	308	7,780	5,440	(29)
297	22,100	20,500	195	15,400	13,600	780	37,200	33,600	(30)
…	…	…	…	…	…	83	2,190	1,540	(31)
1,200	11,200	9,220	581	7,380	5,350	1,750	17,100	14,200	(32)
174	1,000	652	148	798	398	458	6,180	4,450	(33)
…	…	…	…	…	…	126	600	296	(34)
…	…	…	…	…	…	…	…	…	(35)
…	…	…	…	…	…	358	2,610	1,820	(36)
1,100	6,420	5,560	706	5,870	4,480	795	5,830	4,930	(37)
…	…	…	39	452	346	305	4,480	2,510	(38)
115	3,160	2,960	104	3,150	2,800	222	6,730	6,360	(39)
…	…	…	…	…	…	329	7,340	7,080	(40)
…	…	…	…	…	…	1,030	41,400	38,300	(41)

4 平成30年産都道府県別・品目別の作付面積、収穫量及び出荷量（続き）

品　　目	東　　京			神　奈　川			新　　潟		
	作付面積	収穫量	出荷量	作付面積	収穫量	出荷量	作付面積	収穫量	出荷量
	ha	t	t	ha	t	t	ha	t	t
だ　い　こ　ん (1)	217	9,020	8,510	1,110	80,000	74,400	1,430	44,300	29,700
か　　　　　ぶ (2)	81	1,800	1,690	102	2,450	2,290	145	2,890	2,060
に　ん　じ　ん (3)	110	3,340	3,100	…	…	…	249	5,900	4,660
ご　ぼ　　う (4)	…	…	…	…	…	…	…	…	…
れ　ん　こ　ん (5)	…	…	…	…	…	…	…	…	…
ば　れ　い　しょ (6)	…	…	…	…	…	…	…	…	…
さ　と　い　も (7)	227	2,660	2,290	434	6,030	4,240	596	5,460	3,230
や　ま　の　い　も (8)	…	…	…	…	…	…	…	…	…
は　く　さ　い (9)	…	…	…	…	…	…	381	8,210	4,300
こ　ま　つ　な (10)	457	7,860	7,470	411	6,000	5,710	135	1,330	806
キ　ャ　ベ　ツ (11)	207	8,350	7,870	1,600	71,200	67,900	…	…	…
ち　ん　げ　ん　さ　い (12)	…	…	…	…	…	…	…	…	…
ほ　う　れ　ん　そ　う (13)	369	4,170	3,910	675	8,370	7,880	…	…	…
ふ　　　　　き (14)	…	…	…	…	…	…	20	90	59
み　　つ　　ば (15)	…	…	…	…	…	…	…	…	…
し　ゅ　ん　ぎ　く (16)	…	…	…	…	…	…	33	300	184
み　ず　　な (17)	…	…	…	…	…	…	…	…	…
セ　ル　リ　ー (18)	…	…	…	…	…	…	…	…	…
ア　ス　パ　ラ　ガ　ス (19)	…	…	…	…	…	…	235	595	530
カ　リ　フ　ラ　ワ　ー (20)	30	591	552	37	544	496	83	1,070	811
ブ　ロ　ッ　コ　リ　ー (21)	179	1,830	1,700	128	1,550	1,400	…	…	…
レ　タ　　ス (22)	…	…	…	…	…	…	…	…	…
ね　　　　　ぎ (23)	…	…	…	356	7,680	6,790	647	10,200	7,380
に　　　　　ら (24)	…	…	…	…	…	…	…	…	…
た　ま　ね　ぎ (25)	…	…	…	…	…	…	…	…	…
に　ん　に　く (26)	…	…	…	…	…	…	…	…	…
き　ゅ　う　り (27)	…	…	…	261	11,100	10,500	445	8,800	5,340
か　ぼ　ち　ゃ (28)	…	…	…	207	3,290	2,900	309	1,710	1,100
な　　　　　す (29)	…	…	…	170	3,930	3,580	568	6,700	2,300
ト　マ　ト (30)	…	…	…	259	12,100	11,700	418	10,900	7,690
ピ　ー　マ　ン (31)	…	…	…	…	…	…	68	687	354
ス　イ　ー　ト　コ　ー　ン (32)	…	…	…	…	…	…	…	…	…
さ　や　い　ん　げ　ん (33)	…	…	…	98	611	416	86	294	44
さ　や　え　ん　ど　う (34)	…	…	…	…	…	…	58	247	41
グ　リ　ー　ン　ピ　ー　ス (35)	…	…	…	…	…	…	…	…	…
そ　ら　ま　め (36)	…	…	…	…	…	…	56	375	222
え　だ　ま　め (37)	…	…	…	316	2,730	2,320	1,560	4,510	2,800
し　ょ　う　が (38)	…	…	…	…	…	…	…	…	…
い　　ち　　ご (39)	…	…	…	…	…	…	98	1,210	1,030
メ　ロ　　ン (40)	…	…	…	…	…	…	…	…	…
す　　い　　か (41)	…	…	…	370	11,600	11,000	527	17,700	15,400

富	山		石	川		福	井		
作付面積	収穫量	出荷量	作付面積	収穫量	出荷量	作付面積	収穫量	出荷量	
ha	t	t	ha	t	t	ha	t	t	
179	4,200	3,110	293	11,400	7,810	236	5,880	4,070	(1)
85	1,570	1,180	...	...	...	...	...	...	(2)
...	...	...	41	380	312	...	...	...	(3)
...	...	...	...	...	...	...	...	...	(4)
...	...	...	...	...	...	...	...	...	(5)
...	...	...	...	...	...	...	...	...	(6)
155	1,600	942	...	...	...	229	2,700	1,360	(7)
...	...	...	...	...	...	...	...	...	(8)
96	1,910	1,050	...	...	...	...	...	...	(9)
...	...	...	100	1,110	962	...	...	...	(10)
102	2,410	1,790	...	...	...	121	2,880	2,690	(11)
...	...	...	...	...	...	...	...	...	(12)
64	512	267	...	...	...	77	665	436	(13)
...	...	...	...	...	...	...	...	...	(14)
...	...	...	...	...	...	...	...	...	(15)
...	...	...	...	...	...	...	...	...	(16)
...	...	...	...	...	...	...	...	...	(17)
...	...	...	...	...	...	...	...	...	(18)
...	...	...	...	...	...	...	...	...	(19)
...	...	...	...	...	...	...	...	...	(20)
...	...	...	244	1,240	1,120	...	...	...	(21)
...	...	...	...	...	...	...	...	...	(22)
214	3,040	2,390	115	1,140	768	138	1,940	1,720	(23)
...	...	...	...	...	...	...	...	...	(24)
216	5,460	4,850	...	...	...	...	...	...	(25)
...	...	...	...	...	...	...	...	...	(26)
61	1,220	657	74	2,170	1,470	...	...	...	(27)
...	...	...	230	2,180	1,710	...	...	...	(28)
195	2,320	388	...	...	...	100	1,680	621	(29)
70	1,570	928	123	3,800	2,990	79	2,410	2,160	(30)
...	...	...	...	...	...	...	...	...	(31)
...	...	...	...	...	...	...	...	...	(32)
...	...	...	...	...	...	...	...	...	(33)
...	...	...	...	...	...	...	...	...	(34)
...	...	...	...	...	...	...	...	...	(35)
...	...	...	...	...	...	...	...	...	(36)
55	170	114	...	...	...	...	...	...	(37)
...	...	...	...	...	...	...	...	...	(38)
...	...	...	...	...	...	...	...	...	(39)
...	...	...	30	387	219	36	767	684	(40)
...	...	...	303	13,000	11,100	164	3,950	3,540	(41)

4 平成30年産都道府県別・品目別の作付面積、収穫量及び出荷量（続き）

品　　目	山　　梨			長　　野			岐　　阜		
	作付面積	収穫量	出荷量	作付面積	収穫量	出荷量	作付面積	収穫量	出荷量
	ha	t	t	ha	t	t	ha	t	t
だ　い　こ　ん (1)	…	…	…	767	19,600	9,400	549	18,300	14,000
か　　　　　ぶ (2)	…	…	…	…	…	…	152	2,980	2,280
に　ん　じ　ん (3)	…	…	…	…	…	…	181	5,280	4,480
ご　　ぼ　　う (4)	…	…	…	…	…	…	…	…	…
れ　ん　こ　ん (5)	…	…	…	…	…	…	…	…	…
ば　れ　い　し　ょ (6)	…	…	…	1,100	21,500	1,770	…	…	…
さ　と　い　も (7)	…	…	…	…	…	…	312	2,360	843
や　ま　の　い　も (8)	50	735	536	301	7,100	5,290	…	…	…
は　く　さ　い (9)	…	…	…	2,760	225,800	201,600	230	6,800	3,360
こ　ま　つ　な (10)	…	…	…	…	…	…	147	2,280	2,000
キ　ャ　ベ　ツ (11)	126	3,390	2,940	1,540	68,800	61,900	188	4,420	3,190
ち　ん　げ　ん　さ　い (12)	…	…	…	92	1,900	1,710	…	…	…
ほ　う　れ　ん　そ　う (13)	…	…	…	426	3,660	2,420	1,240	10,000	8,880
ふ　　　　　き (14)	…	…	…	32	242	90	…	…	…
み　　つ　　ば (15)	…	…	…	…	…	…	…	…	…
し　ゅ　ん　ぎ　く (16)	…	…	…	36	410	283	24	370	324
み　　ず　　な (17)	…	…	…	…	…	…	…	…	…
セ　ル　リ　ー (18)	…	…	…	248	13,600	13,100	…	…	…
ア　ス　パ　ラ　ガ　ス (19)	…	…	…	884	2,500	2,170	…	…	…
カ　リ　フ　ラ　ワ　ー (20)	…	…	…	83	1,660	1,500	…	…	…
ブ　ロ　ッ　コ　リ　ー (21)	…	…	…	942	9,700	9,310	…	…	…
レ　　タ　　ス (22)	…	…	…	6,160	208,900	202,700	…	…	…
ね　　　　　ぎ (23)	…	…	…	686	14,500	8,230	217	2,130	1,090
に　　　　　ら (24)	…	…	…	…	…	…	…	…	…
た　ま　ね　ぎ (25)	…	…	…	166	4,760	2,540	114	2,740	1,440
に　ん　に　く (26)	…	…	…	…	…	…	…	…	…
き　ゅ　う　り (27)	127	4,340	3,420	399	14,800	10,200	165	5,890	4,250
か　ぼ　ち　ゃ (28)	…	…	…	527	6,480	4,410	…	…	…
な　　　　　す (29)	138	5,640	4,750	267	4,590	819	161	2,740	1,440
ト　　マ　　ト (30)	114	6,170	5,640	364	15,600	12,500	314	22,700	20,800
ピ　ー　マ　ン (31)	…	…	…	101	2,020	1,280	40	512	333
ス　イ　ー　ト　コ　ー　ン (32)	757	8,480	6,980	1,200	8,400	5,410	…	…	…
さ　や　い　ん　げ　ん (33)	105	390	301	276	919	433	88	369	190
さ　や　え　ん　ど　う (34)	…	…	…	89	329	64	…	…	…
グ　リ　ー　ン　ピ　ー　ス (35)	…	…	…	…	…	…	22	151	54
そ　ら　ま　め (36)	…	…	…	…	…	…	…	…	…
え　だ　ま　め (37)	…	…	…	…	…	…	301	1,310	1,030
し　ょ　う　が (38)	…	…	…	…	…	…	…	…	…
い　　ち　　ご (39)	…	…	…	…	…	…	115	2,470	1,990
メ　　ロ　　ン (40)	…	…	…	…	…	…	…	…	…
す　　い　　か (41)	…	…	…	340	17,500	16,500	…	…	…

静岡			愛知			三重			
作付面積	収穫量	出荷量	作付面積	収穫量	出荷量	作付面積	収穫量	出荷量	
ha	t	t	ha	t	t	ha	t	t	
500	20,700	16,800	585	22,800	19,800	…	…	…	(1)
…	…	…	95	2,370	1,710	90	1,140	790	(2)
107	2,730	2,010	375	15,100	13,600	74	1,420	715	(3)
…	…	…	…	…	…	…	…	…	(4)
…	…	…	289	3,530	3,320	…	…	…	(5)
558	14,300	12,200	…	…	…	205	2,440	1,490	(6)
282	3,780	2,440	300	3,120	1,910	190	1,710	658	(7)
…	…	…	…	…	…	…	…	…	(8)
…	…	…	439	21,000	18,600	187	7,690	5,620	(9)
129	2,040	1,830	104	1,500	1,360	…	…	…	(10)
482	16,500	14,300	5,340	245,600	232,400	405	10,600	8,430	(11)
320	7,460	7,050	133	2,750	2,580	…	…	…	(12)
…	…	…	440	5,190	4,580	…	…	…	(13)
12	95	70	70	4,000	3,760	…	…	…	(14)
80	1,350	1,260	104	2,430	2,300	…	…	…	(15)
…	…	…	33	644	464	…	…	…	(16)
…	…	…	…	…	…	…	…	…	(17)
98	6,210	5,940	41	2,620	2,490	…	…	…	(18)
…	…	…	…	…	…	…	…	…	(19)
34	544	426	95	1,700	1,530	…	…	…	(20)
178	2,060	1,900	940	13,900	12,900	85	524	311	(21)
937	24,700	23,700	345	5,690	5,180	…	…	…	(22)
498	10,100	8,850	415	7,810	5,840	244	4,530	2,860	(23)
…	…	…	…	…	…	…	…	…	(24)
319	11,400	10,300	573	27,600	24,400	118	2,640	1,480	(25)
…	…	…	…	…	…	…	…	…	(26)
…	…	…	156	13,000	11,500	93	2,010	1,170	(27)
…	…	…	…	…	…	157	1,820	735	(28)
…	…	…	247	11,900	10,400	146	2,160	1,340	(29)
248	14,200	13,100	507	46,900	44,000	155	8,940	7,720	(30)
…	…	…	43	598	327	47	479	197	(31)
429	3,980	2,490	534	5,240	4,190	…	…	…	(32)
…	…	…	…	…	…	…	…	…	(33)
84	621	445	134	1,290	1,060	72	532	180	(34)
…	…	…	…	…	…	…	…	…	(35)
…	…	…	…	…	…	…	…	…	(36)
…	…	…	…	…	…	…	…	…	(37)
91	1,640	1,380	49	534	352	…	…	…	(38)
301	10,800	10,100	265	9,670	8,990	69	2,000	1,870	(39)
271	7,290	7,050	382	8,480	7,840	…	…	…	(40)
172	5,190	4,090	415	12,900	11,100	…	…	…	(41)

4　平成30年産都道府県別・品目別の作付面積、収穫量及び出荷量（続き）

品　　目	滋　　　賀			京　　　都			大　　　阪		
	作付面積	収穫量	出荷量	作付面積	収穫量	出荷量	作付面積	収穫量	出荷量
	ha	t	t	ha	t	t	ha	t	t
だ　い　こ　ん　(1)	157	4,950	2,730	…	…	…	…	…	…
か　　　　　ぶ　(2)	192	5,200	4,220	163	4,400	3,950	…	…	…
に　ん　じ　ん　(3)	…	…	…	…	…	…	…	…	…
ご　　ぼ　　う　(4)	…	…	…	…	…	…	…	…	…
れ　ん　こ　ん　(5)	…	…	…	…	…	…	…	…	…
ば　れ　い　し　ょ　(6)	…	…	…	…	…	…	…	…	…
さ　と　い　も　(7)	…	…	…	…	…	…	50	860	747
や　ま　の　い　も　(8)	…	…	…	…	…	…	…	…	…
は　く　さ　い　(9)	140	4,430	3,300	…	…	…	…	…	…
こ　ま　つ　な　(10)	…	…	…	195	3,300	3,030	197	3,570	3,310
キ　ャ　ベ　ツ　(11)	331	9,890	8,560	258	6,620	5,350	259	10,600	9,830
ち　ん　げ　ん　さ　い　(12)	…	…	…	…	…	…	…	…	…
ほ　う　れ　ん　そ　う　(13)	108	1,250	809	332	5,310	4,570	…	…	…
ふ　　　　　き　(14)	…	…	…	13	71	64	12	920	865
み　　つ　　ば　(15)	…	…	…	…	…	…	28	622	604
し　ゅ　ん　ぎ　く　(16)	41	549	430	32	483	386	190	3,140	2,980
み　　ず　　な　(17)	103	1,490	1,310	149	2,190	2,000	46	971	915
セ　ル　リ　ー　(18)	…	…	…	…	…	…	…	…	…
ア　ス　パ　ラ　ガ　ス　(19)	…	…	…	…	…	…	…	…	…
カ　リ　フ　ラ　ワ　ー　(20)	…	…	…	…	…	…	7	157	146
ブ　ロ　ッ　コ　リ　ー　(21)	…	…	…	39	266	189	33	469	439
レ　　タ　　ス　(22)	…	…	…	…	…	…	17	382	359
ね　　　　　ぎ　(23)	…	…	…	323	5,880	5,150	267	6,540	6,180
に　　　ら　(24)	…	…	…	…	…	…	…	…	…
た　ま　ね　ぎ　(25)	…	…	…	…	…	…	114	4,170	3,760
に　ん　に　く　(26)	…	…	…	…	…	…	…	…	…
き　ゅ　う　り　(27)	124	3,460	2,410	136	4,330	3,620	47	1,900	1,760
か　ぼ　ち　ゃ　(28)	…	…	…	…	…	…	…	…	…
な　　　　　す　(29)	159	2,610	860	180	7,540	6,490	100	6,410	6,280
ト　　マ　　ト　(30)	125	3,630	2,610	148	4,520	3,540	…	…	…
ピ　ー　マ　ン　(31)	…	…	…	89	1,590	1,300	…	…	…
ス　イ　ー　ト　コ　ー　ン　(32)	…	…	…	…	…	…	…	…	…
さ　や　い　ん　げ　ん　(33)	…	…	…	…	…	…	…	…	…
さ　や　え　ん　ど　う　(34)	…	…	…	69	329	208	…	…	…
グ　リ　ー　ン　ピ　ー　ス　(35)	16	104	54	…	…	…	35	205	113
そ　ら　ま　め　(36)	…	…	…	…	…	…	36	165	107
え　だ　ま　め　(37)	…	…	…	228	1,010	895	136	1,200	1,100
し　ょ　う　が　(38)	…	…	…	…	…	…	…	…	…
い　　ち　　ご　(39)	…	…	…	…	…	…	…	…	…
メ　　ロ　　ン　(40)	…	…	…	…	…	…	…	…	…
す　　い　　か　(41)	79	1,320	645	…	…	…	…	…	…

兵	庫		奈	良		和	歌	山	
作付面積	収穫量	出荷量	作付面積	収穫量	出荷量	作付面積	収穫量	出荷量	
ha	t	t	ha	t	t	ha	t	t	
423	14,300	6,600	97	3,500	2,150	147	9,710	8,300	(1)
…	…	…	…	…	…			…	(2)
117	3,580	2,860	…	…	…	61	2,610	2,350	(3)
…	…	…				…	…	…	(4)
35	371	356	…	…	…	…	…	…	(5)
						…	…	…	(6)
…	…	…	…	…	…	…	…	…	(7)
…	…	…	…	…	…	…	…	…	(8)
480	21,600	16,900	…	…	…	139	8,800	7,760	(9)
126	2,100	1,930	60	906	788	65	1,030	906	(10)
799	28,700	24,100	…	…	…	217	8,160	7,280	(11)
51	816	714	…	…	…	…	…	…	(12)
279	3,680	2,260	293	3,190	2,680	…	…	…	(13)
…	…	…	…	…	…			…	(14)
…	…	…	…	…	…			…	(15)
112	1,420	1,050	30	381	313	19	306	254	(16)
113	1,920	1,660	33	472	454	…	…	…	(17)
…	…	…	…	…	…	…	…	…	(18)
…	…	…	…	…	…	…	…	…	(19)
…	…	…	…	…	…			…	(20)
122	1,240	1,010	…	…	…	140	1,080	948	(21)
1,200	28,900	27,500	32	564	401	…	…	…	(22)
321	6,070	3,780	141	3,000	2,390	…	…	…	(23)
6	187	156	…	…	…	…	…	…	(24)
1,700	96,400	87,400	…	…	…	119	4,550	3,690	(25)
…	…	…	…	…	…	…	…	…	(26)
185	3,420	1,470	71	1,940	1,520	66	3,080	2,700	(27)
…	…	…	…	…	…	20	238	188	(28)
184	3,210	1,020	94	5,070	4,380	…	…	…	(29)
270	9,070	6,960	73	3,700	3,270	104	6,450	5,920	(30)
101	1,360	953	…	…	…	35	1,430	1,290	(31)
113	817	416	…	…	…	…	…	…	(32)
…	…	…	…	…	…	…	…	…	(33)
91	421	110	…	…	…	74	728	655	(34)
22	113	43	26	153	75	243	2,530	2,240	(35)
40	173	45	…	…	…	34	234	178	(36)
381	1,520	1,010	…	…	…	…	…	…	(37)
…	…	…	…	…	…	…	…	…	(38)
181	1,810	1,090	105	2,320	2,110	…	…	…	(39)
…	…	…	…	…	…			…	(40)
254	2,380	476	82	2,000	1,080	92	2,420	1,960	(41)

4　平成30年産都道府県別・品目別の作付面積、収穫量及び出荷量（続き）

品　目	鳥　　取			島　　根			岡　　山		
	作付面積	収穫量	出荷量	作付面積	収穫量	出荷量	作付面積	収穫量	出荷量
	ha	t	t	ha	t	t	ha	t	t
だ　い　こ　ん　(1)	…	…	…	…	…	…	308	10,900	7,400
か　　　　ぶ　(2)	…	…	…	64	1,480	1,060	…	…	…
に　ん　じ　ん　(3)	82	2,010	1,740	…	…	…	76	1,170	854
ご　ぼ　う　(4)	…	…	…	…	…	…	…	…	…
れ　ん　こ　ん　(5)	…	…	…	…	…	…	92	1,490	1,340
ば　れ　い　し　ょ　(6)	…	…	…	…	…	…	253	3,110	712
さ　と　い　も　(7)	…	…	…	…	…	…	…	…	…
や　ま　の　い　も　(8)	61	1,660	1,260	…	…	…	17	138	105
は　く　さ　い　(9)	112	4,220	2,120	…	…	…	281	14,200	11,300
こ　ま　つ　な　(10)	…	…	…	…	…	…	…	…	…
キ　ャ　ベ　ツ　(11)	193	4,360	2,380	240	5,850	4,410	313	11,000	9,490
ち　ん　げ　ん　さ　い　(12)	25	483	455	…	…	…	…	…	…
ほ　う　れ　ん　そ　う　(13)	142	1,620	1,160	…	…	…	…	…	…
ふ　　　　き　(14)	…	…	…	…	…	…	…	…	…
み　つ　ば　(15)	…	…	…	…	…	…	…	…	…
し　ゅ　ん　ぎ　く　(16)	…	…	…	…	…	…	26	307	190
み　ず　な　(17)	…	…	…	…	…	…	…	…	…
セ　ル　リ　ー　(18)	…	…	…	…	…	…	…	…	…
ア　ス　パ　ラ　ガ　ス　(19)	…	…	…	25	134	104	63	311	261
カ　リ　フ　ラ　ワ　ー　(20)	…	…	…	…	…	…	11	165	137
ブ　ロ　ッ　コ　リ　ー　(21)	749	5,760	5,370	109	806	721	147	1,240	1,070
レ　タ　ス　(22)	…	…	…	…	…	…	80	1,180	1,000
ね　　　　ぎ　(23)	643	11,300	10,300	142	2,210	1,560	163	2,400	1,740
に　　　　ら　(24)	…	…	…	…	…	…	…	…	…
た　ま　ね　ぎ　(25)	…	…	…	108	2,930	1,550	175	5,430	3,600
に　ん　に　く　(26)	…	…	…	…	…	…	…	…	…
き　ゅ　う　り　(27)	…	…	…	121	1,990	1,110	89	2,000	1,500
か　ぼ　ち　ゃ　(28)	…	…	…	…	…	…	126	1,890	1,440
な　　　　す　(29)	…	…	…	138	1,840	767	131	4,890	4,040
ト　マ　ト　(30)	106	2,960	2,040	101	3,080	2,590	115	4,650	3,890
ピ　ー　マ　ン　(31)	50	748	389	75	797	415	38	537	349
ス　イ　ー　ト　コ　ー　ン　(32)	75	714	229	…	…	…	…	…	…
さ　や　い　ん　げ　ん　(33)	…	…	…	…	…	…	…	…	…
さ　や　え　ん　ど　う　(34)	…	…	…	…	…	…	79	358	160
グ　リ　ー　ン　ピ　ー　ス　(35)	…	…	…	…	…	…	18	83	42
そ　ら　ま　め　(36)	62	333	60	…	…	…	…	…	…
え　だ　ま　め　(37)	…	…	…	…	…	…	…	…	…
し　ょ　う　が　(38)	…	…	…	…	…	…	10	290	232
い　ち　ご　(39)	…	…	…	…	…	…	…	…	…
メ　ロ　ン　(40)	55	1,340	1,030	…	…	…	15	215	174
す　い　か　(41)	385	17,400	15,900	…	…	…	79	972	583

広　　　　島			山　　　　口			徳　　　　島			
作付面積	収穫量	出荷量	作付面積	収穫量	出荷量	作付面積	収穫量	出荷量	
ha	t	t	ha	t	t	ha	t	t	
443	11,200	5,790	404	11,100	7,830	353	26,200	23,800	(1)
…	…	…	…	…	…	58	1,660	1,470	(2)
…	…	…	…	…	…	983	48,700	44,200	(3)
…	…	…	…	…	…	…	…	…	(4)
…	…	…	207	3,000	2,680	527	6,690	5,520	(5)
529	6,800	1,900	…	…	…	…	…	…	(6)
…	…	…	165	1,310	1,090	…	…	…	(7)
…	…	…	…	…	…	…	…	…	(8)
236	5,930	1,500	219	5,450	3,590	81	4,110	3,610	(9)
123	1,800	1,520	…	…	…	114	1,110	930	(10)
426	10,800	7,980	322	10,100	8,260	140	6,230	5,310	(11)
…	…	…	…	…	…	38	422	379	(12)
394	4,330	3,400	214	1,830	1,250	421	3,930	3,500	(13)
11	145	110	…	…	…	25	355	300	(14)
…	…	…	…	…	…	…	…	…	(15)
67	1,010	750	29	345	206	…	…	…	(16)
45	770	450	…	…	…	…	…	…	(17)
…	…	…	…	…	…	…	…	…	(18)
113	741	608	…	…	…	…	…	…	(19)
…	…	…	…	…	…	83	1,860	1,710	(20)
34	287	235	122	786	673	876	10,200	9,480	(21)
…	…	…	…	…	…	297	5,990	5,490	(22)
427	7,860	6,570	…	…	…	222	3,450	2,920	(23)
…	…	…	…	…	…	…	…	…	(24)
…	…	…	205	6,420	4,140	…	…	…	(25)
…	…	…	…	…	…	17	150	115	(26)
160	3,870	2,660	138	3,460	2,430	69	7,640	6,650	(27)
172	2,200	1,100	106	856	504	…	…	…	(28)
150	3,060	1,850	138	2,070	1,410	92	6,600	5,800	(29)
185	8,890	7,870	129	4,790	3,780	83	4,690	4,060	(30)
74	1,180	649	37	377	286	29	527	388	(31)
…	…	…	…	…	…	199	2,070	1,650	(32)
100	549	235	…	…	…	…	…	…	(33)
94	653	351	…	…	…	56	326	258	(34)
…	…	…	…	…	…	…	…	…	(35)
…	…	…	…	…	…	44	286	140	(36)
…	…	…	…	…	…	238	1,170	990	(37)
…	…	…	…	…	…	9	192	163	(38)
…	…	…	104	2,370	1,830	…	…	…	(39)
…	…	…	…	…	…	…	…	…	(40)
…	…	…	91	1,690	1,150	…	…	…	(41)

4 平成30年産都道府県別・品目別の作付面積、収穫量及び出荷量（続き）

品　　目	香　　川			愛　　媛			高　　知		
	作付面積	収穫量	出荷量	作付面積	収穫量	出荷量	作付面積	収穫量	出荷量
	ha	t	t	ha	t	t	ha	t	t
だ　い　こ　ん　(1)	153	7,340	5,430	…	…	…	…	…	…
か　　　　ぶ　(2)	…	…	…	…	…	…	…	…	…
に　ん　じ　ん　(3)	109	3,010	2,730	…	…	…	…	…	…
ご　ぼ　う　(4)	…	…	…	…	…	…	…	…	…
れ　ん　こ　ん　(5)	…	…	…	…	…	…	…	…	…
ば　れ　い　し　ょ　(6)	…	…	…	…	…	…	…	…	…
さ　と　い　も　(7)	…	…	…	408	9,340	6,660	…	…	…
や　ま　の　い　も　(8)	…	…	…	…	…	…	…	…	…
は　く　さ　い　(9)	…	…	…	137	4,680	3,540	…	…	…
こ　ま　つ　な　(10)	47	531	424	…	…	…	…	…	…
キ　ャ　ベ　ツ　(11)	251	10,200	9,160	433	14,400	12,300	…	…	…
ち　ん　げ　ん　さ　い　(12)	…	…	…	…	…	…	…	…	…
ほ　う　れ　ん　そ　う　(13)	…	…	…	171	1,390	1,020	…	…	…
ふ　　　　き　(14)	…	…	…	17	158	85	…	…	…
み　　つ　　ば　(15)	…	…	…	…	…	…	…	…	…
し　ゅ　ん　ぎ　く　(16)	…	…	…	24	269	186	…	…	…
み　　ず　　な　(17)	…	…	…	…	…	…	…	…	…
セ　ル　リ　ー　(18)	11	835	741	…	…	…	…	…	…
ア　ス　パ　ラ　ガ　ス　(19)	88	817	730	50	550	466	…	…	…
カ　リ　フ　ラ　ワ　ー　(20)	…	…	…	…	…	…	…	…	…
ブ　ロ　ッ　コ　リ　ー　(21)	1,170	13,000	12,200	150	1,090	861	94	857	814
レ　タ　ス　(22)	842	18,700	17,300	113	1,710	1,520	…	…	…
ね　　　　ぎ　(23)	303	3,860	3,300	151	2,270	1,690	271	3,380	3,120
に　　　　ら　(24)	…	…	…	…	…	…	245	14,800	14,300
た　ま　ね　ぎ　(25)	224	10,000	8,890	326	9,750	7,710	…	…	…
に　ん　に　く　(26)	98	582	516	…	…	…	…	…	…
き　ゅ　う　り　(27)	99	3,670	3,160	231	8,080	7,010	160	25,100	23,700
か　ぼ　ち　ゃ　(28)	…	…	…	100	986	711	…	…	…
な　　　　す　(29)	68	1,650	1,150	155	3,300	2,340	335	39,300	37,300
ト　マ　ト　(30)	69	3,550	2,940	156	7,260	6,050	79	7,230	6,790
ピ　ー　マ　ン　(31)	…	…	…	65	1,500	1,120	129	13,500	12,900
ス　イ　ー　ト　コ　ー　ン　(32)	102	1,210	1,070	…	…	…	…	…	…
さ　や　い　ん　げ　ん　(33)	17	98	37	100	428	198	29	580	545
さ　や　え　ん　ど　う　(34)	…	…	…	82	364	160	…	…	…
グ　リ　ー　ン　ピ　ー　ス　(35)	…	…	…	…	…	…	…	…	…
そ　ら　ま　め　(36)	89	332	130	137	797	563	…	…	…
え　だ　ま　め　(37)	42	190	119	97	347	211	…	…	…
し　ょ　う　が　(38)	…	…	…	…	…	…	420	19,600	15,800
い　ち　ご　(39)	87	3,080	2,860	82	2,520	2,300	…	…	…
メ　ロ　ン　(40)	…	…	…	…	…	…	…	…	…
す　い　か　(41)	…	…	…	227	3,720	2,590	…	…	…

福	岡		佐	賀		長	崎		
作付面積	収穫量	出荷量	作付面積	収穫量	出荷量	作付面積	収穫量	出荷量	
ha	t	t	ha	t	t	ha	t	t	
347	15,600	12,800	…	…	…	747	53,600	49,200	(1)
104	3,800	3,310	…	…	…	…	…	…	(2)
…	…	…	…	…	…	839	32,500	30,400	(3)
…	…	…	…	…	…	…	…	…	(4)
…	…	…	431	7,110	5,330	…	…	…	(5)
…	…	…	155	3,220	2,130	3,580	92,100	80,400	(6)
225	1,520	866	…	…	…	…	…	…	(7)
…	…	…	…	…	…	…	…	…	(8)
195	6,610	5,260	…	…	…	380	22,600	20,700	(9)
631	11,700	11,300	…	…	…	48	715	597	(10)
722	29,100	26,300	335	10,700	9,020	459	13,900	11,900	(11)
58	887	807	…	…	…	…	…	…	(12)
702	9,410	8,560	123	979	710	177	1,820	1,490	(13)
…	…	…	…	…	…	…	…	…	(14)
25	330	320	…	…	…	…	…	…	(15)
155	2,150	1,900	…	…	…	…	…	…	(16)
216	3,240	3,080	…	…	…	…	…	…	(17)
46	3,210	3,060	…	…	…	…	…	…	(18)
84	1,790	1,660	125	2,580	2,390	123	1,750	1,640	(19)
49	897	805	…	…	…	…	…	…	(20)
558	4,720	4,310	70	671	503	781	7,970	7,390	(21)
1,140	19,200	18,300	95	1,970	1,690	947	33,800	30,500	(22)
564	6,920	6,300	282	2,590	2,040	179	2,850	2,500	(23)
19	855	749	…	…	…	28	588	528	(24)
154	5,140	2,960	2,430	118,100	109,200	840	29,200	26,200	(25)
…	…	…	…	…	…	…	…	…	(26)
174	9,630	8,700	164	12,800	11,700	139	7,750	6,950	(27)
…	…	…	69	842	598	484	4,080	3,410	(28)
241	20,900	19,300	65	3,240	2,650	85	1,780	1,440	(29)
219	18,700	17,200	67	3,780	3,260	179	12,300	11,500	(30)
…	…	…	…	…	…	…	…	…	(31)
…	…	…	…	…	…	…	…	…	(32)
97	593	409	…	…	…	119	609	510	(33)
53	282	160	…	…	…	56	487	375	(34)
21	162	93	…	…	…	…	…	…	(35)
51	332	229	…	…	…	43	354	286	(36)
…	…	…	…	…	…	…	…	…	(37)
…	…	…	…	…	…	68	1,390	896	(38)
443	16,300	15,500	188	7,910	7,390	273	10,200	9,790	(39)
…	…	…	…	…	…	…	…	…	(40)
108	2,590	2,010	…	…	…	249	7,870	6,890	(41)

4　平成30年産都道府県別・品目別の作付面積、収穫量及び出荷量（続き）

品　　目	熊　　本			大　　分			宮　　崎		
	作付面積	収穫量	出荷量	作付面積	収穫量	出荷量	作付面積	収穫量	出荷量
	ha	t	t	ha	t	t	ha	t	t
だ　い　こ　ん　(1)	842	25,800	21,200	383	14,500	10,100	1,850	77,900	70,000
か　　　　　ぶ　(2)	…	…	…	…	…	…	…	…	…
に　ん　じ　ん　(3)	602	18,200	16,200	140	3,240	2,420	480	15,300	13,800
ご　　ぼ　　う　(4)	265	3,450	2,810	…	…	…	617	8,450	7,680
れ　ん　こ　ん　(5)	163	2,040	1,500	…	…	…	…	…	…
ば　れ　い　し　ょ　(6)	591	12,800	9,290	…	…	…	539	11,600	10,800
さ　と　い　も　(7)	530	5,510	3,840	271	2,400	1,420	1,010	13,900	11,500
や　ま　の　い　も　(8)	…	…	…	…	…	…	…	…	…
は　く　さ　い　(9)	423	16,000	13,900	416	23,900	20,900	250	10,200	9,020
こ　ま　つ　な　(10)	…	…	…	…	…	…	…	…	…
キ　ャ　ベ　ツ　(11)	1,380	40,900	37,500	492	14,900	12,400	613	20,000	18,300
ち　ん　げ　ん　さ　い　(12)	36	720	666	…	…	…	…	…	…
ほ　う　れ　ん　そ　う　(13)	540	6,590	5,880	…	…	…	954	15,700	13,900
ふ　　　　　き　(14)	…	…	…	…	…	…	…	…	…
み　　つ　　ば　(15)	…	…	…	63	958	948	…	…	…
し　ゅ　ん　ぎ　く　(16)	21	182	150	…	…	…	…	…	…
み　　ず　　な　(17)	…	…	…	…	…	…	…	…	…
セ　ル　リ　ー　(18)	…	…	…	…	…	…	…	…	…
ア　ス　パ　ラ　ガ　ス　(19)	97	1,950	1,810	14	128	121	…	…	…
カ　リ　フ　ラ　ワ　ー　(20)	96	2,160	1,860	…	…	…	…	…	…
ブ　ロ　ッ　コ　リ　ー　(21)	419	4,650	4,110	41	500	390	…	…	…
レ　　タ　　ス　(22)	622	16,800	15,700	126	2,320	1,990	…	…	…
ね　　　　　ぎ　(23)	265	4,370	3,430	927	15,400	14,100	150	1,910	1,640
に　　　　　ら　(24)	44	1,270	1,190	60	2,720	2,630	90	3,330	3,090
た　ま　ね　ぎ　(25)	317	10,400	8,740	…	…	…	59	1,400	1,220
に　ん　に　く　(26)	38	310	230	42	245	198	60	306	292
き　ゅ　う　り　(27)	283	13,000	12,000	141	3,140	2,480	665	62,400	59,400
か　ぼ　ち　ゃ　(28)	138	2,150	1,720	117	1,490	1,020	200	4,820	4,400
な　　　　　す　(29)	421	31,700	29,300	123	2,000	1,370	53	2,270	2,040
ト　　マ　　ト　(30)	1,250	137,200	132,800	180	10,200	9,360	226	19,500	18,300
ピ　ー　マ　ン　(31)	92	3,320	3,060	115	5,970	5,670	305	26,500	25,100
ス　イ　ー　ト　コ　ー　ン　(32)	…	…	…	…	…	…	351	4,350	4,100
さ　や　い　ん　げ　ん　(33)	92	753	580	…	…	…	…	…	…
さ　や　え　ん　ど　う　(34)	…	…	…	51	450	321	…	…	…
グ　リ　ー　ン　ピ　ー　ス　(35)	24	262	245	…	…	…	…	…	…
そ　ら　ま　め　(36)	32	378	303	…	…	…	…	…	…
え　だ　ま　め　(37)	…	…	…	…	…	…	282	1,350	1,190
し　ょ　う　が　(38)	179	5,410	4,170	…	…	…	82	2,530	2,230
い　　ち　　ご　(39)	309	11,200	10,600	…	…	…	69	2,640	2,430
メ　　ロ　　ン　(40)	914	22,100	20,900	…	…	…	…	…	…
す　　い　　か　(41)	1,360	46,900	44,400	…	…	…	…	…	…

鹿 児 島			沖 縄			
作付面積	収穫量	出荷量	作付面積	収穫量	出荷量	
ha	t	t	ha	t	t	
2,080	95,100	86,600	…	…	…	(1)
…	…	…	…	…	…	(2)
567	18,100	15,200	168	2,750	2,320	(3)
445	5,960	5,410	…	…	…	(4)
…	…	…	…	…	…	(5)
4,510	96,500	88,000	…	…	…	(6)
574	7,460	6,100	9	47	41	(7)
…	…	…	…	…	…	(8)
410	21,900	18,900	…	…	…	(9)
…	…	…	…	…	…	(10)
1,990	75,800	68,300	…	…	…	(11)
32	483	422	73	913	770	(12)
…	…	…	…	…	…	(13)
…	…	…	…	…	…	(14)
…	…	…	…	…	…	(15)
…	…	…	…	…	…	(16)
58	824	729	…	…	…	(17)
…	…	…	…	…	…	(18)
…	…	…	…	…	…	(19)
…	…	…	…	…	…	(20)
364	3,970	3,380	…	…	…	(21)
273	7,000	6,040	250	4,740	4,110	(22)
499	7,500	6,550	…	…	…	(23)
…	…	…	…	…	…	(24)
…	…	…	…	…	…	(25)
44	376	268	…	…	…	(26)
160	11,100	9,740	…	…	…	(27)
721	8,510	7,410	427	3,750	3,330	(28)
102	2,120	1,460	…	…	…	(29)
122	5,270	4,400	58	3,410	3,000	(30)
148	12,600	11,700	40	2,600	2,290	(31)
…	…	…	…	…	…	(32)
266	2,850	2,530	177	2,160	2,000	(33)
390	4,410	3,690	…	…	…	(34)
107	888	757	…	…	…	(35)
254	3,150	2,730	…	…	…	(36)
…	…	…	…	…	…	(37)
84	2,000	1,770	…	…	…	(38)
…	…	…	…	…	…	(39)
…	…	…	…	…	…	(40)
115	3,270	2,520	…	…	…	(41)

5　平成30年産都道府県別の用途別出荷量

(1)　だいこん　　　　　　　　　　　　　　　　　　　　(2)　にんじん

単位：t

全国農業地域 都道府県		出荷量計	生食向	加工向	業務用向	出荷量計	生食向
全　　　　国	(1)	1,089,000	802,700	268,500	17,800	512,500	447,600
（全国農業地域）							
北　海　道	(2)	146,800	113,700	28,500	4,560	152,400	122,600
都　府　県	(3)	…	…	…	…	…	…
東　　　北	(4)	158,900	124,900	26,700	7,300	…	…
北　　　陸	(5)	44,700	26,800	17,800	74	…	…
関　東・東　山	(6)	…	…	…	…	…	…
東　　　海	(7)	…	…	…	…	20,800	19,100
近　　　畿	(8)	…	…	…	…	…	…
中　　　国	(9)	…	…	…	…	…	…
四　　　国	(10)	…	…	…	…	…	…
九　　　州	(11)	…	…	…	…	…	…
沖　　　縄	(12)	…	…	…	…	2,320	2,280
（都道府県）							
北　海　道	(13)	146,800	113,700	28,500	4,560	152,400	122,600
青　　　森	(14)	110,700	84,900	18,900	6,920	34,800	31,900
岩　　　手	(15)	17,700	14,600	2,930	161	1,620	1,570
宮　　　城	(16)	4,610	3,620	989	－	…	…
秋　　　田	(17)	7,680	6,360	1,300	20	…	…
山　　　形	(18)	9,080	6,830	2,050	197	…	…
福　　　島	(19)	9,100	8,560	537	0	688	685
茨　　　城	(20)	46,700	17,700	28,700	310	25,600	21,300
栃　　　木	(21)	14,100	12,900	1,200	4	…	…
群　　　馬	(22)	21,100	15,200	5,690	166	…	…
埼　　　玉	(23)	17,200	13,300	3,440	427	16,300	16,200
千　　　葉	(24)	140,200	130,000	8,630	1,560	101,700	94,300
東　　　京	(25)	8,510	8,490	23	－	3,100	3,100
神　奈　川	(26)	74,400	71,200	3,240	－	…	…
新　　　潟	(27)	29,700	13,100	16,600	49	4,660	3,750
富　　　山	(28)	3,110	3,010	79	25	…	…
石　　　川	(29)	7,810	7,620	187	－	312	307
福　　　井	(30)	4,070	3,120	953	－	…	…
山　　　梨	(31)	…	…	…	…	…	…
長　　　野	(32)	9,400	6,590	2,810	2	…	…
岐　　　阜	(33)	14,000	12,400	1,510	85	4,480	4,340
静　　　岡	(34)	16,800	10,900	5,820	83	2,010	2,010
愛　　　知	(35)	19,800	17,800	2,020	1	13,600	12,100
三　　　重	(36)	…	…	…	…	715	700
滋　　　賀	(37)	2,730	2,020	697	10	…	…
京　　　都	(38)	…	…	…	…	…	…
大　　　阪	(39)	…	…	…	…	…	…
兵　　　庫	(40)	6,600	6,590	6	3	2,860	2,860
奈　　　良	(41)	2,150	2,100	29	17	…	…
和　歌　山	(42)	8,300	7,240	1,060	4	2,350	2,340
鳥　　　取	(43)	…	…	…	…	1,740	1,470
島　　　根	(44)	…	…	…	…	…	…
岡　　　山	(45)	7,400	6,390	987	20	854	804
広　　　島	(46)	5,790	5,270	517	2	…	…
山　　　口	(47)	7,830	7,360	474	－	…	…
徳　　　島	(48)	23,800	23,500	272	－	44,200	43,200
香　　　川	(49)	5,430	5,430	－	－	2,730	2,710
愛　　　媛	(50)	…	…	…	…	…	…
高　　　知	(51)	…	…	…	…	…	…
福　　　岡	(52)	12,800	12,200	523	93	…	…
佐　　　賀	(53)	…	…	…	…	…	…
長　　　崎	(54)	49,200	43,100	5,790	350	30,400	29,000
熊　　　本	(55)	21,200	20,600	611	9	16,200	14,900
大　　　分	(56)	10,100	9,880	209	10	2,420	2,330
宮　　　崎	(57)	70,000	7,540	62,000	463	13,800	4,420
鹿　児　島	(58)	86,600	35,400	49,900	1,320	15,200	13,400
沖　　　縄	(59)	…	…	…	…	2,320	2,280
関　東　農　政　局	(60)	…	…	…	…	…	…
東　海　農　政　局	(61)	…	…	…	…	18,800	17,100
中国四国農政局	(62)	…	…	…	…	…	…

(3)　ばれいしょ（じゃがいも）

単位：t　　　　　　　　　　　　　　　　　　　　　単位：t

加工向	業務用向	出荷量計	生食向	加工向	業務用向	
59,900	5,020	1,889,000	595,000	1,294,000	…	(1)
27,300	2,490	1,557,000	356,000	1,201,000	…	(2)
…	…	…	…	…	…	(3)
…	…	…	…	…	…	(4)
…	…	…	…	…	…	(5)
…	…	…	…	…	…	(6)
1,190	499	…	…	…	…	(7)
…	…	…	…	…	…	(8)
…	…	…	…	…	…	(9)
…	…	…	…	…	…	(10)
…	…	…	…	…	…	(11)
30	9	…	…	…	…	(12)
27,300	2,490	1,557,000	356,000	1,201,000	…	(13)
2,290	629	12,000	8,220	3,780	…	(14)
53	–	…	…	…	…	(15)
…	…	…	…	…	…	(16)
…	…	…	…	…	…	(17)
…	…	…	…	…	…	(18)
3	0	2,370	2,370	0	…	(19)
3,640	616	38,800	14,100	24,700	…	(20)
…	…	…	…	…	…	(21)
…	…	…	…	…	…	(22)
119	8	…	…	…	…	(23)
7,360	17	26,700	19,900	6,770	…	(24)
–	–	…	…	…	…	(25)
…	…	…	…	…	…	(26)
911	4	…	…	…	…	(27)
…	…	…	…	…	…	(28)
5	–	…	…	…	…	(29)
…	…	…	…	…	…	(30)
…	…	…	…	…	…	(31)
…	…	1,770	1,710	61	…	(32)
130	7	…	…	…	…	(33)
1	3	12,200	12,000	222	…	(34)
1,060	478	…	…	…	…	(35)
–	15	1,490	936	554	…	(36)
…	…	…	…	…	…	(37)
…	…	…	…	…	…	(38)
…	…	…	…	…	…	(39)
–	–	…	…	…	…	(40)
…	…	…	…	…	…	(41)
10	2	…	…	…	…	(42)
268	3	…	…	…	…	(43)
…	…	…	…	…	…	(44)
50	–	712	712	0	…	(45)
…	…	1,900	1,620	276	…	(46)
…	…	…	…	…	…	(47)
967	–	…	…	…	…	(48)
17	–	…	…	…	…	(49)
…	…	…	…	…	…	(50)
…	…	…	…	…	…	(51)
…	…	…	…	…	…	(52)
…	…	2,130	750	1,380	…	(53)
1,440	–	80,400	76,900	3,460	…	(54)
1,300	31	9,290	5,940	3,350	…	(55)
95	–	…	…	…	…	(56)
8,980	402	10,800	3,080	7,720	…	(57)
1,710	111	88,000	76,900	11,100	…	(58)
30	9	…	…	…	…	(59)
…	…	…	…	…	…	(60)
1,190	497	…	…	…	…	(61)
…	…	…	…	…	…	(62)

5　平成30年産都道府県別の用途別出荷量（続き）

(4)　さといも　　　　　　　　　　　　　　　　　　(5)　はくさい

単位：t

全国農業地域 都道府県		出荷量計	生食向	加工向	業務用向	出荷量計	生食向
全　　　　国	(1)	95,300	90,300	4,960	34	734,400	685,100
（全国農業地域）							
北　海　道	(2)	...	...	...	...	24,000	20,600
都　府　県	(3)	...	...	...	...	...	...
東　　　北	(4)	...	...	...	...	21,400	20,100
北　　　陸	(5)	...	...	...	...	...	...
関東・東山	(6)	...	...	...	...	...	...
東　　　海	(7)	5,850	5,850	3	2	...	...
近　　　畿	(8)	...	...	...	...	...	...
中　　　国	(9)	...	...	...	...	...	...
四　　　国	(10)	...	...	...	...	...	...
九　　　州	(11)	...	...	...	...	...	...
沖　　　縄	(12)	41	41	-			
（都道府県）							
北　海　道	(13)	...	...	...	...	24,000	20,600
青　　　森	(14)	...	...	...	...	3,470	3,470
岩　　　手	(15)	373	373	-	-	3,680	3,620
宮　　　城	(16)	...	...	...	...	3,780	3,070
秋　　　田	(17)	...	...	...	...	2,310	2,190
山　　　形	(18)	810	719	89	2	2,610	2,320
福　　　島	(19)	840	840	-	-	5,560	5,410
茨　　　城	(20)	2,050	1,990	61	-	222,400	216,700
栃　　　木	(21)	5,280	5,280	-	-	17,800	16,100
群　　　馬	(22)	1,160	1,160	-	-	25,400	22,100
埼　　　玉	(23)	13,000	13,000	9	3	16,300	12,800
千　　　葉	(24)	13,500	13,500	50	-	6,430	6,430
東　　　京	(25)	2,290	2,290	-	-	...	...
神　奈　川	(26)	4,240	4,240				
新　　　潟	(27)	3,230	3,220	9	-	4,300	4,300
富　　　山	(28)	942	926	8	8	1,050	1,020
石　　　川	(29)	...	...	...	...	...	...
福　　　井	(30)	1,360	1,340	16	-	...	...
山　　　梨	(31)	...	...	...	...	...	...
長　　　野	(32)	...	...	...	...	201,600	186,700
岐　　　阜	(33)	843	841	-	2	3,360	3,240
静　　　岡	(34)	2,440	2,440	3	-	...	...
愛　　　知	(35)	1,910	1,910	-	-	18,600	17,900
三　　　重	(36)	658	658	-	-	5,620	4,110
滋　　　賀	(37)	...	...	...	...	3,300	2,620
京　　　都	(38)	...	...	...	...	...	...
大　　　阪	(39)	747	732	15	-	...	...
兵　　　庫	(40)	...	...	...	...	16,900	16,800
奈　　　良	(41)	...	...	...	...	...	...
和　歌　山	(42)	...	...	...	...	7,760	6,830
鳥　　　取	(43)	...	...	...	...	2,120	2,120
島　　　根	(44)	...	...	...	...	...	...
岡　　　山	(45)	...	...	...	...	11,300	9,190
広　　　島	(46)	...	...	...	...	1,500	1,500
山　　　口	(47)	1,090	1,090	-	-	3,590	3,590
徳　　　島	(48)	...	...	...	...	3,610	3,610
香　　　川	(49)	...	...	...	...	...	...
愛　　　媛	(50)	6,660	6,590	74	-	3,540	3,540
高　　　知	(51)	...	...	...	...	...	...
福　　　岡	(52)	866	866	-	-	5,260	5,170
佐　　　賀	(53)	...	...	...	...	...	...
長　　　崎	(54)	...	...	...	...	20,700	20,200
熊　　　本	(55)	3,840	3,820	17	-	13,900	13,000
大　　　分	(56)	1,420	1,390	32	-	20,900	20,200
宮　　　崎	(57)	11,500	7,600	3,900	-	9,020	8,140
鹿　児　島	(58)	6,100	5,830	255	16	18,900	14,300
沖　　　縄	(59)	41	41				
関東農政局	(60)	...	...	...	...	...	...
東海農政局	(61)	3,410	3,410	-	2	27,600	25,300
中国四国農政局	(62)	...	...	...	...	...	...

(6)　キャベツ

加工向	業務用向	出荷量計	生食向	加工向	業務用向	
40,300	8,970	1,319,000	1,088,000	137,300	93,700	(1)
3,220	224	53,200	28,900	23,700	628	(2)
…	…	…	…	…	…	(3)
1,070	260	…	…	…	…	(4)
…	…	…	…	…	…	(5)
…	…	…	…	…	…	(6)
…	…	258,300	201,300	25,400	31,600	(7)
…	…	…	…	…	…	(8)
…	…	32,500	26,200	4,340	1,960	(9)
…	…	…	…	…	…	(10)
…	…	183,700	152,100	25,200	6,360	(11)
…	…	…	…	…	…	(12)
3,220	224	53,200	28,900	23,700	628	(13)
-	-	14,700	10,800	3,840	75	(14)
62	-	26,300	23,800	1,650	811	(15)
705	2	5,030	4,500	511	21	(16)
54	69	5,560	4,560	756	248	(17)
242	47	…	…	…	…	(18)
8	141	3,450	3,190	-	261	(19)
5,600	70	102,800	89,300	10,100	3,380	(20)
1,660	-	…	…	…	…	(21)
1,710	1,550	250,800	203,400	9,810	37,600	(22)
3,480	10	12,500	10,400	1,820	279	(23)
-	-	115,300	112,100	3,200	30	(24)
…	…	7,870	7,870	-	-	(25)
…	…	67,900	67,600	289	-	(26)
-	-	…	…	…	…	(27)
27	7	1,790	1,270	518	-	(28)
…	…	…	…	…	…	(29)
…	…	2,690	140	2,550	-	(30)
…	…	2,940	1,680	569	689	(31)
8,940	6,000	61,900	52,000	3,960	5,980	(32)
120	1	3,190	3,190	-	-	(33)
…	…	14,300	8,190	2,910	3,200	(34)
578	165	232,400	183,200	21,100	27,900	(35)
1,500	5	8,430	6,530	1,350	547	(36)
592	83	8,560	3,040	5,500	16	(37)
…	…	5,350	5,030	311	5	(38)
…	…	9,830	9,370	452	3	(39)
79	3	24,100	21,000	3,090	24	(40)
…	…	…	…	…	…	(41)
893	37	7,280	6,520	699	64	(42)
-	-	2,380	2,380	5	-	(43)
…	…	4,410	3,520	602	287	(44)
1,940	165	9,490	6,820	2,430	242	(45)
-	2	7,980	5,890	872	1,220	(46)
-	-	8,260	7,620	431	211	(47)
-	-	5,310	3,380	1,830	101	(48)
…	…	9,160	5,070	4,090	-	(49)
-	-	12,300	9,150	3,150	-	(50)
…	…	…	…	…	…	(51)
87	-	26,300	24,600	810	891	(52)
…	…	9,020	6,600	1,330	1,090	(53)
471	-	11,900	7,070	3,980	850	(54)
888	-	37,500	30,700	3,940	2,840	(55)
699	-	12,400	12,200	208	-	(56)
875	-	18,300	12,800	5,390	128	(57)
4,580	-	68,300	58,200	9,540	562	(58)
…	…	…	…	…	…	(59)
…	…	…	…	…	…	(60)
2,170	171	244,000	193,100	22,500	28,400	(61)
…	…	…	…	…	…	(62)

5 平成30年産都道府県別の用途別出荷量（続き）

(7) ほうれんそう
(8) レタス

単位：t

全 国 農 業 地 域 ・ 都 道 府 県		出荷量計	生食向	加工向	業務用向	出荷量計	生食向
全 国	(1)	194,800	172,200	21,900	725	553,200	477,900
（全国農業地域）							
北 海 道	(2)	4,580	3,820	703	53	13,200	11,300
都 府 県	(3)	…	…	…	…	…	…
東 北	(4)	…	…	…	…	…	…
北 陸	(5)	…	…	…	…	…	…
関 東 ・ 東 山	(6)	…	…	…	…	…	…
東 海	(7)	…	…	…	…	…	…
近 畿	(8)	…	…	…	…	…	…
中 国	(9)	…	…	…	…	…	…
四 国	(10)	…	…	…	…	…	…
九 州	(11)	…	…	…	…	…	…
沖 縄	(12)	…	…	…	…	4,110	3,790
（都道府県）							
北 海 道	(13)	4,580	3,820	703	53	13,200	11,300
青 森	(14)	…	…	…	…	1,910	1,370
岩 手	(15)	2,890	2,820	69	-	8,980	7,110
宮 城	(16)	1,740	1,740	-	2	…	…
秋 田	(17)	1,110	1,110	-	-	…	…
山 形	(18)	…	…	…	…	…	…
福 島	(19)	1,960	1,800	38	125	…	…
茨 城	(20)	16,200	14,800	1,350	90	86,600	80,100
栃 木	(21)	5,910	5,700	210	-	5,450	5,330
群 馬	(22)	19,600	19,500	69	30	43,500	24,300
埼 玉	(23)	20,100	20,000	10	50	3,390	3,190
千 葉	(24)	23,300	22,600	635	22	8,320	7,670
東 京	(25)	3,910	3,910	-	-	…	…
神 奈 川	(26)	7,880	7,880	-	-	…	…
新 潟	(27)	…	…	…	…	…	…
富 山	(28)	267	260	-	7	…	…
石 川	(29)	…	…	…	…	…	…
福 井	(30)	436	436	-	-	…	…
山 梨	(31)	…	…	…	…	…	…
長 野	(32)	2,420	2,320	95	6	202,700	178,000
岐 阜	(33)	8,880	7,850	887	140	…	…
静 岡	(34)	…	…	…	…	23,700	20,900
愛 知	(35)	4,580	4,580	-	1	5,180	5,180
三 重	(36)	…	…	…	…	…	…
滋 賀	(37)	809	783	8	18	…	…
京 都	(38)	4,570	4,500	0	72	…	…
大 阪	(39)	…	…	…	…	359	359
兵 庫	(40)	2,260	2,260	1	0	27,500	27,200
奈 良	(41)	2,680	2,670	-	7	401	401
和 歌 山	(42)	…	…	…	…	…	…
鳥 取	(43)	1,160	1,160	-	-	…	…
島 根	(44)	…	…	…	…	…	…
岡 山	(45)	…	…	…	…	1,000	920
広 島	(46)	3,400	3,390	-	10	…	…
山 口	(47)	1,250	1,240	-	15	…	…
徳 島	(48)	3,500	3,500	-	-	5,490	4,970
香 川	(49)	…	…	…	…	17,300	16,300
愛 媛	(50)	1,020	1,020	2	-	1,520	1,450
高 知	(51)	…	…	…	…	…	…
福 岡	(52)	8,560	8,420	132	6	18,300	17,900
佐 賀	(53)	710	710	-	-	1,690	1,530
長 崎	(54)	1,490	1,300	189	5	30,500	25,800
熊 本	(55)	5,880	2,890	2,990	-	15,700	9,760
大 分	(56)	…	…	…	…	1,990	1,970
宮 崎	(57)	13,900	1,400	12,500	-	…	…
鹿 児 島	(58)	…	…	…	…	6,040	5,540
沖 縄	(59)	…	…	…	…	4,110	3,790
関 東 農 政 局	(60)	…	…	…	…	…	…
東 海 農 政 局	(61)	…	…	…	…	…	…
中国四国農政局	(62)	…	…	…	…	…	…

(9) ねぎ

単位：t　　　　　　　　　　　　　　　　　　　単位：t

加工向	業務用向	出荷量計	生食向	加工向	業務用向	
40,600	34,700	370,300	355,900	10,500	3,860	(1)
1,780	118	17,900	17,700	86	88	(2)
…	…	…	…	…	…	(3)
…	…	45,400	43,500	1,690	243	(4)
…	…	12,300	12,100	218	31	(5)
…	…	…	…	…	…	(6)
…	…	18,600	16,700	1,040	872	(7)
…	…	…	…	…	…	(8)
…	…	…	…	…	…	(9)
…	…	11,000	9,200	1,640	192	(10)
…	…	36,600	35,100	1,000	455	(11)
298	22	…	…	…	…	(12)
1,780	118	17,900	17,700	86	88	(13)
384	157	9,930	9,780	151	–	(14)
453	1,420	5,450	5,380	9	57	(15)
…	…	6,520	5,990	516	19	(16)
…	…	10,600	9,610	987	6	(17)
…	…	6,580	6,530	17	31	(18)
…	…	6,340	6,200	11	130	(19)
4,140	2,350	43,500	41,600	747	1,170	(20)
77	47	9,340	9,240	64	38	(21)
7,760	11,400	14,900	14,500	256	130	(22)
86	116	44,900	44,500	88	272	(23)
632	17	56,700	56,500	178	4	(24)
…	…	…	…	…	…	(25)
…	…	6,790	6,790	–	–	(26)
…	…	7,380	7,170	192	15	(27)
…	…	2,390	2,350	26	11	(28)
…	…	768	763	–	5	(29)
…	…	1,720	1,720	–	–	(30)
…	…	…	…	…	…	(31)
14,400	10,300	8,230	8,230	–	1	(32)
…	…	1,090	1,090	–	5	(33)
1,030	1,790	8,850	7,030	955	864	(34)
–	–	5,840	5,840	–	0	(35)
…	…	2,860	2,770	89	3	(36)
…	…	…	…	…	…	(37)
…	…	5,150	4,490	525	140	(38)
–	–	6,180	3,270	2,900	10	(39)
254	–	3,780	3,060	715	10	(40)
–	–	2,390	1,790	561	38	(41)
…	…	…	…	…	…	(42)
…	…	10,300	10,200	78	4	(43)
…	…	1,560	1,540	6	18	(44)
76	3	1,740	1,590	149	5	(45)
…	…	6,570	6,120	409	44	(46)
…	…	…	…	…	…	(47)
488	35	2,920	1,720	1,200	–	(48)
221	811	3,300	2,740	421	138	(49)
74	–	1,690	1,670	17	–	(50)
…	…	3,120	3,070	–	54	(51)
2	447	6,300	6,290	–	11	(52)
21	139	2,040	2,040	–	–	(53)
3,800	931	2,500	2,390	94	18	(54)
2,780	3,160	3,430	3,430	–	–	(55)
1	20	14,100	13,400	346	394	(56)
…	…	1,640	1,630	6	–	(57)
500	–	6,550	5,950	555	43	(58)
298	22	…	…	…	…	(59)
…	…	…	…	…	…	(60)
…	…	9,790	9,700	89	8	(61)
…	…	…	…	…	…	(62)

5　平成30年産都道府県別の用途別出荷量（続き）

(10)　たまねぎ　　　　　　　　　　　　　　　(11)　きゅうり

単位：t

全 国 農 業 地 域 ・ 都 道 府 県		出荷量計	生食向	加工向	業務用向	出荷量計	生食向
全　　　　　国	(1)	1,042,000	846,300	175,600	20,100	476,100	470,100
（全国農業地域）							
北　海　道	(2)	674,600	520,300	141,000	13,300	14,300	14,100
都　府　県	(3)	…	…	…	…	…	…
東　　　北	(4)	…	…	…	…	76,600	74,600
北　　　陸	(5)	…	…	…	…	…	…
関 東 ・ 東 山	(6)	…	…	…	…	…	…
東　　　海	(7)	37,600	34,600	2,420	613	…	…
近　　　畿	(8)	…	…	…	…	13,500	13,000
中　　　国	(9)	…	…	…	…	…	…
四　　　国	(10)	…	…	…	…	40,500	40,300
九　　　州	(11)	…	…	…	…	111,000	109,500
沖　　　縄	(12)	…	…	…	…	…	…
（都道府県）							
北　海　道	(13)	674,600	520,300	141,000	13,300	14,300	14,100
青　　　森	(14)	…	…	…	…	4,040	3,940
岩　　　手	(15)	…	…	…	…	10,900	10,700
宮　　　城	(16)	…	…	…	…	10,800	10,600
秋　　　田	(17)	…	…	…	…	6,000	5,930
山　　　形	(18)	…	…	…	…	9,920	9,720
福　　　島	(19)	…	…	…	…	34,900	33,800
茨　　　城	(20)	2,820	2,230	591	-	21,300	20,700
栃　　　木	(21)	10,600	10,200	444	-	10,600	10,600
群　　　馬	(22)	7,890	6,470	1,420	5	49,500	49,200
埼　　　玉	(23)	2,450	2,170	220	60	41,500	41,200
千　　　葉	(24)	3,040	3,040	-	-	31,800	31,800
東　　　京	(25)	…	…	…	…	…	…
神　奈　川	(26)	…	…	…	…	10,500	10,500
新　　　潟	(27)	…	…	…	…	5,340	5,130
富　　　山	(28)	4,850	2,960	1,700	188	657	657
石　　　川	(29)	…	…	…	…	1,470	1,470
福　　　井	(30)	…	…	…	…	…	…
山　　　梨	(31)	…	…	…	…	3,420	3,420
長　　　野	(32)	2,540	1,680	453	406	10,200	9,880
岐　　　阜	(33)	1,440	1,170	167	103	4,250	4,250
静　　　岡	(34)	10,300	10,200	61	70	…	…
愛　　　知	(35)	24,400	22,000	2,010	430	11,500	11,000
三　　　重	(36)	1,480	1,290	177	10	1,170	1,150
滋　　　賀	(37)	…	…	…	…	2,410	2,380
京　　　都	(38)	…	…	…	…	3,620	3,360
大　　　阪	(39)	3,760	3,590	128	47	1,760	1,760
兵　　　庫	(40)	87,400	80,500	6,810	84	1,470	1,420
奈　　　良	(41)	…	…	…	…	1,520	1,510
和　歌　山	(42)	3,690	2,880	771	41	2,700	2,560
鳥　　　取	(43)	…	…	…	…	…	…
島　　　根	(44)	1,550	1,420	120	14	1,110	1,110
岡　　　山	(45)	3,600	2,010	1,590	4	1,500	1,490
広　　　島	(46)	…	…	…	…	2,660	2,660
山　　　口	(47)	4,140	4,130	8	2	2,430	2,430
徳　　　島	(48)	…	…	…	…	6,650	6,650
香　　　川	(49)	8,890	7,870	868	156	3,160	3,150
愛　　　媛	(50)	7,710	3,330	4,310	70	7,010	6,850
高　　　知	(51)	…	…	…	…	23,700	23,700
福　　　岡	(52)	2,960	2,920	36	-	8,700	8,670
佐　　　賀	(53)	109,200	102,800	4,650	1,720	11,700	11,700
長　　　崎	(54)	26,200	20,100	3,230	2,900	6,950	5,620
熊　　　本	(55)	8,740	8,440	296	-	12,000	11,900
大　　　分	(56)	…	…	…	…	2,480	2,480
宮　　　崎	(57)	1,220	1,130	95	-	59,400	59,300
鹿　児　島	(58)	…	…	…	…	9,740	9,740
沖　　　縄	(59)	…	…	…	…	…	…
関 東 農 政 局	(60)	…	…	…	…	…	…
東 海 農 政 局	(61)	27,300	24,400	2,350	543	16,900	16,400
中国四国農政局	(62)	…	…	…	…	…	…

(12) なす

加工向	業務用向	出荷量計	生食向	加工向	業務用向	
単位：t					単位：t	
4,380	1,590	236,100	232,800	3,030	240	(1)
–	154	…	…	…	…	(2)
…	…	…	…	…	…	(3)
1,880	79	…	…	…	…	(4)
…	…	…	…	…	…	(5)
…	…	…	…	…	…	(6)
…	…	…	…	…	…	(7)
436	55	…	…	…	…	(8)
…	…	…	…	…	…	(9)
203	–	46,600	46,600	43	–	(10)
1,030	454	57,600	57,400	221	–	(11)
…	…	…	…	…	…	(12)
–	154	…	…	…	…	(13)
97	–	…	…	…	…	(14)
223	–	1,820	1,820	–	–	(15)
210	37	1,230	1,150	83	–	(16)
58	16	1,960	1,910	49	–	(17)
203	–	2,590	2,330	262	–	(18)
1,090	26	2,660	2,650	8	–	(19)
–	627	14,500	14,300	128	99	(20)
–	14	12,800	12,400	412	3	(21)
281	–	22,500	22,300	191	–	(22)
280	–	6,830	6,610	223	–	(23)
–	–	5,440	5,440	–	–	(24)
…	…	…	…	…	…	(25)
–	–	3,580	3,580	–	–	(26)
212	–	2,300	1,960	296	47	(27)
–	–	388	385	3	–	(28)
–	–	…	…	…	–	(29)
…	…	621	621	–	–	(30)
–	–	4,750	4,740	7	–	(31)
253	69	819	805	14	–	(32)
–	–	1,440	1,440	–	–	(33)
…	…	…	…	…	–	(34)
110	348	10,400	10,400	38	–	(35)
18	–	1,340	1,340	–	–	(36)
13	13	860	810	48	2	(37)
249	7	6,490	6,170	314	3	(38)
2	2	6,280	5,850	395	35	(39)
52	–	1,020	1,020	–	–	(40)
0	14	4,380	4,270	66	43	(41)
119	19	…	…	…	…	(42)
…	…	…	…	…	…	(43)
5	–	767	759	8	–	(44)
9	–	4,040	3,920	123	0	(45)
–	–	1,850	1,850	–	–	(46)
–	–	1,410	1,410	–	–	(47)
–	–	5,800	5,780	20	–	(48)
10	–	1,150	1,130	20	–	(49)
160	–	2,340	2,340	3	–	(50)
33	–	37,300	37,300	–	–	(51)
28	5	19,300	19,200	101	–	(52)
–	–	2,650	2,640	14	–	(53)
876	449	1,440	1,440	–	–	(54)
56	–	29,300	29,200	106	–	(55)
–	–	1,370	1,370	–	–	(56)
69	–	2,040	2,040	–	–	(57)
–	–	1,460	1,460	–	–	(58)
…	…	…	…	…	–	(59)
…	…	…	…	…	–	(60)
128	348	13,200	13,200	38	–	(61)
…	…	…	…	…	…	(62)

5 平成30年産都道府県別の用途別出荷量（続き）

(13) トマト　　　　　　　　　　　　　　　　　　　(14) ピーマン

単位：t

全国農業地域・都道府県		出荷量計	生食向	加工向	業務用向	出荷量計	生食向
全 国	(1)	657,100	623,500	30,000	3,640	124,500	124,300
（全国農業地域）							
北 海 道	(2)	50,500	48,500	1,700	301	4,560	4,410
都 府 県	(3)	…	…	…	…	…	…
東 北	(4)	64,600	61,300	3,010	286	…	…
北 陸	(5)	13,800	13,200	566	15	…	…
関 東・東 山	(6)	…	…	…	…	…	…
東 海	(7)	85,600	83,900	1,500	158	…	…
近 畿	(8)	…	…	…	…	…	…
中 国	(9)	20,200	20,100	54	14	2,090	2,090
四 国	(10)	19,800	19,700	99	8	…	…
九 州	(11)	196,800	194,300	187	2,350	…	…
沖 縄	(12)	3,000	2,980	7	9	2,290	2,280
（都道府県）							
北 海 道	(13)	50,500	48,500	1,700	301	4,560	4,410
青 森	(14)	14,700	14,600	73	-	2,600	2,590
岩 手	(15)	7,920	6,950	963	2	6,480	6,480
宮 城	(16)	7,470	6,530	709	235	300	300
秋 田	(17)	5,720	5,580	141	-	300	300
山 形	(18)	8,410	7,880	508	17	556	555
福 島	(19)	20,400	19,700	621	32	2,420	2,420
茨 城	(20)	43,900	30,800	13,100	3	31,300	31,300
栃 木	(21)	33,700	32,000	1,440	217	…	…
群 馬	(22)	20,500	19,700	671	127	…	…
埼 玉	(23)	13,600	13,600	6	3	…	…
千 葉	(24)	33,600	33,600	35	-	1,540	1,540
東 京	(25)	…	…	…	…	…	…
神 奈 川	(26)	11,700	11,700	-	-	…	…
新 潟	(27)	7,690	7,180	497	12	354	352
富 山	(28)	928	928	-	-	…	…
石 川	(29)	2,990	2,960	31	3	…	…
福 井	(30)	2,160	2,120	38	-	…	…
山 梨	(31)	5,640	5,600	37	-	…	…
長 野	(32)	12,500	4,270	8,230	-	1,280	1,280
岐 阜	(33)	20,800	19,700	1,030	82	333	333
静 岡	(34)	13,100	12,900	127	36	327	327
愛 知	(35)	44,000	43,600	333	40	327	327
三 重	(36)	7,720	7,710	6	-	197	197
滋 賀	(37)	2,610	2,520	2	88	…	…
京 都	(38)	3,540	3,470	-	71	1,300	1,290
大 阪	(39)	…	…	…	…	…	…
兵 庫	(40)	6,960	6,950	9	-	953	953
奈 良	(41)	3,270	3,190	39	39	…	…
和 歌 山	(42)	5,920	5,920	0	0	1,290	1,290
鳥 取	(43)	2,040	2,010	13	13	389	389
島 根	(44)	2,590	2,560	35	-	415	415
岡 山	(45)	3,890	3,880	4	1	349	349
広 島	(46)	7,870	7,870	2	-	649	649
山 口	(47)	3,780	3,780	-	-	286	286
徳 島	(48)	4,060	4,050	4	6	388	386
香 川	(49)	2,940	2,940	-	-	…	…
愛 媛	(50)	6,050	6,010	42	-	1,120	1,120
高 知	(51)	6,790	6,730	53	2	12,900	12,900
福 岡	(52)	17,200	15,900	53	1,200	…	…
佐 賀	(53)	3,260	3,260	-	-	…	…
長 崎	(54)	11,500	10,900	10	611	…	…
熊 本	(55)	132,800	132,400	39	400	3,060	3,060
大 分	(56)	9,360	9,290	51	14	5,670	5,670
宮 崎	(57)	18,300	18,200	34	50	25,100	25,100
鹿 児 島	(58)	4,400	4,320	-	78	11,700	11,700
沖 縄	(59)	3,000	2,980	7	9	2,290	2,280
関 東 農 政 局	(60)	…	…	…	…	…	…
東 海 農 政 局	(61)	72,500	71,000	1,370	122	857	857
中国四国農政局	(62)	40,000	39,800	153	22	…	…

単位：t

加工向	業務用向	
41	191	(1)
–	155	(2)
…	…	(3)
…	…	(4)
…	…	(5)
…	…	(6)
…	…	(7)
…	…	(8)
–	–	(9)
…	…	(10)
…	…	(11)
14	1	(12)
–	155	(13)
13	–	(14)
–	1	(15)
…	…	(16)
–	–	(17)
1	–	(18)
–	–	(19)
4	2	(20)
…	…	(21)
…	…	(22)
…	…	(23)
–	–	(24)
…	…	(25)
…	…	(26)
2	–	(27)
…	…	(28)
…	…	(29)
…	…	(30)
…	…	(31)
–	1	(32)
–	–	(33)
…	…	(34)
–	–	(35)
–	–	(36)
…	…	(37)
4	5	(38)
…	…	(39)
–	0	(40)
…	…	(41)
–	1	(42)
–	–	(43)
–	–	(44)
–	–	(45)
–	–	(46)
–	–	(47)
2	–	(48)
…	…	(49)
–	–	(50)
–	–	(51)
…	…	(52)
…	…	(53)
…	…	(54)
–	–	(55)
–	1	(56)
–	16	(57)
–	–	(58)
14	1	(59)
…	…	(60)
–	–	(61)
…	…	(62)

6　平成30年産市町村別の作付面積、収穫量及び出荷量

(1)　だいこん

ア　春だいこん　　　　　　　　　　　　イ　夏だいこん

主要産地市町村	作付面積	収穫量	出荷量	主要産地市町村	作付面積	収穫量	出荷量
	ha	t	t		ha	t	t
北　海　道				北　海　道			
七　飯　町	105	5,250	5,010	函　館　市	29	1,100	1,050
				旭　川　市	3	60	36
青　森　県				帯　広　市	295	14,500	14,000
三　沢　市	50	2,600	2,350	網　走　市	19	757	676
				千　歳　市	33	1,130	1,050
栃　木　県							
小　山　市	16	711	644	富　良　野　市	5	148	125
下　野　市	6	300	264	恵　庭　市	82	4,490	4,190
野　木　町	3	143	136	北　広　島　市	28	1,290	1,200
				七　飯　町	16	589	556
埼　玉　県				厚　沢　部　町	30	1,080	1,020
川　越　市	21	1,040	970				
所　沢　市	12	583	480	乙　部　町	3	120	111
狭　山　市	15	1,360	1,190	今　金　町	21	1,050	995
三　芳　町	10	484	460	ニ　セ　コ　町	3	115	103
				真　狩　村	174	8,710	7,960
千　葉　県				留　寿　都　村	283	14,700	13,500
銚　子　市	444	24,400	23,900				
東　金　市	2	88	58	喜　茂　別　町	3	106	97
旭　市	66	3,630	3,340	京　極　町	1	41	38
市　原　市	72	6,050	5,560	倶　知　安　町	4	155	141
山　武　市	13	585	470	東　神　楽　町	3	112	99
				上　川　町	69	2,370	2,200
大　網　白　里　市	1	45	41	上　富　良　野　町	x	x	x
九　十　九　里　町	1	45	41	中　富　良　野　町	x	x	x
芝　山　町	4	176	155	南　富　良　野　町	22	747	726
横　芝　光　町	1	45	41	芽　室　町	55	2,380	2,280
				大　樹　町	48	2,740	2,630
愛　知　県				広　尾　町	x	x	x
江　南　市	24	1,270	1,200	幕　別　町	186	9,070	8,710
愛　西　市	45	2,000	1,900	豊　頃　町	20	1,270	1,220
				浦　幌　町	22	1,060	1,020
山　口　県				釧　路　町	130	5,430	5,170
萩　市	36	1,200	1,070				
				標　茶　町	122	8,040	7,660
				鶴　居　村	x	x	x
香　川　県				中　標　津　町	105	5,460	5,200
坂　出　市	42	3,140	2,950				
				青　森　県			
長　崎　県				黒　石　市	40	1,800	1,660
島　原　市	179	15,900	15,000	三　沢　市	90	3,420	2,970
雲　仙　市	42	3,450	3,270	む　つ　市	63	2,850	2,800
				平　川　市	60	3,320	3,070
熊　本　県				東　北　町	112	4,700	4,630
大　津　町	16	438	350	六　ヶ　所　村	178	8,280	7,610
南　小　国　町	6	177	157	お　い　ら　せ　町	165	7,920	7,740
小　国　町	41	1,190	1,090	東　通　村	20	1,110	1,080
				五　戸　町	22	871	708
				新　郷　村	29	1,220	1,050
				岩　手　県			
				盛　岡　市	6	135	80
				宮　古　市	15	302	225
				八　幡　平　市	27	799	612
				滝　沢　市	60	2,280	2,270
				雫　石　町	24	833	775
				葛　巻　町	31	784	668
				岩　手　町	101	3,020	2,910
				岩　泉　町	4	71	66
				田　野　畑　村	14	323	256
				栃　木　県			
				日　光　市	6	122	110
				那　須　塩　原　市	40	892	830

注：1　野菜指定産地（平成30年4月27日農林水産省告示第967号）に包括されている市町村及びばれいしょのうち北海道の全市町村を対象に調査を行った。
　　2　ばれいしょは季節別に調査を実施していることから、品目計と季節別に掲載した。
　　3　秋植えばれいしょのうち北海道分、青森県分及び千葉県分は、当該市町村において作付けがなかったことから掲載していない。

ウ　秋冬だいこん

主要産地 市町村	作付 面積	収穫量	出荷量	主要産地 市町村	作付 面積	収穫量	出荷量
	ha	t	t		ha	t	t
栃木県（続き）				**北　海　道**			
塩谷町	4	80	50	函館市	37	1,410	1,260
				千歳市	8	391	361
群　馬　県				恵庭市	35	2,010	1,870
沼田市	52	2,170	1,990	北広島市	17	818	756
片品村	140	5,690	4,980	七飯町	10	470	383
				厚沢部町	43	2,110	1,950
長　野　県				今金町	5	230	199
諏訪市	4	89	74	せたな町	2	90	55
飯山市	34	915	831				
茅野市	28	708	642	**青　森　県**			
栄村	9	216	199	おいらせ町	150	6,680	6,590
岐　阜　県				**福　島　県**			
高山市	12	360	302	南相馬市	8	322	264
飛騨市	2	64	40	浪江町	-	-	-
郡上市	126	5,540	5,160				
				千　葉　県			
兵　庫　県				銚子市	529	30,500	29,300
養父市	8	168	142	成田市	48	2,540	2,350
香美町	1	14	2	旭市	75	4,670	4,480
新温泉町	17	1,150	1,100	市原市	115	9,360	9,010
				袖ヶ浦市	80	4,220	3,840
岡　山　県							
真庭市	68	2,180	1,920	八街市	28	1,480	1,370
				富里市	48	2,640	2,510
広　島　県				香取市	25	1,300	1,150
庄原市	39	983	884	多古町	23	1,330	1,170
山　口　県				**神　奈　川　県**			
萩市	26	507	481	横須賀市	16	1,340	1,250
				三浦市	683	60,900	56,700
熊　本　県							
南小国町	10	213	198	**新　潟　県**			
小国町	37	777	734	新潟市	495	21,900	19,900
				富　山　県			
				富山市	30	746	428
				射水市	11	221	170
				石　川　県			
				金沢市	70	3,970	3,450
				羽咋市	29	915	735
				かほく市	15	533	432
				内灘町	21	1,230	1,120
				志賀町	9	233	77
				福　井　県			
				福井市	27	550	308
				あわら市	39	830	807
				坂井市	67	1,490	1,180
				岐　阜　県			
				岐阜市	34	1,210	876
				静　岡　県			
				御前崎市	24	1,200	947
				牧之原市	34	1,860	1,500
				吉田町	1	48	38

6　平成30年産市町村別の作付面積、収穫量及び出荷量（続き）

(1)　だいこん（続き）
ウ　秋冬だいこん（続き）

(2)　にんじん
ア　春夏にんじん

主要産地 市町村	作付面積 (ha)	収穫量 (t)	出荷量 (t)	主要産地 市町村	作付面積 (ha)	収穫量 (t)	出荷量 (t)
滋賀県				**北　海　道**			
高島市	16	453	302	七飯町	147	4,700	4,450
兵庫県				**青森県**			
たつの市	63	2,230	1,870	三沢市	199	6,870	6,450
				七戸町	1	27	22
奈良県				六戸町	120	4,190	3,930
桜井市	9	477	380	東北町	22	737	679
宇陀市	13	462	368	六ヶ所村	12	390	346
御杖村	1	23	1	おいらせ町	216	8,750	8,540
和歌山県				**埼玉県**			
和歌山市	72	6,460	6,100	熊谷市	76	2,590	2,470
				深谷市	42	1,390	1,290
岡山県				**千葉県**			
真庭市	59	2,050	1,540	千葉市	33	1,160	1,100
				船橋市	128	4,500	4,350
広島県				成田市	78	3,200	3,140
庄原市	35	1,150	850	東金市	5	180	145
				習志野市	23	800	752
山口県				八千代市	34	1,230	1,200
萩市	70	2,210	1,850	八街市	45	1,900	1,830
				富里市	38	1,600	1,500
徳島県				香取市	26	897	870
徳島市	13	1,050	1,010	山武市	32	1,190	1,150
鳴門市	201	16,100	14,800	神崎町	2	70	63
吉野川市	26	1,660	1,490	多古町	27	972	943
阿波市	33	2,050	1,680	芝山町	19	699	685
松茂町	28	2,290	2,130				
北島町	4	203	177	**新潟県**			
板野町	4	255	216	新潟市	22	443	401
				新発田市	1	21	19
				胎内市	6	151	143
香川県				聖籠町	1	17	15
坂出市	45	2,160	2,010				
				岐阜県			
福岡県				各務原市	59	2,850	2,720
福岡市	58	4,860	4,430				
糸島市	18	1,050	889	**静岡県**			
				掛川市	29	937	805
長崎県							
島原市	215	18,500	17,700	**兵庫県**			
雲仙市	56	4,840	4,460	たつの市	48	2,390	2,310
熊本県				**徳島県**			
大津町	18	551	399	徳島市	66	3,330	3,090
南小国町	7	260	240	鳴門市	6	232	216
小国町	50	1,890	1,730	阿南市	38	1,460	1,350
				吉野川市	79	3,700	3,440
鹿児島県				阿波市	13	534	486
大崎町	315	16,200	15,600	美馬市	12	380	334
				勝浦町	0	7	6
				石井町	19	766	697
				藍住町	305	15,600	14,200
				板野町	343	18,600	16,900
				上板町	69	3,190	2,870
				つるぎ町	2	59	40

イ 秋にんじん

主要産地 市町村	作付 面積	収穫量	出荷量	主要産地 市町村	作付 面積	収穫量	出荷量
	ha	t	t		ha	t	t
長 崎 県				**北 海 道**			
島 原 市	260	9,830	9,330	函 館 市	56	1,570	1,490
雲 仙 市	11	278	232	帯 広 市	188	6,050	5,650
南 島 原 市	2	22	17	北 見 市	46	1,820	1,700
				岩 見 沢 市	37	936	906
熊 本 県				網 走 市	12	472	427
大 津 町	7	210	188	美 唄 市	1	20	20
菊 陽 町	97	2,940	2,640	江 別 市	42	1,600	1,460
				千 歳 市	1	44	38
沖 縄 県				富 良 野 市	190	5,660	5,250
糸 満 市	24	575	510	恵 庭 市	24	851	777
				北 広 島 市	20	684	625
				石 狩 市	47	1,410	1,290
				北 斗 市	30	780	748
				当 別 町	16	296	268
				七 飯 町	6	156	132
				厚 沢 部 町	-	-	-
				今 金 町	30	840	811
				せ た な 町	3	90	85
				二 セ コ 町	35	1,610	1,510
				真 狩 村	231	9,400	8,820
				留 寿 都 村	86	3,680	3,450
				京 極 町	151	4,360	4,090
				倶 知 安 町	40	1,550	1,450
				上 富 良 野 町	25	556	507
				中 富 良 野 町	88	2,880	2,670
				南 富 良 野 町	315	12,000	11,200
				美 幌 町	411	17,300	15,900
				津 別 町	17	539	490
				斜 里 町	437	20,000	18,100
				清 里 町	20	819	740
				小 清 水 町	150	6,080	5,510
				訓 子 府 町	x	x	x
				置 戸 町	x	x	x
				大 空 町	80	3,800	3,580
				豊 浦 町	21	698	652
				洞 爺 湖 町	55	1,890	1,770
				音 更 町	542	16,200	15,100
				新 得 町	51	1,530	1,420
				芽 室 町	119	3,790	3,540
				幕 別 町	456	14,300	13,300
				足 寄 町	19	578	539
				青 森 県			
				黒 石 市	16	384	365
				平 川 市	65	2,340	2,150
				七 戸 町	1	20	18
				東 北 町	13	364	343
				六 ヶ 所 村	11	286	246

6 平成30年産市町村別の作付面積、収穫量及び出荷量（続き）

(2) にんじん（続き）
ウ 冬にんじん

主要産地 市 町 村	作付 面積	収穫量	出荷量	主要産地 市 町 村	作付 面積	収穫量	出荷量
	ha	t	t		ha	t	t
青 森 県				**長 崎 県**			
おいらせ町	33	1,060	1,030	島 原 市	206	9,310	8,910
				諫 早 市	250	10,300	9,450
茨 城 県				大 村 市	46	1,720	1,620
水 戸 市	18	635	625	雲 仙 市	12	382	326
鉾 田 市	294	11,500	11,300	南 島 原 市	3	35	26
茨 城 町	54	1,990	1,540				
城 里 町	2	72	44	**熊 本 県**			
				大 津 町	58	1,750	1,560
埼 玉 県				菊 陽 町	132	3,990	3,550
川 越 市	21	842	724				
所 沢 市	82	3,310	2,530	**鹿 児 島 県**			
狭 山 市	20	792	594	枕 崎 市	21	630	517
入 間 市	2	73	38	指 宿 市	32	961	817
朝 霞 市	53	2,130	1,910	南 さ つ ま 市	10	272	239
				志 布 志 市	95	3,600	3,140
志 木 市	4	150	120	南 九 州 市	152	4,500	3,740
和 光 市	19	714	635				
新 座 市	55	2,220	2,010	**沖 縄 県**			
富 士 見 市	6	226	158	糸 満 市	42	685	605
ふ じ み 野 市	6	232	205	う る ま 市	12	122	103
三 芳 町	25	993	790				
千 葉 県							
千 葉 市	83	2,990	2,750				
成 田 市	99	3,710	3,450				
東 金 市	15	578	498				
八 街 市	560	20,700	19,800				
富 里 市	680	25,800	24,700				
香 取 市	95	3,390	3,170				
山 武 市	288	11,100	10,200				
神 崎 町	3	104	94				
多 古 町	77	2,770	2,630				
芝 山 町	266	9,870	9,110				
横 芝 光 町	16	611	535				
新 潟 県							
新 潟 市	48	991	644				
新 発 田 市	5	98	44				
胎 内 市	40	1,200	1,090				
聖 籠 町	4	90	63				
石 川 県							
小 松 市	19	173	150				
岐 阜 県							
各 務 原 市	49	1,200	901				
愛 知 県							
碧 南 市	155	8,980	8,220				
西 尾 市	41	1,520	1,420				
愛 西 市	25	969	899				
鳥 取 県							
米 子 市	41	1,260	1,150				
境 港 市	2	45	42				
香 川 県							
坂 出 市	69	2,020	1,890				

(3) ばれいしょ（じゃがいも）
ア　計

主要産地 市町村	作付面積	収穫量	出荷量	主要産地 市町村	作付面積	収穫量	出荷量
	ha	t	t		ha	t	t
北　海　道				**北海道（続き）**			
札　幌　市	29	876	670	喜　茂　別　町	309	8,460	7,090
函　館　市	400	10,500	9,580	京　極　町	893	23,600	19,600
小　樽　市	14	296	155	倶　知　安　町	1,270	33,200	28,200
旭　川　市	161	4,210	3,920	共　和　町	249	7,300	6,150
室　蘭　市	1	10	9	岩　内　町	1	16	14
釧　路　市	2	44	40	泊　村	0	3	0
帯　広　市	3,570	122,800	109,000	神　恵　内　村	0	3	0
北　見　市	1,880	65,100	55,200	積　丹　町	11	222	189
夕　張　市	3	62	55	古　平　町	3	56	48
岩　見　沢　市	60	1,450	712	仁　木　町	3	69	59
網　走　市	2,580	96,500	91,400	余　市　町	4	89	76
留　萌　市	x	x	x	赤　井　川　村	20	663	565
苫　小　牧　市	1	16	14	南　幌　町	4	96	82
稚　内　市	5	56	44	奈　井　江　町	0	4	0
美　唄　市	5	91	64	上　砂　川　町	0	0	-
芦　別　市	40	1,260	283	由　仁　町	182	5,840	2,550
江　別　市	63	2,030	1,800	長　沼　町	91	2,720	1,350
赤　平　市	x	x	x	栗　山　町	197	6,880	557
紋　別　市	-	-	-	月　形　町	10	283	279
士　別　市	198	4,340	3,830	浦　臼　町	11	258	237
名　寄　市	173	4,440	3,680	新　十　津　川　町	x	x	x
三　笠　市	6	134	105	妹　背　牛　町	0	7	0
根　室　市	-	-	-	秩　父　別　町	0	4	0
千　歳　市	132	4,670	2,100	雨　竜　町	0	7	0
滝　川　市	1	18	8	北　竜　町	0	7	0
砂　川　市	1	10	2	沼　田　町	9	212	201
歌　志　内　市	0	0	-	鷹　栖　町	1	16	2
深　川　市	57	1,720	504	東　神　楽　町	4	112	89
富　良　野　市	178	5,280	4,930	当　麻　町	3	48	29
登　別　市	-	-	-	比　布　町	1	25	2
恵　庭　市	204	6,920	5,250	愛　別　町	0	4	0
伊　達　市	57	1,670	1,370	上　川　町	31	863	807
北　広　島　市	48	1,600	1,150	東　川　町	14	354	319
石　狩　市	135	4,130	3,430	美　瑛　町	832	26,300	22,900
北　斗　市	50	1,200	1,030	上　富　良　野　町	405	11,600	9,570
当　別　町	54	1,610	1,370	中　富　良　野　町	124	3,440	3,040
新　篠　津　村	1	33	23	南　富　良　野　町	249	7,820	4,620
松　前　町	6	111	100	占　冠　村	0	11	7
福　島　町	6	114	104	和　寒　町	12	253	227
知　内　町	5	105	94	剣　淵　町	196	4,690	4,020
木　古　内　町	7	147	132	下　川　町	0	5	2
七　飯　町	25	600	543	美　深　町	30	770	689
鹿　部　町	1	9	8	音　威　子　府　村	0	3	1
森　町	185	5,370	4,880	中　川　町	0	7	4
八　雲　町	60	1,620	1,140	幌　加　内　町	7	142	123
長　万　部　町	1	11	9	増　毛　町	0	6	1
江　差　町	72	1,580	1,420	小　平　町	1	8	4
上　ノ　国　町	24	504	452	苫　前　町	x	x	x
厚　沢　部　町	428	11,100	5,190	羽　幌　町	x	x	x
乙　部　町	40	868	792	初　山　別　村	0	6	4
奥　尻　町	1	18	10	遠　別　町	15	211	202
今　金　町	400	10,000	7,870	天　塩　町	x	x	x
せ　た　な　町	160	4,400	3,390	猿　払　村	-	-	-
島　牧　村	3	46	39	浜　頓　別　町	-	-	-
寿　都　町	8	160	136	中　頓　別　町	x	x	x
黒　松　内　町	99	2,520	1,200	枝　幸　町	x	x	x
蘭　越　町	71	1,850	1,430	豊　富　町	-	-	-
ニ　セ　コ　町	248	6,180	5,600	礼　文　町	-	-	-
真　狩　村	476	12,700	10,600	利　尻　町	-	-	-
留　寿　都　村	575	17,300	15,000	利　尻　富　士　町	-	-	-

6 平成30年産市町村別の作付面積、収穫量及び出荷量（続き）

（3）ばれいしょ（じゃがいも）（続き）

ア 計（続き）

主 要 産 地市 町 村	作 付面 積	収 穫 量	出 荷 量	主 要 産 地市 町 村	作 付面 積	収 穫 量	出 荷 量
	ha	t	t		ha	t	t
北海道（続き）				**青 森 県**			
幌 延 町	0	0	0	五 所 川 原 市	14	168	120
美 幌 町	1,400	43,300	39,700	三 沢 市	93	2,340	2,190
津 別 町	601	20,100	18,200	中 泊 町	3	36	19
斜 里 町	2,700	118,000	114,000	野 辺 地 町	4	100	92
清 里 町	2,120	90,300	86,700	七 戸 町	1	19	18
小 清 水 町	2,160	90,200	87,700	六 戸 町	5	120	116
訓 子 府 町	738	27,900	23,000	横 浜 町	138	4,140	4,040
置 戸 町	300	11,200	8,070	東 北 町	89	2,560	2,310
佐 呂 間 町	x	x	x	六 ヶ 所 村	17	539	475
遠 軽 町	63	1,680	1,580				
湧 別 町	44	1,220	1,190	**千 葉 県**			
滝 上 町	x	x	x	山 武 市	13	322	255
興 部 町	-	-	-	九 十 九 里 町	1	23	15
西 興 部 村	-	-	-	芝 山 町	50	1,170	992
雄 武 町	x	x	x	横 芝 光 町	8	184	117
大 空 町	1,930	75,300	66,200				
豊 浦 町	35	940	868	**静 岡 県**			
壮 瞥 町	13	318	277	浜 松 市	300	8,510	7,810
白 老 町	-	-	-	三 島 市	25	742	670
厚 真 町	74	2,280	1,890	湖 西 市	44	1,050	947
洞 爺 湖 町	226	5,380	4,840				
安 平 町	31	897	828	**三 重 県**			
む か わ 町	118	3,380	3,010	四 日 市 市	31	363	267
日 高 町	29	669	603				
平 取 町	1	28	24	**広 島 県**			
新 冠 町	1	18	6	竹 原 市	60	783	117
浦 河 町	2	14	3	東 広 島 市	126	1,530	652
様 似 町	0	4	0				
え り も 町	0	2	0	**佐 賀 県**			
新 ひ だ か 町	2	16	4	唐 津 市	21	446	317
音 更 町	2,170	74,200	68,300	玄 海 町	5	72	23
士 幌 町	2,180	81,700	73,900				
上 士 幌 町	758	26,200	24,500	**長 崎 県**			
鹿 追 町	1,050	36,200	31,000	諫 早 市	627	18,600	16,800
新 得 町	162	5,440	4,600	大 村 市	15	354	308
清 水 町	873	25,500	23,200	平 戸 市	48	1,030	571
芽 室 町	3,240	105,000	97,000	五 島 市	38	593	502
中 札 内 村	985	39,100	35,500	雲 仙 市	1,580	43,500	38,000
更 別 村	2,030	77,400	73,100				
大 樹 町	307	10,100	7,260	南 島 原 市	1,040	23,300	20,900
広 尾 町	42	1,390	1,390	**熊 本 県**			
幕 別 町	2,460	77,600	71,700	八 代 市	128	3,380	3,030
池 田 町	344	11,100	9,860	天 草 市	26	328	257
豊 頃 町	942	34,900	32,400	氷 川 町	25	473	422
本 別 町	579	18,800	17,700	苓 北 町	4	61	42
足 寄 町	119	4,250	4,240				
陸 別 町	0	4		**鹿 児 島 県**			
浦 幌 町	797	24,600	23,300	西 之 表 市	103	2,370	2,220
釧 路 町	-	-	-	い ち き 串 木 野 市	20	223	170
厚 岸 町	-	-	-	長 島 町	1,130	27,600	25,200
浜 中 町	-	-	-	錦 江 町	58	1,360	1,290
標 茶 町	-	-	-	南 大 隅 町	129	2,500	2,200
弟 子 屈 町	404	13,700	12,800	中 種 子 町	22	326	298
鶴 居 村	-	-	-	南 種 子 町	16	172	149
白 糠 町	-	-	-	天 城 町	341	7,650	7,290
別 海 町				和 泊 町	627	8,730	7,830
中 標 津 町	435	13,400	9,930	知 名 町	510	9,100	8,670
標 津 町	30	903	765				
羅 臼 町	-	-	-				

イ　春植えばれいしょ

主要産地 市町村	作付 面積	収穫量	出荷量	主要産地 市町村	作付 面積	収穫量	出荷量
	ha	t	t		ha	t	t
北　海　道				**北海道（続き）**			
札　幌　市	29	876	670	喜　茂　別　町	309	8,460	7,090
函　館　市	400	10,500	9,580	京　極　町	893	23,600	19,600
小　樽　市	14	296	155	倶　知　安　町	1,270	33,200	28,200
旭　川　市	161	4,210	3,920	共　和　町	249	7,300	6,150
室　蘭　市	1	10	9	岩　内　町	1	16	14
釧　路　市	2	44	40	泊　村	0	3	0
帯　広　市	3,570	122,800	109,000	神　恵　内　村	0	3	0
北　見　市	1,880	65,100	55,200	積　丹　町	11	222	189
夕　張　市	3	62	55	古　平　町	3	56	48
岩　見　沢　市	60	1,450	712	仁　木　町	3	69	59
網　走　市	2,580	96,500	91,400	余　市　町	4	89	76
留　萌　市	x	x	x	赤　井　川　村	20	663	565
苫　小　牧　市	1	16	14	南　幌　町	4	96	82
稚　内　市	5	56	44	奈　井　江　町	0	4	0
美　唄　市	5	91	64	上　砂　川　町	0	0	-
芦　別　市	40	1,260	283	由　仁　町	182	5,840	2,550
江　別　市	63	2,030	1,800	長　沼　町	91	2,720	1,350
赤　平　市	x	x	x	栗　山　町	197	6,880	557
紋　別　市	-	-	-	月　形　町	10	283	279
士　別　市	198	4,340	3,830	浦　臼　町	11	258	237
名　寄　市	173	4,440	3,680	新　十　津　川　町	x	x	x
三　笠　市	6	134	105	妹　背　牛　町	0	7	0
根　室　市	-	-	-	秩　父　別　町	0	4	0
千　歳　市	132	4,670	2,100	雨　竜　町	0	7	0
滝　川　市	1	18	8	北　竜　町	0	7	0
砂　川　市	1	10	2	沼　田　町	9	212	201
歌　志　内　市	0	0	-	鷹　栖　町	1	16	2
深　川　市	57	1,720	504	東　神　楽　町	4	112	89
富　良　野　市	178	5,280	4,930	当　麻　町	3	48	29
登　別　市	-	-	-	比　布　町	1	25	2
恵　庭　市	204	6,920	5,250	愛　別　町	0	4	0
伊　達　市	57	1,670	1,370	上　川　町	31	863	807
北　広　島　市	48	1,600	1,150	東　川　町	14	354	319
石　狩　市	135	4,130	3,430	美　瑛　町	832	26,300	22,900
北　斗　市	50	1,200	1,030	上　富　良　野　町	405	11,600	9,570
当　別　町	54	1,610	1,370	中　富　良　野　町	124	3,440	3,040
新　篠　津　村	1	33	23	南　富　良　野　町	249	7,820	4,620
松　前　町	6	111	100	占　冠　村	0	11	7
福　島　町	6	114	104	和　寒　町	12	253	227
知　内　町	5	105	94	剣　淵　町	196	4,690	4,020
木　古　内　町	7	147	132	下　川　町	0	5	2
七　飯　町	25	600	543	美　深　町	30	770	689
鹿　部　町	1	9	1	音　威　子　府　村	0	3	1
森　町	185	5,370	4,880	中　川　町	0	7	4
八　雲　町	60	1,620	1,140	幌　加　内　町	7	142	123
長　万　部　町	1	11	9	増　毛　町	0	6	1
江　差　町	72	1,580	1,420	小　平　町	1	8	4
上　ノ　国　町	24	504	452	苫　前　町	x	x	x
厚　沢　部　町	428	11,100	5,190	羽　幌　町	x	x	x
乙　部　町	40	868	792	初　山　別　村	0	6	4
奥　尻　町	1	18	10	遠　別　町	15	211	202
今　金　町	400	10,000	7,870	天　塩　町	x	x	x
せ　た　な　町	160	4,400	3,390	猿　払　村	-	-	-
島　牧　村	3	46	39	浜　頓　別　町	-	-	-
寿　都　町	8	160	136	中　頓　別　町	x	x	x
黒　松　内　町	99	2,520	1,200	枝　幸　町	x	x	x
蘭　越　町	71	1,850	1,430	豊　富　町	-	-	-
ニ　セ　コ　町	248	6,180	5,600	礼　文　町	-	-	-
真　狩　村	476	12,700	10,600	利　尻　町	-	-	-
留　寿　都　村	575	17,300	15,000	利　尻　富　士　町	-	-	-

6　平成30年産市町村別の作付面積、収穫量及び出荷量（続き）

(3)　ばれいしょ（じゃがいも）（続き）
イ　春植えばれいしょ（続き）

北海道（続き）

主要産地 市町村	作付面積 (ha)	収穫量 (t)	出荷量 (t)
幌延 町	0	0	0
美幌 町	1,400	43,300	39,700
津別 町	601	20,100	18,200
斜里 町	2,700	118,000	114,000
清里 町	2,120	90,300	86,700
小清水 町	2,160	90,200	87,700
訓子府 町	738	27,900	23,000
置戸 町	300	11,200	8,070
佐呂間 町	x	x	x
遠軽 町	63	1,680	1,580
湧別 町	44	1,220	1,190
滝上 町	x	x	x
興部 町	-	-	-
西興部 村	-	-	-
雄武 町	x	x	x
大空 町	1,930	75,300	66,200
豊浦 町	35	940	868
壮瞥 町	13	318	277
白老 町	-	-	-
厚真 町	74	2,280	1,890
洞爺湖 町	226	5,380	4,840
安平 町	31	897	828
むかわ 町	118	3,380	3,010
日高 町	29	669	603
平取 町	1	28	24
新冠 町	1	18	6
浦河 町	2	14	3
様似 町	0	4	0
えりも 町	0	2	0
新ひだか 町	2	16	4
音更 町	2,170	74,200	68,300
士幌 町	2,180	81,700	73,900
上士幌 町	758	26,200	24,500
鹿追 町	1,050	36,200	31,000
新得 町	162	5,440	4,600
清水 町	873	25,500	23,200
芽室 町	3,240	105,000	97,000
中札内 村	985	39,100	35,500
更別 村	2,030	77,400	73,100
大樹 町	307	10,100	7,260
広尾 町	42	1,390	1,390
幕別 町	2,460	77,600	71,700
池田 町	344	11,100	9,860
豊頃 町	942	34,900	32,400
本別 町	579	18,800	17,700
足寄 町	119	4,250	4,240
陸別 町	0	4	-
浦幌 町	797	24,600	23,300
釧路 町	-	-	-
厚岸 町	-	-	-
浜中 町	-	-	-
標茶 町	-	-	-
弟子屈 町	404	13,700	12,800
鶴居 村	-	-	-
白糠 町	-	-	-
別海 町	-	-	-
中標津 町	435	13,400	9,930
標津 町	30	903	765
羅臼 町	-	-	-

主要産地 市町村	作付面積 (ha)	収穫量 (t)	出荷量 (t)
青森県			
五所川原 市	14	168	120
三沢 市	93	2,340	2,190
中泊 町	3	36	19
野辺地 町	4	100	92
七戸 町	1	19	18
六戸 町	5	120	116
横浜 町	138	4,140	4,040
東北 町	89	2,560	2,310
六ヶ所 村	17	539	475
千葉県			
山武 市	13	322	255
九十九里 町	1	23	15
芝山 町	50	1,170	992
横芝光 町	8	184	117
静岡県			
浜松 市	284	8,280	7,610
三島 市	25	740	670
湖西 市	43	1,040	937
三重県			
四日市 市	29	350	263
広島県			
竹原 市	30	396	59
東広島 市	75	1,020	421
佐賀県			
唐津 市	15	329	237
玄海 町	3	46	14
長崎県			
諫早 市	494	15,900	14,300
大村 市	12	299	264
平戸 市	40	923	526
五島 市	32	515	458
雲仙 市	1,140	33,300	29,000
南島原 市	756	17,700	15,800
熊本県			
八代 市	125	3,340	3,000
天草 市	19	250	217
氷川 町	23	459	411
苓北 町	3	46	33
鹿児島県			
西之表 市	103	2,360	2,220
いちき串木野 市	18	189	147
長島 町	713	17,500	16,200
錦江 町	58	1,360	1,290
南大隅 町	129	2,500	2,200
中種子 町	21	315	293
南種子 町	15	161	145
天城 町	341	7,650	7,290
和泊 町	627	8,730	7,830
知名 町	510	9,100	8,670

ウ　秋植えばれいしょ

(4)　さといも
秋冬さといも

主要産地 市町村	作付面積	収穫量	出荷量	主要産地 市町村	作付面積	収穫量	出荷量
	ha	t	t		ha	t	t
静岡県				**岩手県**			
浜松市	16	234	201	北上市	51	280	170
三島市	0	2	0				
湖西市	1	13	10	**埼玉県**			
				川越市	76	2,020	1,420
三重県				所沢市	148	4,000	3,120
四日市市	2	13	4	飯能市	5	113	64
				狭山市	126	3,440	2,890
広島県				入間市	21	529	340
竹原市	30	387	58	富士見市	7	179	110
東広島市	51	513	231	日高市	15	383	210
				ふじみ野市	10	267	170
佐賀県				三芳町	31	822	560
唐津市	6	117	80				
玄海町	2	26	9	**千葉県**			
				袖ヶ浦市	22	196	119
長崎県							
諫早市	133	2,750	2,480	**新潟県**			
大村市	3	55	44	新潟市	107	1,110	708
平戸市	8	107	45	五泉市	115	1,250	1,080
五島市	6	78	44				
雲仙市	444	10,200	8,980	**富山県**			
南島原市	279	5,680	5,140	滑川市	6	52	30
				砺波市	9	90	50
熊本県				南砺市	41	366	265
八代市	4	42	30	上市町	16	126	100
天草市	7	78	40	立山町	7	78	45
氷川町	2	14	11				
苓北町	2	15	9	**福井県**			
				大野市	107	1,280	830
鹿児島県				勝山市	43	450	230
西之表市	0	7	3				
いちき串木野市	2	34	23	**岐阜県**			
長島町	415	10,200	8,940	関市	26	244	144
中種子町	1	11	5	美濃市	6	56	28
南種子町	1	11	4	各務原市	18	159	96
天城町	-	-	-				
和泊町	-	-	-	**静岡県**			
知名町	-	-	-	磐田市	40	520	428
				大阪府			
				貝塚市	1	8	7
				泉佐野市	7	116	106
				泉南市	7	121	109
				阪南市	1	14	13
				熊取町	3	45	40
				熊本県			
				西原村	33	403	339
				山都町	38	452	362
				宮崎県			
				小林市	101	997	856
				高原町	12	76	63

6　平成30年産市町村別の作付面積、収穫量及び出荷量（続き）

(5)　はくさい

ア　春はくさい　　　　　　　　　　**イ　夏はくさい**

主要産地市町村	作付面積	収穫量	出荷量	主要産地市町村	作付面積	収穫量	出荷量
	ha	t	t		ha	t	t
茨城県				**北海道**			
結城市	95	7,470	7,220	北見市	11	629	593
坂東市	100	7,810	7,550	岩見沢市	74	2,360	2,290
八千代町	214	16,700	16,100	美唄市	0	8	6
				幕別町	46	2,230	2,090
長野県							
松本市	8	387	344	**群馬県**			
小諸市	57	3,880	3,480	長野原町	108	7,880	7,240
塩尻市	7	404	373	嬬恋村	18	954	823
佐久市	59	4,170	3,730	昭和村	20	1,010	914
小海町	46	3,570	3,230				
川上村	18	1,520	1,370	**長野県**			
南牧村	56	5,010	4,550	松本市	6	288	163
南相木村	4	306	276	上田市	52	2,530	2,260
北相木村	0	15	13	小諸市	54	3,550	3,140
佐久穂町	8	540	486	塩尻市	10	549	464
				佐久市	131	8,950	7,970
軽井沢町	2	123	104				
御代田町	12	816	714	東御市	14	651	557
立科町	1	42	29	小海町	260	23,500	21,400
山形村	2	88	81	川上村	421	40,600	37,500
朝日村	14	729	688	南牧村	491	47,400	43,600
				南相木村	91	7,260	6,630
筑北村	3	159	147				
				北相木村	22	1,750	1,600
				佐久穂町	44	3,410	3,070
愛知県				軽井沢町	2	95	86
一宮市	14	891	852	御代田町	10	705	596
稲沢市	4	249	234	立科町	1	67	62
				長和町	3	164	140
長崎県				上松町	0	27	20
島原市	150	12,400	11,800	木祖村	45	2,930	2,760
南島原市	20	1,090	994	木曽町	43	2,750	2,580
				麻績村	1	32	19
				山形村	2	81	70
				朝日村	21	1,220	1,140
				筑北村	9	518	467

ウ　秋冬はくさい

主要産地 市町村	作付 面積	収穫量	出荷量	主要産地 市町村	作付 面積	収穫量	出荷量
	ha	t	t		ha	t	t
北　海　道				**岡　山　県**			
岩見沢市	101	2,840	2,690	岡　山　市	31	1,760	1,410
美　唄　市	0	9	6	玉　野　市	1	25	14
				瀬戸内市	82	6,320	5,190
宮　城　県				吉備中央町	5	193	170
色　麻　町	6	116	64				
加　美　町	20	658	467	**山　口　県**			
				萩　　　市	28	588	543
茨　城　県				阿　武　町	7	168	149
古　河　市	280	19,500	18,300				
結　城　市	560	38,900	36,300	**愛　媛　県**			
下　妻　市	100	7,280	6,810	大　洲　市	47	2,290	2,020
常　総　市	180	13,200	12,300				
坂　東　市	140	10,000	9,390	**大　分　県**			
八千代町	670	48,900	45,700	日　田　市	87	7,500	6,830
群　馬　県				**鹿児島県**			
伊勢崎市	57	2,830	2,410	曽　於　市	138	12,100	11,700
館　林　市	16	1,230	1,040				
長野原町	82	3,750	3,410				
嬬　恋　村	5	147	134				
玉　村　町	3	126	106				
板　倉　町	4	300	248				
明　和　町	2	151	123				
千代田町	8	674	613				
大　泉　町	3	260	224				
邑　楽　町	53	4,520	4,120				
富　山　県							
高　岡　市	20	290	158				
愛　知　県							
豊　橋　市	147	7,710	7,230				
一　宮　市	13	650	614				
豊　川　市	22	1,010	894				
豊　田　市	29	1,370	1,180				
江　南　市	16	692	483				
稲　沢　市	23	1,010	950				
みよし市	7	376	353				
三　重　県							
四日市市	29	1,410	1,170				
鈴　鹿　市	27	1,390	1,130				
菰　野　町	5	199	120				
滋　賀　県							
近江八幡市	12	473	276				
東　近　江　市	46	1,840	1,560				
兵　庫　県							
洲　本　市	17	775	651				
南あわじ市	247	14,600	13,000				
淡　路　市	3	117	42				
和　歌　山　県							
和歌山市	64	5,130	4,730				
岩　出　市	11	729	664				

6　平成30年産市町村別の作付面積、収穫量及び出荷量（続き）

(6)　キャベツ
ア　春キャベツ

主要産地 市　町　村	作付 面積	収　穫　量	出　荷　量	主要産地 市　町　村	作付 面積	収　穫　量	出　荷　量
	ha	t	t		ha	t	t
宮　城　県				**香　川　県**			
登　米　市	45	543	485	三　豊　市	53	2,810	2,660
千　葉　県				**福　岡　県**			
銚　子　市	942	42,400	40,000	北　九　州　市	59	2,030	1,840
野　田　市	30	1,560	1,400	宗　像　市	5	155	140
旭　　　市	65	2,930	2,690	福　津　市	18	594	559
				糸　島　市	50	1,690	1,580
神　奈　川　県				芦　屋　町	4	166	150
横　浜　市	87	3,200	3,100				
横　須　賀　市	158	7,590	7,340	遠　賀　町	1	23	20
藤　沢　市	26	988	955				
三　浦　市	625	31,300	30,300	**熊　本　県**			
葉　山　町	1	38	38	熊　本　市	61	1,390	1,180
長　野　県				**鹿　児　島　県**			
松　本　市	11	540	456	曽　於　市	50	2,160	2,020
小　諸　市	12	674	653				
塩　尻　市	22	1,320	1,230				
佐　久　市	5	241	216				
軽　井　沢　町	4	214	201				
御　代　田　町	12	598	531				
山　形　村	3	141	126				
朝　日　村	31	1,830	1,730				
愛　知　県							
稲　沢　市	27	977	917				
田　原　市	579	33,600	31,900				
三　重　県							
津　　　市	72	1,530	1,280				
松　阪　市	1	16	3				
大　阪　府							
貝　塚　市	1	35	32				
泉　佐　野　市	17	728	700				
泉　南　市	6	246	232				
阪　南　市	3	113	100				
熊　取　町	4	181	172				
田　尻　町	1	19	16				
兵　庫　県							
神　戸　市	52	1,600	1,440				
明　石　市	30	924	841				
豊　岡　市	17	413	273				
加　古　川　市	2	60	26				
南　あ　わ　じ　市	141	6,050	5,750				
稲　美　町	9	351	317				
香　美　町	2	32	12				
新　温　泉　町	2	28	7				
和　歌　山　県							
和　歌　山　市	57	2,090	1,920				
紀　の　川　市	4	121	112				
岩　出　市	4	148	135				
山　口　県							
下　関　市	22	593	492				

イ　夏秋キャベツ

主要産地 市　町　村	作付面積	収穫量	出荷量	主要産地 市　町　村	作付面積	収穫量	出荷量
	ha	t	t		ha	t	t
北　海　道				**長野県（続き）**			
岩　見　沢　市	32	879	850	北　相　木　村	5	193	175
江　別　市	13	733	676	佐　久　穂　町	34	1,620	1,500
千　歳　市	17	752	693	軽　井　沢　町	133	5,930	5,520
恵　庭　市	50	2,500	2,310	御　代　田　町	101	4,120	3,820
伊　達　市	48	2,180	2,030				
				立　科　町	1	18	6
北　広　島　市	14	682	629	長　和　町	10	443	397
厚　沢　部　町	20	660	612	富　士　見　町	39	1,200	1,110
南　幌　町	59	2,390	2,320	原　村	50	1,280	1,210
美　幌　町	36	1,890	1,860	麻　績　村	1	41	22
む　か　わ　町	43	1,880	1,760				
				山　形　村	3	124	95
鹿　追　町	62	4,870	4,730	朝　日　村	86	4,210	3,950
芽　室　町	77	4,650	4,510	筑　北　村	11	401	355
幕　別　町	79	3,470	3,370	信　濃　町	16	664	577
				飯　綱　町	7	222	154
青　森　県							
黒　石　市	9	460	394	**鳥　取　県**			
三　沢　市	37	1,220	1,140	倉　吉　市	28	522	436
平　川　市	17	706	572	北　栄　町	3	51	40
お　い　ら　せ　町	113	4,100	3,610				
				島　根　県			
岩　手　県				奥　出　雲　町	15	212	199
盛　岡　市	18	569	479				
二　戸　市	4	105	40	**熊　本　県**			
八　幡　平　市	78	2,680	2,390	阿　蘇　市	157	3,770	3,580
滝　沢　市	6	164	123	高　森　町	66	1,580	1,510
雫　石　町	18	482	373	山　都　町	159	3,180	2,990
葛　巻　町	9	266	250				
岩　手　町	407	16,000	15,200				
一　戸　町	84	3,230	3,040				
宮　城　県							
登　米　市	59	1,230	1,090				
群　馬　県							
中　之　条　町	4	244	205				
長　野　原　町	232	13,800	12,000				
嬬　恋　村	3,070	235,800	216,700				
草　津　町	50	3,190	2,640				
昭　和　村	89	4,750	4,370				
神　奈　川　県							
横　浜　市	20	520	493				
山　梨　県							
富　士　吉　田　市	3	71	60				
鳴　沢　村	47	1,240	1,110				
長　野　県							
長　野　市	35	1,050	657				
松　本　市	21	754	511				
上　田　市	13	587	473				
小　諸　市	102	4,470	4,110				
茅　野　市	57	2,370	2,220				
塩　尻　市	76	3,360	3,080				
佐　久　市	165	7,590	7,010				
東　御　市	14	565	505				
小　海　町	45	2,280	2,120				
川　上　村	56	3,080	2,850				
南　牧　村	227	12,600	11,800				

6　平成30年産市町村別の作付面積、収穫量及び出荷量（続き）

(6)　キャベツ（続き）
　　ウ　冬キャベツ

主要産地 市町村	作付面積	収穫量	出荷量	主要産地 市町村	作付面積	収穫量	出荷量
	ha	t	t		ha	t	t
北海道				**兵庫県（続き）**			
和寒町	75	4,730	4,400	稲美町	38	1,530	1,420
剣淵町	19	1,160	1,070				
				和歌山県			
千葉県				和歌山市	92	3,730	3,380
銚子市	976	42,700	41,000	紀の川市	6	223	190
野田市	80	3,840	3,660	岩出市	5	188	176
旭市	100	4,380	4,170				
				鳥取県			
神奈川県				倉吉市	37	963	708
横浜市	85	3,170	2,950	琴浦町	2	65	42
横須賀市	181	9,040	8,400	北栄町	13	270	128
三浦市	167	8,290	7,700				
葉山町	2	75	70	**島根県**			
				松江市	39	1,100	1,010
福井県				出雲市	17	465	385
あわら市	34	1,000	958				
坂井市	20	376	323	**岡山県**			
				岡山市	26	580	420
愛知県				玉野市	1	26	21
豊橋市	1,590	74,000	70,200	瀬戸内市	47	2,440	2,060
豊川市	51	2,400	2,280				
常滑市	33	1,550	1,180	**山口県**			
稲沢市	18	536	411	下関市	33	980	861
東海市	5	145	85	宇部市	23	667	613
大府市	47	2,230	1,690	山口市	50	1,760	1,440
知多市	9	144	117				
田原市	2,070	90,400	85,700	**福岡県**			
阿久比町	5	172	107	北九州市	124	6,140	5,610
東浦町	6	162	134	福岡市	30	1,260	1,160
南知多町	42	1,550	1,370	宗像市	5	148	131
美浜町	5	132	81	福津市	21	589	550
武豊町	7	188	126	糸島市	54	2,690	2,510
				芦屋町	10	543	479
三重県				岡垣町	1	54	47
津市	87	2,050	1,540	遠賀町	3	168	149
四日市市	21	630	530				
松阪市	8	181	114	**佐賀県**			
いなべ市	15	430	150	白石町	148	5,120	4,640
東員町	1	29	20				
菰野町	10	287	100	**熊本県**			
				八代市	189	6,840	5,820
滋賀県				山都町	25	918	834
近江八幡市	47	1,560	1,450	氷川町	67	2,280	2,030
高島市	20	404	227				
東近江市	76	2,330	2,230	**鹿児島県**			
				大崎町	84	4,160	4,030
大阪府							
貝塚市	9	344	310				
泉佐野市	133	5,690	5,300				
泉南市	15	645	590				
阪南市	6	250	230				
熊取町	5	197	180				
田尻町	2	70	60				
兵庫県							
神戸市	117	4,680	4,200				
明石市	33	1,280	1,220				
加古川市	14	455	410				
南あわじ市	131	5,440	5,120				

(7)　ほうれんそう

主要産地 市　町　村	作付 面積	収穫量	出荷量	主要産地 市　町　村	作付 面積	収穫量	出荷量
	ha	t	t		ha	t	t
北　海　道				群馬県（続き）			
富　良　野　市	31	228	209	昭　和　村	315	3,880	3,720
北　斗　市	37	407	388	玉　村　町	2	20	18
知　内　町	13	143	136				
七　飯　町	33	396	381	埼　玉　県			
上　富　良　野　町	x	x	x	川　越　市	231	2,910	2,540
				所　沢　市	206	2,600	2,110
中　富　良　野　町	1	9	4	狭　山　市	157	1,980	1,630
厚　真　町	15	127	122	富　士　見　市	44	546	420
安　平　町	7	69	67	ふ　じ　み　野　市	71	880	674
む　か　わ　町	29	275	265				
音　更　町	16	208	196	三　芳　町	105	1,300	1,050
岩　手　県				福　井　県			
盛　岡　市	20	90	65	福　井　市	34	307	248
久　慈　市	114	569	518				
八　幡　平　市	199	1,010	909	岐　阜　県			
滝　沢　市	10	44	34	高　山　市	933	7,630	7,170
雫　石　町	14	65	47	飛　驒　市	92	701	631
葛　巻　町	16	77	71	郡　上　市	18	80	41
岩　手　町	28	127	90				
普　代　村	15	74	66	愛　知　県			
野　田　村	18	84	73	一　宮　市	17	222	157
洋　野　町	90	405	332	稲　沢　市	36	492	447
				清　須　市	20	200	131
宮　城　県				北　名　古　屋　市	2	23	15
大　崎　市	28	212	104				
富　谷　市	1	2	1	滋　賀　県			
大　和　町	7	27	14	草　津　市	22	242	164
大　郷　町	11	44	25				
大　衡　村	3	15	8	兵　庫　県			
涌　谷　町	22	177	116	神　戸　市	49	706	635
美　里　町	8	64	41				
				奈　良　県			
秋　田　県				奈　良　市	16	206	165
大　仙　市	22	124	104	大　和　高　田　市	5	75	60
仙　北　市	21	105	76	天　理　市	55	809	752
美　郷　町	6	30	17	橿　原　市	5	75	50
				桜　井　市	14	188	155
福　島　県							
会　津　若　松　市	17	138	86	葛　城　市	5	69	53
磐　梯　町	20	206	191	宇　陀　市	54	443	385
飯　舘　村	-	-	-	山　添　村	4	27	20
				川　西　町	4	48	41
栃　木　県				三　宅　町	1	14	10
日　光　市	110	1,350	1,280				
小　山　市	15	164	100	田　原　本　町	12	168	138
那　須　塩　原　市	120	1,270	1,210	曽　爾　村	37	248	225
下　野　市	131	1,270	1,050	御　杖　村	32	221	197
上　三　川　町	19	215	150				
				鳥　取　県			
野　木　町	5	55	40	倉　吉　市	13	153	111
塩　谷　町	8	84	71	湯　梨　浜　町	15	140	113
那　須　町	27	257	250	琴　浦　町	7	59	49
				北　栄　町	36	405	311
群　馬　県							
前　橋　市	172	1,750	1,650	広　島　県			
高　崎　市	51	417	279	府　中　市	3	22	15
桐　生　市	22	249	208	三　次　市	12	96	69
伊　勢　崎　市	337	3,370	3,220	庄　原　市	69	491	354
太　田　市	496	6,090	5,650				
渋　川　市	155	1,540	1,440				
み　ど　り　市	123	1,400	1,280				

6 平成30年産市町村別の作付面積、収穫量及び出荷量（続き）

(7) ほうれんそう（続き）

(8) レタス
ア 春レタス

主要産地 市 町 村	作付 面積	収 穫 量	出 荷 量	主要産地 市 町 村	作付 面積	収 穫 量	出 荷 量
	ha	t	t		ha	t	t
徳 島 県				**岩 手 県**			
徳 島 市	225	2,180	1,930	盛 岡 市	3	67	53
吉 野 川 市	15	140	84	花 巻 市	12	272	207
阿 波 市	21	206	142	紫 波 町	1	29	23
美 馬 市	7	63	23	矢 巾 町	7	187	167
佐 那 河 内 村	1	6	5				
				茨 城 県			
石 井 町	125	1,110	985				
北 島 町	3	20	17	古 河 市	205	5,730	5,590
藍 住 町	4	32	30	結 城 市	205	5,690	5,550
上 板 町	15	120	99	坂 東 市	594	16,600	16,200
つ る ぎ 町	0	3	2	境 町	175	4,880	4,770
愛 媛 県				**栃 木 県**			
西 条 市	33	236	167	小 山 市	52	1,260	1,240
				下 野 市	5	121	117
福 岡 県				野 木 町	7	168	155
久 留 米 市	372	4,900	4,670				
				埼 玉 県			
佐 賀 県				本 庄 市	11	226	196
佐 賀 市	50	385	320	神 川 町	1	7	5
神 埼 市	18	128	103				
				長 野 県			
				松 本 市	28	1,190	1,140
熊 本 県				上 田 市	15	429	373
阿 蘇 市	3	20	18	飯 田 市	4	101	67
南 小 国 町	39	261	246	諸 尻 市	60	2,210	2,130
小 国 町	64	416	393	小 塩 市	183	7,560	7,360
産 山 村	18	124	114				
高 森 町	1	5	4	佐 久 市	29	981	895
				東 御 市	9	250	232
山 都 町	16	208	188	佐 久 穂 町	3	119	113
				軽 井 沢 町	7	259	252
				御 代 田 町	59	1,900	1,730
				立 科 町	1	36	33
				青 木 村	1	12	8
				松 川 町	1	13	7
				高 森 町	4	95	71
				阿 智 村	1	11	6
				下 條 村	2	41	35
				泰 阜 村	1	15	12
				喬 木 村	2	37	27
				豊 丘 村	1	12	8
				山 形 村	7	284	276
				朝 日 村	73	3,460	3,400
				兵 庫 県			
				南 あ わ じ 市	307	7,150	6,970
				岡 山 県			
				岡 山 市	19	285	225
				玉 野 市	0	4	2
				瀬 戸 内 市	1	20	11
				徳 島 県			
				阿 波 市	42	861	818
				美 馬 市	8	151	115
				板 野 町	0	4	3
				上 板 町	2	40	35
				香 川 県			
				丸 亀 市	4	117	103

イ　夏秋レタス

主要産地市町村	作付面積	収穫量	出荷量	主要産地市町村	作付面積	収穫量	出荷量
	ha	t	t		ha	t	t
香川県（続き）				**北　海　道**			
善通寺市	8	124	110	伊達市	39	887	826
観音寺市	117	2,780	2,600	幕別町	57	1,850	1,710
三豊市	11	152	135	**青　森　県**			
琴平町	1	19	8	黒石市	26	702	644
				平川市	14	398	376
福　岡　県				**岩　手　県**			
久留米市	139	2,530	2,400	盛岡市	8	184	166
小郡市	10	172	161	八幡平市	5	100	77
大刀洗町	57	1,030	980	滝沢市	2	41	29
				雫石町	6	108	91
沖　縄　県				葛巻町	1	19	13
糸満市	31	687	590	岩手町	59	1,500	1,410
豊見城市	3	44	37	紫波町	3	50	30
南城市	4	80	69	矢巾町	5	110	84
八重瀬町	5	113	96	一戸町	260	6,150	5,780
				茨　城　県			
				古河市	121	2,650	2,570
				結城市	118	2,610	2,520
				坂東市	320	7,050	6,830
				境町	66	1,460	1,420
				群　馬　県			
				沼田市	203	7,780	7,590
				長野原町	130	3,760	3,010
				嬬恋村	9	160	154
				片品村	37	1,450	1,430
				昭和村	634	23,600	23,200
				長　野　県			
				松本市	93	1,850	1,700
				上田市	329	12,600	12,500
				小諸市	322	8,560	8,380
				茅野市	7	152	145
				塩尻市	657	13,500	12,900
				佐久市	99	2,680	2,600
				東御市	21	641	611
				小海町	72	2,170	2,110
				川上村	2,230	90,900	89,100
				南牧村	748	29,500	29,100
				南相木村	36	1,110	1,080
				北相木村	13	398	385
				佐久穂町	32	823	778
				軽井沢町	56	1,510	1,490
				御代田町	455	10,500	9,840
				立科町	8	243	241
				長和町	4	120	112
				富士見町	70	2,130	2,070
				原村	10	273	269
				山形村	23	531	499
				朝日村	307	7,190	6,920
				大　分　県			
				竹田市	31	368	346

6 平成30年産市町村別の作付面積、収穫量及び出荷量（続き）

(8) レタス（続き）
ウ 冬レタス

主要産地市町村	作付面積	収穫量	出荷量	主要産地市町村	作付面積	収穫量	出荷量
	ha	t	t		ha	t	t
茨 城 県				**徳島県（続き）**			
古 河 市	243	5,380	5,090	板 野 町	3	58	52
結 城 市	161	3,740	3,540	上 板 町	11	217	204
筑 西 市	32	760	720				
坂 東 市	540	12,000	11,400	**香 川 県**			
境 町	176	4,020	3,800	高 松 市	14	358	281
				丸 亀 市	19	501	473
栃 木 県				坂 出 市	56	1,400	1,300
小 山 市	49	1,470	1,400	善 通 寺 市	51	857	754
真 岡 市	11	307	280	観 音 寺 市	466	10,700	10,100
下 野 市	8	231	227				
上 三 川 町	5	129	122	さ ぬ き 市	5	96	81
益 子 町	0	3	3	東 か が わ 市	22	345	305
				三 豊 市	48	879	774
茂 木 町	1	9	9	三 木 町	2	40	30
芳 賀 町	1	15	12	琴 平 町	6	137	125
野 木 町	6	179	175				
				多 度 津 町	1	11	9
埼 玉 県				ま ん の う 町	1	10	7
本 庄 市	37	903	793				
				愛 媛 県			
				伊 予 市	25	394	352
千 葉 県				松 前 町	20	327	311
館 山 市	31	645	614				
木 更 津 市	27	621	556	**福 岡 県**			
旭 市	85	1,570	1,540	久 留 米 市	393	6,770	6,560
君 津 市	16	333	301	柳 川 市	20	321	307
袖 ヶ 浦 市	57	1,110	1,060	八 女 市	57	1,100	1,060
				筑 後 市	3	42	40
				行 橋 市	2	24	22
静 岡 県							
浜 松 市	76	1,510	1,410	豊 前 市	18	358	322
三 島 市	28	829	779	小 郡 市	27	610	588
島 田 市	134	3,360	3,230	大 刀 洗 町	112	1,610	1,560
磐 田 市	20	566	535	広 川 町	2	27	24
焼 津 市	25	528	499	み や こ 町	1	18	16
掛 川 市	30	804	724	吉 富 町	x	x	x
藤 枝 市	24	715	686	上 毛 町	7	110	99
袋 井 市	12	325	304	築 上 町	36	634	570
御 前 崎 市	7	174	158				
菊 川 市	114	3,240	3,110	**佐 賀 県**			
				白 石 町	35	678	597
牧 之 原 市	137	3,890	3,860				
函 南 町	4	112	107	**長 崎 県**			
吉 田 町	93	2,690	2,580	島 原 市	142	4,390	4,080
森 町	108	3,150	3,050	諫 早 市	107	4,370	4,060
				雲 仙 市	322	12,200	10,800
愛 知 県							
東 海 市	2	25	13	**熊 本 県**			
知 多 市	14	184	141	八 代 市	173	6,160	5,820
田 原 市	84	1,540	1,360	上 天 草 市	44	1,290	1,210
				天 草 市	43	1,010	948
				氷 川 町	1	31	26
兵 庫 県				苓 北 町	124	3,450	3,250
洲 本 市	24	588	582				
南 あ わ じ 市	782	19,600	18,900				
淡 路 市	8	183	162	**鹿 児 島 県**			
				南 九 州 市	19	263	260
岡 山 県							
岡 山 市	32	474	422	**沖 縄 県**			
玉 野 市	0	5	4	糸 満 市	118	2,210	1,960
瀬 戸 内 市	1	6	4	豊 見 城 市	4	77	68
				南 城 市	16	361	330
徳 島 県				八 重 瀬 町	19	383	333
阿 波 市	199	4,170	3,920				
美 馬 市	16	194	177				

(9) ねぎ

ア　春ねぎ　　　　　　　　　　イ　夏ねぎ

主要産地 市町村	作付面積	収穫量	出荷量	主要産地 市町村	作付面積	収穫量	出荷量
	ha	t	t		ha	t	t
茨　城　県				**北　海　道**			
坂　東　市	200	7,120	6,680	北　斗　市	50	1,400	1,300
				七　飯　町	65	1,950	1,850
群　馬　県				八　雲　町	1	29	27
太　田　市	24	568	509	厚　沢　部　町	2	48	42
				南　幌　町	30	662	642
千　葉　県				長　沼　町	39	828	797
東　金　市	5	150	132				
旭　市	8	288	268	**青　森　県**			
匝　瑳　市	7	252	234	八　戸　市	9	288	268
山　武　市	61	2,010	1,930	五所川原市	3	56	39
大　網　白　里　市	2	78	63	十　和　田　市	49	1,520	1,430
九　十　九　里　町	2	62	47	つ　が　る　市	33	825	774
芝　山　町	1	31	20	中　泊　町	1	16	11
横　芝　光　町	26	884	822	七　戸　町	2	42	41
				東　北　町	9	202	173
鳥　取　県				三　戸　町	4	118	111
米　子　市	56	1,020	971	五　戸　町	9	287	274
境　港　市	19	469	456	田　子　町	1	29	27
日　吉　津　村	1	18	17	南　部　町	7	231	190
大　山　町	9	161	151	階　上　町	11	363	350
南　部　町	1	22	21	新　郷　村	2	62	56
伯　耆　町	2	48	38				
				岩　手　県			
広　島　県				盛　岡　市	16	291	256
安　芸　高　田　市	45	1,050	769	花　巻　市	29	435	379
				北　上　市	19	260	224
徳　島　県				遠　野　市	2	42	34
徳　島　市	26	448	397	八　幡　平　市	5	92	78
佐　那　河　内　村	3	33	31	滝　沢　市	4	73	40
				雫　石　町	10	183	165
香　川　県				岩　手　町	2	34	17
高　松　市	4	68	53	紫　波　町	4	64	45
丸　亀　市	6	77	68	矢　巾　町	18	313	269
坂　出　市	1	9	4				
善　通　寺　市	14	184	175	**山　形　県**			
観　音　寺　市	20	325	300	新　庄　市	15	412	364
さ　ぬ　き　市	10	135	112	金　山　町	1	15	13
東　か　が　わ　市	13	100	93	最　上　町	5	139	123
三　豊　市	3	49	39	舟　形　町	5	155	139
多　度　津　町	2	21	18	真　室　川　町	6	167	150
ま　ん　の　う　町	1	10	6	大　蔵　村	3	113	101
				鮭　川　村	3	137	123
高　知　県				戸　沢　村	3	94	85
高　知　市	4	37	35				
南　国　市	8	120	113	**茨　城　県**			
土　佐　市	9	145	138	坂　東　市	266	6,750	6,350
香　南　市	6	95	91	境　町	54	1,280	1,200
香　美　市	55	559	533				
				群　馬　県			
福　岡　県				渋　川　市	16	226	192
朝　倉　市	74	925	877				
				埼　玉　県			
佐　賀　県				吉　川　市	29	682	627
唐　津　市	38	369	321				
				新　潟　県			
				新　潟　市	52	694	590

6　平成30年産市町村別の作付面積、収穫量及び出荷量（続き）

(9)　ねぎ（続き）

イ　夏ねぎ（続き）

主要産地市町村	作付面積	収穫量	出荷量
	ha	t	t
富　山　県			
富　山　市	13	136	81
高　岡　市	2	36	16
氷　見　市	7	97	76
滑　川　市	1	16	9
黒　部　市	6	123	107
砺　波　市	2	30	17
南　砺　市	2	25	8
射　水　市	5	80	67
舟　橋　村	1	7	6
上　市　町	3	41	32
立　山　町	5	61	48
入　善　町	1	12	4
長　野　県			
松　本　市	40	1,310	1,140
塩　尻　市	6	144	100
麻　績　村	1	15	4
山　形　村	22	620	584
朝　日　村	2	55	48
筑　北　村	1	24	2
鳥　取　県			
米　子　市	86	874	804
境　港　市	28	503	490
日　吉　津　村	1	12	7
大　山　町	18	182	173
南　部　町	3	33	28
伯　耆　町	12	135	132
日　南　町	4	40	35
日　野　町	1	10	6
江　府　町	3	30	29
広　島　県			
安　芸　高　田　市	55	809	696
香　川　県			
観　音　寺　市	45	486	460
三　　豊　　市	3	40	31
福　岡　県			
朝　倉　市	73	621	591

ウ　秋冬ねぎ

主要産地市町村	作付面積	収穫量	出荷量
	ha	t	t
北　海　道			
北　斗　市	44	1,450	1,370
七　飯　町	60	2,160	2,060
八　雲　町	7	350	331
厚　沢　部　町	4	108	91
青　森　県			
八　戸　市	8	240	194
五　所　川　原　市	5	120	55
十　和　田　市	50	1,510	1,490
つ　が　る　市	31	868	762
深　浦　町	3	74	66
中　泊　町	1	24	17
七　戸　町	3	65	60
東　北　町	4	80	66
三　戸　町	7	214	207
五　戸　町	10	304	297
田　子　町	3	96	85
南　部　町	13	403	394
階　上　町	7	235	230
新　郷　村	1	27	26
岩　手　県			
盛　岡　市	34	561	453
花　巻　市	35	578	487
北　上　市	16	242	211
遠　野　市	3	54	40
八　幡　平　市	8	130	93
滝　沢　市	6	101	73
雫　石　町	20	340	292
岩　手　町	11	181	131
宮　城　県			
石　巻　市	36	480	373
東　松　島　市	29	561	483
色　麻　町	14	205	154
加　美　町	26	438	337
秋　田　県			
能　代　市	98	3,100	2,690
大　館　市	14	234	145
鹿　角　市	8	229	170
由　利　本　荘　市	6	114	40
北　秋　田　市	7	142	85
に　か　ほ　市	20	332	234
小　坂　町	1	17	8
山　形　県			
鶴　岡　市	38	786	455
酒　田　市	51	863	651
新　庄　市	19	431	349
金　山　町	3	56	37
最　上　町	8	195	145
舟　形　町	7	208	174
真　室　川　町	10	237	200
大　蔵　村	4	152	128
鮭　川　村	5	127	105
戸　沢　村	4	122	102
三　川　町	8	152	112
庄　内　町	6	140	71
遊　佐　町	9	150	90

主要産地市町村	作付面積	収穫量	出荷量	主要産地市町村	作付面積	収穫量	出荷量
	ha	t	t		ha	t	t
福島県				**長野県（続き）**			
いわき市	49	1,010	833	塩尻市	12	295	173
				辰野町	5	94	30
茨城県				箕輪町	9	192	85
坂東市	122	3,200	2,980	飯島町	12	253	173
				南箕輪村	13	270	221
栃木県				中川村	6	129	72
大田原市	72	1,920	1,750	宮田村	4	82	65
那須塩原市	15	369	315				
那須町	8	190	174	麻績村	1	28	13
				山形村	19	595	548
群馬県				朝日村	4	102	87
太田市	203	3,700	2,820	筑北村	2	60	23
渋川市	47	1,020	789				
富岡市	47	708	590	**岐阜県**			
下仁田町	26	250	188	岐阜市	9	77	21
南牧村	3	16	6	岐南町	11	99	36
				笠松町	1	12	7
甘楽町	16	185	142				
				静岡県			
埼玉県				磐田市	83	1,510	1,230
熊谷市	267	6,330	5,300	袋井市	16	286	249
千葉県				**愛知県**			
茂原市	72	1,940	1,760	一宮市	18	344	140
東金市	18	486	449	江南市	15	270	164
旭市	18	486	406	岩倉市	2	38	17
匝瑳市	35	1,010	900	**三重県**			
山武市	190	5,700	5,280	伊勢市	44	811	592
大網白里市	8	221	201	玉城町	2	25	16
九十九里町	10	270	245	南伊勢町	2	27	17
芝山町	4	108	98				
横芝光町	113	3,240	2,900	**兵庫県**			
				朝来市	30	396	276
新潟県							
新潟市	142	3,540	3,080	**奈良県**			
新発田市	26	480	384	大和高田市	10	237	216
村上市	23	570	444	御所市	4	79	52
胎内市	18	294	241	葛城市	22	579	541
聖籠町	5	85	67				
関川村	1	15	2	**鳥取県**			
				鳥取市	45	700	512
富山県				米子市	101	2,010	1,900
富山市	37	625	520	倉吉市	39	782	772
高岡市	8	140	101	境港市	38	741	707
氷見市	17	183	149	岩美町	6	85	54
滑川市	5	72	60	若桜町	2	36	21
黒部市	8	186	165	智頭町	2	38	27
砺波市	10	114	90	八頭町	13	329	227
南砺市	10	98	68	湯梨浜町	1	14	8
射水市	19	187	167	琴浦町	20	469	439
舟橋村	2	21	19	北栄町	24	658	563
上市町	7	92	78	日吉津村	1	37	30
立山町	15	163	142	大山町	32	650	600
入善町	3	71	55	南部町	3	101	93
				伯耆町	10	316	303
長野県				日南町	4	101	80
松本市	57	1,550	1,170	日野町	2	33	21
伊那市	41	911	637	江府町	3	68	60
駒ヶ根市	12	304	192				

6　平成30年産市町村別の作付面積、収穫量及び出荷量（続き）

(9)　ねぎ（続き）　　　　　　　　　(10)　たまねぎ
　　ウ　秋冬ねぎ（続き）

主　要　産　地 市　　町　　村	作　付 面　積	収　穫　量	出　荷　量	主　要　産　地 市　　町　　村	作　付 面　積	収　穫　量	出　荷　量
	ha	t	t		ha	t	t
広　島　県				**北　海　道**			
安 芸 高 田 市	91	1,770	1,480	札　幌　市	297	10,400	9,360
北 広 島 町	5	87	55	旭　川　市	6	249	217
				帯　広　市	193	5,940	5,570
徳　島　県				北　見　市	3,800	218,300	207,400
徳　島　市	50	823	716	岩　見　沢　市	1,190	34,400	31,500
佐 那 河 内 村	3	33	26	美　唄　市	52	1,750	1,610
				江　別　市	50	1,640	1,480
香　川　県				士　別　市	158	6,930	6,400
高　松　市	12	145	114	名　寄　市	55	2,300	2,120
丸　亀　市	10	175	158	三　笠　市	171	4,780	4,380
坂　出　市	3	36	29	滝　川　市	49	1,650	1,510
善 通 寺 市	26	290	237	砂　川　市	105	2,960	2,740
観 音 寺 市	26	533	464	深　川　市	5	268	240
さ ぬ き 市	17	229	210	富　良　野　市	1,510	66,300	61,300
東 か が わ 市	14	180	162	新　篠　津　村	108	4,060	3,660
三　豊　市	7	74	57	南　幌　町	32	1,250	1,150
多 度 津 町	4	48	43	由　仁　町	145	5,050	4,630
ま ん の う 町	2	17	14	長　沼　町	275	8,980	8,230
				栗　山　町	340	12,200	11,200
高　知　県				新 十 津 川 町	31	851	789
高　知　市	4	68	62	妹 背 牛 町	x	x	x
南　国　市	25	340	310	雨　竜　町	x	x	x
土　佐　市	11	231	210	美　瑛　町	146	5,140	4,880
香　南　市	5	140	133	上 富 良 野 町	40	1,240	1,140
香　美　市	57	821	780	中 富 良 野 町	853	36,500	33,700
				南 富 良 野 町	12	310	284
福　岡　県				美　幌　町	1,030	52,400	49,800
朝　倉　市	109	1,660	1,560	津　別　町	379	22,300	21,100
				斜　里　町	78	5,270	5,010
佐　賀　県				清　里　町	57	2,560	2,430
唐　津　市	51	623	530	小 清 水 町	160	6,100	5,770
				訓　子　府　町	1,410	86,700	82,300
鹿　児　島　県				置　戸　町	184	10,800	10,300
伊　佐　市	26	460	432	湧　別　町	549	33,700	32,000
湧　水　町	7	134	130	大　空　町	256	15,800	14,900
				音　更　町	100	5,230	4,910
				芽　室　町	102	5,930	5,560
				幕　別　町	262	11,400	10,700
				池　田　町	102	4,550	4,270
				栃　木　県			
				宇 都 宮 市	17	762	442
				真　岡　市	54	2,410	2,280
				下　野　市	48	2,240	2,190
				上　三　川　町	26	1,850	1,490
				芳　賀　町	10	506	472
				群　馬　県			
				富　岡　市	52	2,230	2,040
				下　仁　田　町	1	15	11
				甘　楽　町	8	336	292
				埼　玉　県			
				本　庄　市	20	866	727
				千　葉　県			
				長　生　村	5	180	162
				白　子　町	27	972	882

主要産地 市町村	作付面積	収穫量	出荷量	主要産地 市町村	作付面積	収穫量	出荷量
	ha	t	t		ha	t	t
富山県				**岡山県（続き）**			
砺波市	131	3,450	3,280	瀬戸内市	4	96	63
南砺市	63	1,670	1,550	吉備中央町	3	70	46
長野県				**山口県**			
長野市	37	966	507	山口市	39	1,220	858
松本市	8	255	96	萩市	29	975	706
千曲市	16	406	256	防府市	27	586	425
安曇野市	33	1,300	1,070	阿武町	2	56	42
岐阜県				**香川県**			
大垣市	4	96	36	高松市	9	306	143
海津市	5	164	123	丸亀市	5	208	155
養老町	3	96	42	坂出市	4	142	86
揖斐川町	2	38	8	善通寺市	12	401	382
大野町	8	233	177	観音寺市	137	6,880	6,490
池田町	2	37	16	さぬき市	8	293	217
				三豊市	27	944	799
静岡県				三木町	3	106	79
浜松市	232	9,090	8,450	綾川町	6	318	251
湖西市	8	292	270	琴平町	2	52	34
				多度津町	1	39	25
愛知県				まんのう町	5	200	159
碧南市	133	9,890	9,380				
西尾市	34	1,910	1,790	**愛媛県**			
常滑市	7	302	286	松山市	49	1,090	993
東海市	83	3,560	3,380	西条市	92	2,420	2,140
大府市	61	2,590	2,440	伊予市	9	327	284
知多市	40	1,570	1,490	東温市	23	963	740
阿久比町	5	212	185	松前町	4	158	126
東浦町	5	189	153				
南知多町	25	1,040	978	砥部町	4	142	122
美浜町	5	224	199				
				福岡県			
武豊町	5	180	170	久留米市	37	1,520	1,150
大阪府				**佐賀県**			
岸和田市	10	420	370	佐賀市	142	6,280	5,860
貝塚市	7	303	277	唐津市	294	13,200	12,300
泉佐野市	47	2,050	1,910	鳥栖市	11	312	244
泉南市	19	817	730	多久市	8	378	341
阪南市	4	164	150	伊万里市	44	2,040	1,900
熊取町	3	116	100	武雄市	36	1,790	1,600
田尻町	2	57	50	鹿島市	209	10,600	9,790
				小城市	39	1,830	1,700
				嬉野市	6	263	215
兵庫県				神埼市	13	446	336
洲本市	110	6,160	5,360				
南あわじ市	1,350	80,600	75,800	吉野ヶ里町	2	65	20
淡路市	62	3,470	2,880	基山町	2	86	59
				上峰町	6	223	186
和歌山県				みやき町	10	339	235
紀の川市	81	3,660	3,290	玄海町	36	1,410	1,310
岩出市	4	160	125	有田町	13	432	402
				大町町	7	288	264
島根県				江北町	95	4,560	4,220
出雲市	21	578	478	白石町	1,400	71,200	66,000
				太良町	57	2,380	2,220
岡山県				**長崎県**			
岡山市	36	1,360	844	諫早市	298	9,240	8,430
玉野市	1	24	20	平戸市	41	918	828

6 平成30年産市町村別の作付面積、収穫量及び出荷量（続き）

(10) たまねぎ（続き）

主要産地市町村	作付面積	収穫量	出荷量
	ha	t	t
長崎県（続き）			
雲仙市	124	5,000	4,720
南島原市	261	11,300	10,700
東彼杵町	7	102	40
川棚町	9	91	32
波佐見町	8	161	95
熊本県			
水俣市	45	1,530	1,420
芦北町	16	446	392
津奈木町	12	296	276

(11) きゅうり
ア 冬春きゅうり

主要産地市町村	作付面積	収穫量	出荷量
	ha	t	t
宮城県			
石巻市	9	928	820
岩沼市	7	663	617
登米市	31	2,060	1,850
東松島市	9	862	734
亘理町	1	112	97
山形県			
山形市	15	1,440	1,320
上山市	x	x	x
中山町	x	x	x
福島県			
福島市	21	2,110	1,990
白河市	2	121	107
須賀川市	20	1,400	1,320
二本松市	7	462	436
伊達市	15	1,010	949
本宮市	2	120	112
桑折町	1	59	55
国見町	1	33	30
大玉村	1	49	46
鏡石町	7	451	423
天栄村	0	17	16
泉崎村	1	103	93
矢吹町	4	295	275
玉川村	1	44	37
浅川町	0	34	32
茨城県			
下妻市	4	322	307
常総市	11	966	921
筑西市	40	4,580	4,360
桜川市	9	1,010	965
栃木県			
小山市	7	980	970
下野市	13	1,860	1,770
野木町	2	292	260
群馬県			
前橋市	54	6,680	6,150
高崎市	15	1,540	1,380
桐生市	12	1,920	1,830
伊勢崎市	33	3,430	3,120
太田市	11	1,070	988
館林市	58	6,850	6,480
富岡市	5	698	677
みどり市	4	460	437
甘楽町	6	761	745
玉村町	4	431	388
板倉町	71	9,470	8,950
明和町	7	799	733
邑楽町	1	80	72
埼玉県			
熊谷市	16	1,640	1,510
行田市	1	118	107
加須市	29	3,530	3,200
本庄市	38	4,830	4,500
羽生市	11	1,400	1,310

主要産地 市町村	作付面積	収穫量	出荷量
	ha	t	t
埼玉県（続き）			
鴻巣　市	8	915	835
深谷　市	87	10,200	9,500
美里　町	8	940	875
神川　町	6	626	579
上里　町	9	1,120	1,030
千葉県			
東金　市	1	82	66
旭　市	102	14,300	13,700
匝瑳　市	5	700	662
山武　市	1	92	85
大網白里　市	5	460	426
九十九里　町	12	1,190	1,090
神奈川県			
平塚　市	9	808	776
大磯　町	3	307	295
新潟県			
新潟　市	24	1,580	1,450
山梨県			
南アルプス　市	8	544	523
中央　市	9	508	455
岐阜県			
海津　市	12	1,980	1,840
愛知県			
岡崎　市	1	61	57
碧南　市	4	956	906
刈谷　市	1	230	209
安城　市	16	3,870	3,690
西尾　市	16	3,450	3,300
和歌山県			
御坊　市	1	89	83
美浜　町	8	660	631
日高　町	2	188	174
印南　町	1	111	102
徳島県			
徳島　市	3	493	463
小松島　市	8	1,320	1,210
阿南　市	9	1,920	1,850
勝浦　町	1	100	94
海陽　町	8	1,340	1,230
香川県			
観音寺　市	5	287	248
三豊　市	5	309	286
愛媛県			
今治　市	3	251	209
西条　市	9	946	918
大洲　市	4	289	222
西予　市	7	503	456
内子　町	1	98	94

主要産地 市町村	作付面積	収穫量	出荷量
	ha	t	t
高知県			
高知　市	54	11,700	11,100
室戸　市	1	242	230
南国　市	3	336	319
土佐　市	12	2,160	2,050
須崎　市	26	5,120	4,860
宿毛　市	x	x	x
土佐清水　市	5	945	899
四万十　市	1	245	233
香南　市	7	804	765
いの　町	2	195	186
中土佐　町	1	234	223
四万十　町	1	343	326
黒潮　町	16	1,910	1,810
福岡県			
久留米　市	7	906	862
朝倉　市	4	612	577
糸島　市	11	1,580	1,500
筑前　町	5	886	841
佐賀県			
佐賀　市	15	1,340	1,290
唐津　市	11	1,250	1,190
伊万里　市	11	1,430	1,360
武雄　市	9	883	845
鹿島　市	2	201	192
小城　市	4	576	555
嬉野　市	4	320	308
大町　町	2	214	202
江北　町	2	179	164
長崎県			
南島原　市	14	1,410	1,340
熊本県			
熊本　市	31	2,790	2,720
山鹿　市	6	182	167
宇土　市	10	886	818
宇城　市	4	340	310
宮崎県			
宮崎　市	280	30,200	28,700
都城　市	24	3,890	3,700
日南　市	5	522	501
串間　市	6	491	453
西都　市	12	1,790	1,720
三股　町	69	3,670	3,480
国富　町	2	264	251
綾　町	59	5,480	5,210
新富　町	40	3,980	3,780
川南　町	6	811	770
都農　町	5	625	603
門川　町	2	83	70
美郷　町	1	36	23
鹿児島県			
鹿屋　市	3	627	604
東串良　町	27	5,550	5,220
肝付　町	5	695	651

6　平成30年産市町村別の作付面積、収穫量及び出荷量（続き）

（11）　きゅうり（続き）
　　　イ　夏秋きゅうり

主要産地市町村	作付面積	収穫量	出荷量	主要産地市町村	作付面積	収穫量	出荷量
	ha	t	t		ha	t	t
北　海　道				**山　形　県**			
北　斗　市	15	885	815	山　形　市	84	2,800	2,170
鷹　栖　町	14	1,430	1,330	鶴　岡　市	26	488	250
				新　庄　市	7	166	92
				上　山　市	10	141	35
青　森　県				山　辺　町	3	75	32
八　戸　市	5	235	205				
十 和 田 市	10	400	346	中　山　町	3	90	47
三　戸　町	3	138	102	金　山　町	4	134	102
五　戸　町	9	405	340	最　上　町	4	184	128
田　子　町	4	196	164	舟　形　町	4	224	187
				真　室　川　町	4	167	138
南　部　町	5	240	210				
階　上　町	1	43	13	大　蔵　村	3	158	124
新　郷　村	4	174	156	鮭　川　村	5	426	363
				戸　沢　村	2	82	63
岩　手　県							
盛　岡　市	22	1,140	936	**福　島　県**			
大 船 渡 市	1	49	29	福　島　市	53	2,030	1,790
花　巻　市	17	858	714	会 津 若 松 市	14	636	495
北　上　市	8	342	225	郡　山　市	29	1,290	1,030
遠　野　市	3	161	119	白　河　市	8	617	578
				須　賀　川　市	83	5,630	5,260
一　関　市	31	1,240	872				
陸 前 高 田 市	4	185	158	喜 多 方 市	21	1,600	1,400
二　戸　市	23	1,810	1,700	相　馬　市	3	90	69
八 幡 平 市	7	409	303	二 本 松 市	78	3,830	3,470
奥　州　市	23	1,220	967	南 相 馬 市	6	182	150
				伊　達　市	92	5,820	5,450
滝　沢　市	3	153	115				
雫　石　町	12	674	600	本　宮　市	11	315	241
葛　巻　町	2	68	48	桑　折　町	6	188	152
岩　手　町	3	138	91	国　見　町	5	224	191
紫　波　町	24	1,310	1,180	川　俣　町	4	130	86
				大　玉　村	6	287	243
矢　巾　町	8	449	391				
金 ヶ 崎 町	5	230	202	鏡　石　町	23	1,350	1,250
平　泉　町	2	40	9	天　栄　村	8	635	592
住　田　町	4	179	152	下　郷　町	3	51	12
軽　米　町	1	68	49	南 会 津 町	5	82	24
				北 塩 原 村	4	409	375
一　戸　町	3	117	92				
				西 会 津 町	6	275	233
				会 津 坂 下 町	13	717	624
宮　城　県				湯 川 村	3	91	70
白　石　市	8	110	69	柳　津　町	3	87	67
角　田　市	6	87	39	三　島　町	1	7	0
登　米　市	70	2,370	1,850				
栗　原　市	48	871	504	会 津 美 里 町	26	1,320	1,180
蔵　王　町	15	324	246	西　郷　村	1	9	0
				泉　崎　村	4	376	347
大 河 原 町	2	21	10	中　島　村	2	110	99
村　田　町	4	71	48	矢　吹　町	12	812	761
柴　田　町	8	108	88				
丸　森　町	5	62	30	棚　倉　町	3	114	89
				矢　祭　町	4	230	205
				塙　町	6	511	473
秋　田　県				鮫　川　村	1	9	0
横　手　市	60	1,700	1,170	石　川　町	4	129	92
湯　沢　市	24	977	854				
鹿　角　市	24	1,510	1,380	玉　川　村	6	302	268
大　仙　市	18	425	168	平　田　村	1	30	13
小　坂　町	1	31	23	浅　川　町	3	102	79
				古　殿　町	1	23	10
美　郷　町	17	459	259	三　春　町	2	136	126
羽　後　町	12	510	444				
東 成 瀬 村	1	18	10	新　地　町	1	49	37
				飯　舘　村	-	-	-

主 要 産 地 市 町 村	作付 面積	収 穫 量	出 荷 量	主 要 産 地 市 町 村	作付 面積	収 穫 量	出 荷 量
	ha	t	t		ha	t	t
茨 城 県				**長 野 県**			
下 妻 市	6	188	181	長 野 市	55	1,220	586
常 総 市	15	570	549	松 本 市	27	1,060	811
				上 田 市	21	531	247
栃 木 県				飯 田 市	29	1,880	1,600
小 山 市	27	840	661	須 坂 市	5	105	32
下 野 市	23	807	630	伊 那 市	18	363	218
野 木 町	10	295	249	駒 ヶ 根 市	3	92	32
				中 野 市	13	577	463
群 馬 県				飯 山 市	17	781	657
前 橋 市	77	2,840	2,500	塩 尻 市	8	269	186
高 崎 市	37	1,080	666	東 御 市	7	156	46
桐 生 市	19	912	793	安 曇 野 市	14	447	222
伊 勢 崎 市	69	2,340	2,080	青 木 村	2	46	22
太 田 市	39	1,190	1,050	長 和 町	2	39	6
館 林 市	57	2,380	2,030	飯 島 町	6	177	127
富 岡 市	10	399	313	南 箕 輪 村	1	30	8
み ど り 市	25	1,000	860	中 川 村	4	108	73
甘 楽 町	10	562	495	松 川 町	4	190	109
玉 村 町	5	155	138	高 森 町	9	565	485
板 倉 町	76	3,260	2,920	阿 智 村	4	268	229
明 和 町	15	551	493	下 條 村	4	228	195
千 代 田 町	3	43	4	泰 阜 村	1	35	24
邑 楽 町	4	94	53	喬 木 村	8	509	461
				豊 丘 村	3	117	71
埼 玉 県				山 形 村	2	58	43
行 田 市	2	62	55	朝 日 村	1	18	2
加 須 市	18	818	716	小 布 施 町	4	78	48
本 庄 市	46	2,440	2,210	高 山 村	3	50	21
羽 生 市	7	305	263	山 ノ 内 町	2	39	2
鴻 巣 市	5	205	179	木 島 平 村	7	311	271
深 谷 市	102	5,150	4,650	野 沢 温 泉 村	3	130	113
美 里 町	7	350	314	小 川 村	2	30	4
神 川 町	5	226	199	飯 綱 町	4	84	20
上 里 町	10	470	420	栄 村	3	114	94
千 葉 県				**岐 阜 県**			
茂 原 市	4	107	75	海 津 市	13	603	567
一 宮 町	5	120	63	養 老 町	2	37	16
睦 沢 町	1	24	15	輪 之 内 町	2	43	30
長 生 村	4	117	61				
白 子 町	4	104	81	**大 阪 府**			
長 柄 町	1	18	9	富 田 林 市	17	881	800
長 南 町	1	15	11	太 子 町	1	53	48
				河 南 町	3	125	117
神 奈 川 県				千 早 赤 阪 村	1	45	40
平 塚 市	16	544	509				
大 磯 町	5	136	127	**奈 良 県**			
				桜 井 市	8	279	209
新 潟 県				五 條 市	9	216	162
新 潟 市	87	1,640	1,200	御 所 市	2	41	31
				宇 陀 市	8	109	82
山 梨 県				高 取 町	2	44	33
甲 府 市	5	160	150	明 日 香 村	3	75	56
韮 崎 市	1	10	6				
南 ア ル プ ス 市	22	662	595	**和 歌 山 県**			
北 杜 市	8	90	60	橋 本 市	2	82	73
甲 斐 市	3	73	59	紀 の 川 市	12	493	475
笛 吹 市	11	275	209	か つ ら ぎ 町	4	151	124

6 平成30年産市町村別の作付面積、収穫量及び出荷量（続き）

（11）きゅうり（続き）
イ 夏秋きゅうり（続き）

主要産地市町村	作付面積	収穫量	出荷量	主要産地市町村	作付面積	収穫量	出荷量
	ha	t	t		ha	t	t
香　川　県				**宮　崎　県**			
高　　松　市	13	379	270	宮　　崎　市	13	502	482
観　音　寺　市	17	549	515	都　　城　市	8	246	226
三　　豊　市	14	443	421	小　　林　市	10	396	372
三　　木　町	6	225	194	西　　都　市	16	248	226
綾　　川　町	4	186	165	え　び　の　市	1	56	52
ま　ん　の　う町	2	71	56	三　　股　町	1	22	20
				高　　原　町	0	11	10
				国　　富　町	1	48	46
愛　媛　県				綾　　　　町	11	412	391
松　　山　市	20	492	377	高　千　穂　町	10	640	587
今　　治　市	35	790	675				
宇　和　島　市	9	165	116	日　之　影　町	1	54	47
新　居　浜　市	3	86	68	五　ヶ　瀬　町	3	188	173
西　　条　市	31	1,010	895				
大　　洲　市	21	666	589				
伊　　予　市	8	220	180				
西　予　市	22	722	637				
砥　　部　町	3	57	46				
内　　子　町	18	567	476				
松　　野　町	2	38	19				
鬼　　北　町	6	106	85				
福　岡　県							
糸　　島　市	11	855	803				
佐　賀　県							
唐　　津　市	31	1,910	1,720				
伊　万　里　市	19	1,040	939				
武　　雄　市	8	439	393				
鹿　島　市	1	96	88				
嬉　　野　市	2	146	133				
大　　町　町	2	115	98				
江　　北　町	2	100	81				
熊　本　県							
熊　　本　市	36	1,040	921				
人　　吉　市	4	132	125				
山　　鹿　市	10	192	165				
菊　　池　市	3	53	42				
上　天　草　市	8	250	235				
阿　　蘇　市	3	183	165				
天　　草　市	7	326	290				
合　　志　市	12	204	171				
美　　里　町	2	75	65				
南　小　国　町	10	440	396				
小　　国　町	7	332	300				
益　　城　町	4	110	96				
山　　都　町	16	560	492				
錦　　　　町	4	141	135				
多　良　木　町	16	726	710				
湯　　前　町	5	148	142				
水　　上　村	2	59	51				
相　　良　村	2	57	48				
山　　江　村	1	27	25				
あ　さ　ぎ　り町	17	755	729				
大　分　県							
竹　　田　市	13	195	140				

(12)　なす
　　ア　冬春なす

主要産地市町村	作付面積	収穫量	出荷量	主要産地市町村	作付面積	収穫量	出荷量
	ha	t	t		ha	t	t
栃　木　県				**高　知　県**			
真　岡　市	8	1,140	1,060	高　知　市	4	500	477
益　子　町	1	80	78	室　戸　市	13	2,240	2,130
茂　木　町	0	21	19	安　芸　市	154	18,900	18,100
市　貝　町	1	48	43	南　国　市	2	169	161
芳　賀　町	0	26	22	土　佐　市	0	36	34
				宿　毛　市	x	x	x
群　馬　県				土佐清水市	-	-	-
桐　生　市	8	436	414	四　万　十　市	1	102	96
伊　勢　崎　市	38	2,230	2,100	香　南　市	12	1,640	1,570
太　田　市	11	612	591	東　洋　町	2	216	206
み　ど　り　市	26	1,400	1,300	奈　半　利　町	5	710	678
玉　村　町	6	324	304	田　野　町	9	1,030	986
				安　田　町	25	3,540	3,380
埼　玉　県				北　川　村	1	87	82
加　須　市	8	456	428	芸　西　村	60	7,980	7,610
羽　生　市	1	41	36	大　月　町	5	566	544
鴻　巣　市	2	123	116	黒　潮　町	1	59	55
愛　知　県				**福　岡　県**			
豊　橋　市	18	1,980	1,890	柳　川　市	22	3,210	3,060
岡　崎　市	6	974	924	八　女　市	16	2,250	2,140
一　宮　市	9	1,150	1,090	筑　後　市	7	938	894
碧　南　市	2	255	235	大　川　市	x	x	x
安　城　市	1	69	60	み　や　ま　市	54	9,880	9,420
西　尾　市	2	200	186	大　木　町	x	x	x
稲　沢　市	4	352	325				
弥　富　市	5	439	415	**佐　賀　県**			
幸　田　町	4	521	491	佐　賀　市	8	982	930
				多　久　市	1	84	79
大　阪　府				小　城　市	3	464	442
岸　和　田　市	6	535	528	神　埼　市	1	127	119
貝　塚　市	4	291	286				
泉　佐　野　市	9	791	780	**熊　本　県**			
富　田　林　市	20	1,660	1,650	熊　本　市	128	18,200	17,200
泉　南　市	1	87	85	荒　尾　市	x	x	x
太　子　町	2	128	123	玉　名　市	13	1,870	1,790
河　南　町	6	544	536	山　鹿　市	2	167	150
千　早　赤　阪　村	1	84	82	宇　土　市	3	414	381
				宇　城　市	15	2,070	1,880
奈　良　県				南　関　町	1	107	99
大　和　高　田　市	1	60	57	和　水　町	4	413	386
大　和　郡　山　市	2	154	147				
天　理　市	1	77	73	**宮　崎　県**			
桜　井　市	1	79	75	宮　崎　市	16	997	943
葛　城　市	1	67	64				
斑　鳩　町	1	66	63				
田　原　本　町	2	163	154				
高　取　町	1	66	63				
広　陵　町	6	485	462				
岡　山　県							
岡　山　市	16	1,730	1,560				
玉　野　市	5	505	484				
徳　島　県							
吉　野　川　市	8	708	609				
阿　波　市	7	651	599				
板　野　町	1	45	39				

6　平成30年産市町村別の作付面積、収穫量及び出荷量（続き）

（12）　なす（続き）
ア　夏秋なす

主要産地 市　町　村	作付 面積	収穫量	出荷量	主要産地 市　町　村	作付 面積	収穫量	出荷量
	ha	t	t		ha	t	t
岩　手　県				**新　潟　県**			
一　　関　　市	38	1,400	941	新　　潟　　市	97	1,620	810
平　　泉　　町	3	78	51				
				富　山　県			
宮　城　県				高　　岡　　市	19	285	55
大　　崎　　市	35	546	342				
				山　梨　県			
福　島　県				甲　　府　　市	38	2,000	1,840
郡　　山　　市	7	220	167	笛　　吹　　市	34	1,380	1,210
須　賀　川　市	11	472	430	中　　央　　市	19	798	678
二　本　松　市	20	456	301	市　川　三　郷　町	3	128	117
田　　村　　市	8	198	153	昭　　和　　町	3	173	160
伊　　達　　市	14	211	90				
				岐　阜　県			
本　　宮　　市	5	91	47	関　　　　市	10	155	90
大　　玉　　村	2	26	5	中　津　川　市	15	294	161
鏡　　石　　町	1	11	5	美　　濃　　市	4	77	47
天　　栄　　村	2	94	83	恵　　那　　市	9	125	39
中　　島　　村	2	67	58	美　濃　加　茂　市	9	127	87
矢　　吹　　町	2	111	97	可　　児　　市	6	116	82
石　　川　　町	1	62	53	坂　　祝　　町	1	19	7
玉　　川　　村	2	55	51	富　　加　　町	2	31	20
三　　春　　町	3	98	91	川　　辺　　町	3	43	18
小　　野　　町	1	20	11	七　　宗　　町	1	8	4
				八　　百　　津　　町	2	28	11
栃　木　県				白　　川　　町	2	26	12
小　　山　　市	17	573	500	東　白　川　村	1	15	6
真　　岡　　市	54	2,240	1,670	御　　嵩　　町	2	32	16
大　田　原　市	32	1,580	1,490				
那　須　塩　原　市	15	871	800	**愛　知　県**			
下　　野　　市	17	629	600	岡　　崎　　市	14	644	500
益　　子　　町	11	348	270	幸　　田　　町	7	614	542
茂　　木　　町	6	217	170				
市　　貝　　町	7	173	140	**京　都　府**			
芳　　賀　　町	5	135	130	城　　陽　　市	1	54	38
野　　木　　町	4	136	115	八　　幡　　市	6	327	234
				京　田　辺　市	10	597	505
那　　須　　町	9	453	350	久　御　山　町	4	222	161
群　馬　県							
前　　橋　　市	55	1,730	1,380	**大　阪　府**			
高　　崎　　市	35	1,910	1,460	岸　和　田　市	6	323	315
桐　　生　　市	23	1,140	1,000	貝　　塚　　市	4	233	226
伊　　勢　　崎　　市	58	2,070	1,780	泉　佐　野　市	9	412	400
館　　林　　市	21	1,100	920	泉　　南　　市	3	166	158
藤　　岡　　市	15	1,020	985	阪　　南　　市	1	49	45
富　　岡　　市	27	1,680	1,510				
み　ど　り　市	26	1,440	1,260	熊　　取　　町	2	98	95
下　　仁　　田　　町	2	148	132	田　　尻　　町	1	51	47
甘　　楽　　町	17	1,070	960				
玉　　村　　町	8	270	232	**奈　良　県**			
板　　倉　　町	15	569	447	奈　　良　　市	5	268	226
明　　和　　町	3	99	70	大　和　高　田　市	1	59	48
千　　代　　田　　町	3	87	39	大　和　郡　山　市	5	315	263
大　　泉　　町	2	32	14	天　　理　　市	7	449	394
				橿　　原　　市	1	35	22
邑　　楽　　町	5	195	150				
				桜　　井　　市	3	181	151
埼　玉　県				五　　條　　市	12	564	522
本　　庄　　市	33	1,390	1,230	御　　所　　市	1	32	17
美　　里　　町	8	283	252	葛　　城　　市	4	198	166
神　　川　　町	7	229	204	宇　　陀　　市	4	121	91
上　　里　　町	7	226	201				

(13)　トマト

ア　夏秋なす（続き）　　　　　　　ア　冬春トマト

主要産地 市　町　村	作付 面積	収　穫　量	出　荷　量	主要産地 市　町　村	作付 面積	収　穫　量	出　荷　量
	ha	t	t		ha	t	t
奈良県（続き）				**北　海　道**			
山　添　村	1	25	14	平　取　町	40	4,040	3,770
斑　鳩　町	2	80	52	新　冠　町	x	x	x
田　原　本　町	7	393	325	新　ひ　だ　か　町	8	345	318
高　取　町	2	98	76				
明　日　香　村	1	29	18	**福　島　県**			
				南　相　馬　市	2	662	629
広　陵　町	11	583	465	新　地　町	2	241	229
吉　野　町	1	17	11				
大　淀　町	1	24	13	**茨　城　県**			
				結　城　市	8	730	685
山　口　県				取　手　市	2	170	159
下　関　市	28	406	308	坂　東　市	16	1,510	1,420
				つくばみらい市	6	503	472
徳　島　県				境　町	7	460	431
吉　野　川　市	7	423	385				
阿　波　市	37	2,850	2,620	**栃　木　県**			
美　馬　市	8	480	413	宇　都　宮　市	27	3,120	2,990
三　好　市	6	348	299	足　利　市	25	4,510	4,330
板　野　町	3	174	151	栃　木　市	27	5,100	4,890
上　板　町	1	35	32	鹿　沼　市	15	2,240	2,090
つ　る　ぎ　町	0	24	20	小　山　市	22	2,620	2,490
東　み　よ　し　町	5	277	239	真　岡　市	19	2,610	2,560
				大　田　原　市	10	923	810
香　川　県				那　須　塩　原　市	3	265	251
観　音　寺　市	15	325	238	下　野　市	1	160	150
				上　三　川　町	13	1,560	1,520
愛　媛　県				市　貝　町	1	83	78
松　山　市	20	573	359	芳　賀　町	7	709	666
伊　予　市	14	398	273	壬　生　町	9	1,560	1,530
東　温　市	6	183	104	野　木　町	14	1,430	1,390
松　前　町	3	54	41				
砥　部　町	6	133	108	**群　馬　県**			
				高　崎　市	9	730	671
熊　本　県				桐　生　市	3	243	239
熊　本　市	46	1,510	1,370	伊　勢　崎　市	46	4,250	4,030
荒　尾　市	3	122	109	館　林　市	5	491	471
玉　名　市	8	373	336	藤　岡　市	12	1,810	1,660
南　関　町	4	235	216	み　ど　り　市	17	1,870	1,850
和　水　町	18	787	714	玉　村　町	2	181	163
				板　倉　町	2	179	167
大　分　県							
佐　伯　市	13	203	170	**埼　玉　県**			
豊　後　大　野　市	18	400	356	加　須　市	11	2,000	1,900
				本　庄　市	9	936	881
				上　里　町	8	832	775
				千　葉　県			
				銚　子　市	11	792	745
				野　田　市	8	668	619
				茂　原　市	3	223	180
				旭　市	45	3,240	3,050
				匝　瑳　市	10	720	680
				横　芝　光　町	3	258	245
				一　宮　町	32	2,430	2,360
				睦　沢　町	x	x	x
				長　生　村	8	584	532
				白　子　町	28	2,290	2,130
				長　柄　町	x	x	x

6　平成30年産市町村別の作付面積、収穫量及び出荷量（続き）

（13）　トマト（続き）
ア　冬春トマト（続き）

主要産地市町村	作付面積	収穫量	出荷量	主要産地市町村	作付面積	収穫量	出荷量
	ha	t	t		ha	t	t
神奈川県				**和歌山県（続き）**			
藤　沢　市	23	1,980	1,940	日　高　町	5	363	348
茅ヶ崎　市	7	604	593	由　良　町	x	x	x
海老名　市	8	541	531	印　南　町	16	1,130	1,080
寒　川　町	1	56	55				
				みなべ　町	2	117	112
新　潟　県				日高川　町	5	328	315
新　潟　市	39	2,020	1,880				
				香　川　県			
石　川　県				高　松　市	4	197	154
小　松　市	8	599	546	丸　亀　市	1	30	22
加　賀　市	2	128	115	坂　出　市	1	61	58
白　山　市	8	317	291	善通寺　市	2	113	93
				さぬき　市	9	994	868
山　梨　県				東かがわ市	2	190	165
南アルプス市	7	278	257	三　木　町	0	13	9
中　央　市	11	609	582	多度津　町	3	245	232
				まんのう町	1	40	33
岐　阜　県							
海　津　市	27	4,530	4,180	**愛　媛　県**			
養　老　町	5	774	690	今　治　市	14	883	802
輪之内　町	2	216	195	新居浜　市	1	40	34
				大　洲　市	13	1,120	1,090
静　岡　県				四国中央市	1	72	63
三　島　市	7	398	387	**福　岡　県**			
島　田　市	1	36	33	福　岡　市	10	1,660	1,580
焼　津　市	15	450	414	大牟田　市	x	x	x
掛　川　市	16	1,760	1,720	久留米　市	8	1,120	1,060
藤　枝　市	3	81	74	柳　川　市	8	1,170	1,110
				八　女　市	14	1,880	1,790
御前崎　市	10	900	875				
菊　川　市	18	1,280	1,260	筑　後　市	11	1,550	1,470
伊豆の国市	17	2,040	2,000	大　川　市	x	x	x
函　南　町	6	523	512	うきは　市	19	3,490	3,310
				朝　倉　市	6	610	578
愛　知　県				みやま　市	4	438	413
豊　橋　市	120	13,100	12,600	筑　前　町	0	27	25
豊　川　市	61	5,080	4,830	広　川　町	x	x	x
津　島　市	2	172	165				
田　原　市	122	14,400	13,700	**佐　賀　県**			
愛　西　市	20	1,990	1,900	佐　賀　市	11	1,080	998
				小　城　市	1	59	53
弥　富　市	25	2,500	2,400				
飛　島　村	2	214	204	**長　崎　県**			
				南島原　市	47	5,140	4,900
三　重　県							
桑　名　市	10	1,160	1,070	**熊　本　県**			
木曽岬　町	29	3,470	3,230	八　代　市	426	63,400	62,100
				荒　尾　市	x	x	x
兵　庫　県				玉　名　市	208	30,700	29,800
神　戸　市	9	462	352	宇　土　市	16	1,210	1,180
淡　路　市	6	255	242	宇　城　市	72	5,190	4,970
奈　良　県				長　洲　町	14	1,900	1,840
奈　良　市	3	242	222	和　水　町	x	x	x
大和郡山市	4	330	304	氷　川　町	17	1,820	1,590
天　理　市	12	1,090	1,020				
田原本　町	2	169	156	**宮　崎　県**			
				宮　崎　市	70	7,280	6,770
和歌山県				日　向　市	8	619	587
御　坊　市	4	299	284	高　鍋　町	5	374	361
美　浜　町	1	48	46	新　富　町	11	896	816

ア　冬春トマト（続き）　　　　　　イ　夏秋トマト

主要産地市町村	作付面積	収穫量	出荷量	主要産地市町村	作付面積	収穫量	出荷量
	ha	t	t		ha	t	t
宮崎県（続き）				**北　海　道**			
木　城　町	2	123	116	小　樽　市	9	580	530
				旭　川　市	9	482	357
川　南　町	11	1,450	1,370	砂　川　市	15	803	709
都　農　町	46	4,770	4,610	富　良　野　市	22	1,040	901
門　川　町	9	724	666	北　斗　市	46	2,900	2,790
美　郷　町	3	237	218				
				知　内　町	5	330	308
沖　縄　県				木　古　内　町	3	145	136
豊　見　城　市	23	1,840	1,620	七　飯　町	2	107	100
				森　町	19	1,350	1,300
				蘭　越　町	14	837	764
				ニ　セ　コ　町	3	180	165
				真　狩　村	1	20	18
				喜　茂　別　町	4	420	384
				京　極　町	1	57	51
				倶　知　安　町	1	40	37
				仁　木　町	67	3,150	2,880
				余　市　町	41	2,930	2,680
				奈　井　江　町	11	750	671
				浦　臼　町	3	153	134
				新　十　津　川　町	7	280	246
				東　神　楽　町	4	213	179
				当　麻　町	19	880	786
				美　瑛　町	43	4,420	3,980
				上　富　良　野　町	8	364	310
				中　富　良　野　町	9	428	366
				南　富　良　野　町	3	117	100
				日　高　町	9	1,070	996
				平　取　町	53	6,750	6,310
				新　冠　町	x	x	x
				新　ひ　だ　か　町	22	1,080	1,000
				青　森　県			
				青　森　市	21	735	628
				弘　前　市	26	780	667
				八　戸　市	9	353	303
				黒　石　市	16	973	832
				五　所　川　原　市	29	1,450	1,340
				十　和　田　市	2	94	82
				つ　が　る　市	36	1,690	1,410
				平　川　市	27	1,550	1,400
				平　内　町	2	46	27
				今　別　町	1	20	11
				蓬　田　村	11	501	470
				外　ヶ　浜　町	2	42	14
				鰺　ヶ　沢　町	2	112	93
				深　浦　町	14	426	354
				藤　崎　町	7	300	257
				大　鰐　町	13	710	613
				田　舎　館　村	16	891	762
				板　柳　町	8	323	289
				鶴　田　町	4	194	169
				中　泊　町	10	415	367
				七　戸　町	20	1,180	998
				東　北　町	4	192	174
				三　戸　町	21	1,130	1,030
				五　戸　町	2	74	73
				田　子　町	10	421	391
				南　部　町	13	523	413
				階　上　町	1	20	15
				新　郷　村	3	137	125

6 平成30年産市町村別の作付面積、収穫量及び出荷量（続き）

(13) トマト（続き）
イ 夏秋トマト（続き）

主要産地 市町村	作付面積	収穫量	出荷量	主要産地 市町村	作付面積	収穫量	出荷量
	ha	t	t		ha	t	t
岩手県				**福島県（続き）**			
盛岡市	25	1,110	942	鏡石町	4	174	153
花巻市	12	388	282	天栄村	1	16	6
北上市	6	362	299	下郷町	3	174	149
一関市	38	1,860	1,530	只見町	9	743	688
二戸市	10	486	438	南会津町	29	2,080	1,930
八幡平市	13	730	664	北塩原村	1	26	10
奥州市	23	1,100	923	西会津町	2	39	19
滝沢市	3	125	88	磐梯町	2	124	104
雫石町	9	328	210	猪苗代町	8	442	395
葛巻町	1	29	13	会津坂下町	6	198	139
岩手町	4	152	117	湯川村	3	96	75
紫波町	11	366	293	柳津町	4	218	191
矢巾町	4	137	114	三島町	0	6	2
金ケ崎町	3	73	57	金山町	1	8	1
平泉町	2	65	41	昭和村	0	10	4
九戸村	11	719	677	会津美里町	9	404	329
一戸町	6	336	318	西郷村	1	30	18
				泉崎村	8	539	491
宮城県				中島村	10	900	836
石巻市	28	826	605	矢吹町	20	1,390	1,290
名取市	8	197	163				
東松島市	11	300	223	棚倉町	2	81	44
				矢祭町	2	73	48
秋田県				塙町	3	104	74
横手市	29	925	551	鮫川村	2	43	29
湯沢市	33	1,310	1,070	石川町	6	200	170
鹿角市	14	658	567				
大仙市	25	978	766	玉川村	4	214	187
仙北市	4	86	66	平田村	1	27	20
				浅川町	1	69	60
小坂町	2	61	47	古殿町	4	142	128
美郷町	16	694	565	三春町	2	98	87
羽後町	13	536	439				
東成瀬村	5	183	149	小野町	2	96	85
				新地町	2	228	202
				飯舘村	-	-	-
山形県							
山形市	20	1,210	1,070	**茨城県**			
鶴岡市	29	1,040	867	筑西市	94	3,170	3,020
大蔵村	13	1,100	982	桜川市	40	1,530	1,450
鮭川村	2	118	98	行方市	41	2,290	2,270
戸沢村	3	109	92	鉾田市	305	15,400	14,600
				茨城町	24	1,320	1,310
三川町	2	48	37				
庄内町	3	71	31	**栃木県**			
				宇都宮市	18	833	750
				小山市	15	708	675
				真岡市	3	157	136
				下野市	12	617	586
福島県				益子町	8	637	630
福島市	7	203	148				
会津若松市	13	644	476	市貝町	3	115	101
郡山市	20	1,080	941	芳賀町	1	40	30
白河市	21	1,030	914	野木町	2	102	92
須賀川市	9	289	208				
				群馬県			
喜多方市	19	685	517	沼田市	31	2,560	2,470
相馬市	2	45	22	片品村	32	2,340	2,270
二本松市	13	421	327	川場村	4	267	252
田村市	14	762	666	昭和村	22	1,560	1,510
南相馬市	7	263	210	みなかみ町	8	492	413
伊達市	13	366	303				
本宮市	4	134	83				
桑折町	1	24	15				
川俣町	4	126	109				
大玉村	2	52	35	**千葉県**			
				銚子市	40	1,840	1,750

イ　夏秋トマト（続き）

主要産地 市　町　村	作付 面積	収穫量	出荷量	主要産地 市　町　村	作付 面積	収穫量	出荷量
	ha	t	t		ha	t	t
千葉県（続き）				**岐　阜　県**			
東　金　市	1	16	11	高　山　市	135	9,490	8,980
旭　　　市	68	2,730	2,590	中　津　川　市	27	1,600	1,380
八　街　市	58	2,380	2,090	恵　那　市	13	537	436
富　里　市	43	1,460	1,310	飛　騨　市	18	1,080	1,020
				郡　上　市	14	492	443
匝　瑳　市	10	360	337				
山　武　市	36	1,160	1,070	下　呂　市	14	948	887
大　網　白　里　市	10	300	263	七　宗　町	2	37	22
九　十　九　里　町	11	362	318	白　川　町	7	275	212
芝　山　町	37	1,180	1,130	東　白　川　村	6	283	223
横　芝　光　町	9	290	255				
一　宮　町	5	260	192	**岡　山　県**			
長　生　村	5	146	102	高　梁　市	23	1,460	1,290
白　子　町	15	783	749	新　見　市	15	635	568
				吉　備　中　央　町	2	67	46
富　山　県							
富　山　市	26	523	340	**広　島　県**			
				安　芸　高　田　市	5	98	80
石　川　県				北　広　島　町	15	755	619
小　松　市	17	734	650	神　石　高　原　町	17	1,240	1,040
福　井　県				**山　口　県**			
福　井　市	10	226	195	山　口　市	23	692	650
坂　井　市	9	159	103	萩　　　市	15	832	733
				阿　武　町	1	28	25
山　梨　県				**香　川　県**			
韮　崎　市	1	25	10	丸　亀　市	1	29	11
北　杜　市	20	1,350	1,180	坂　出　市	2	51	33
				善　通　寺　市	2	51	32
長　野　県				多　度　津　町	2	79	61
長　野　市	29	795	435	まんのう町	3	98	78
松　本　市	31	1,660	1,510				
上　田　市	10	332	117	**愛　媛　県**			
飯　田　市	10	302	186	松　山　市	10	238	208
伊　那　市	15	528	266	伊　予　市	15	364	283
				久　万　高　原　町	22	1,550	1,410
駒　ヶ　根　市	6	206	117	砥　部　町	4	126	105
中　野　市	5	168	120				
飯　山　市	9	340	291	**熊　本　県**			
塩　尻　市	12	781	725	熊　本　市	32	799	762
東　御　市	6	263	210	八　代　市	80	4,350	4,170
				宇　土　市	8	180	167
青　木　村	1	24	4	宇　城　市	48	1,680	1,620
長　和　町	2	92	74	阿　蘇　市	52	4,670	4,400
箕　輪　町	4	121	29				
飯　島　町	4	114	52	産　山　村	x	x	x
南　箕　輪　村	5	215	177	高　森　町	5	370	359
				南　阿　蘇　村	26	1,880	1,810
宮　田　村	1	34	13	御　船　町	3	92	74
松　川　町	2	64	34	嘉　島　町	3	92	82
阿　南　町	3	93	76				
売　木　村	1	45	34	益　城　町	5	161	147
泰　阜　村	2	54	37	山　都　町	67	4,910	4,810
				氷　川　町	4	296	288
喬　木　村	1	41	26				
豊　丘　村	1	38	23	**大　分　県**			
山　形　村	6	378	372	竹　田　市	60	4,710	4,590
木　島　平　村	2	47	37	由　布　市	3	94	86
信　濃　町	7	259	223	九　重　町	19	1,310	1,210
小　川　村	1	27	9	玖　珠　町	6	342	285
栄　　　村	3	149	135				

6　平成30年産市町村別の作付面積、収穫量及び出荷量（続き）

(13)　トマト（続き）
　　　イ　夏秋トマト（続き）

(14)　ピーマン
　　　ア　冬春ピーマン

主要産地市町村	作付面積	収穫量	出荷量	主要産地市町村	作付面積	収穫量	出荷量
	ha	t	t		ha	t	t
宮　崎　県				**茨　城　県**			
高 千 穂 町	12	901	852	神　栖　市	218	21,300	20,000
日 之 影 町	1	72	65				
五 ヶ 瀬 町	5	270	250	**高　知　県**			
				高　知　市	2	211	200
				室　戸　市	2	185	177
				安　芸　市	7	1,120	1,060
				南　国　市	19	1,680	1,590
				土　佐　市	28	4,090	3,900
				須　崎　市	8	628	595
				四 万 十 市	2	216	206
				香　南　市	6	822	782
				香　美　市	0	47	43
				奈 半 利 町	x	x	x
				田　野　町	0	28	26
				安　田　町	3	251	240
				芸　西　村	14	2,400	2,280
				四 万 十 町	2	282	269
				黒　潮　町	1	66	63
				宮　崎　県			
				宮　崎　市	44	4,580	4,370
				日　南　市	11	1,340	1,290
				小　林　市	10	618	590
				串　間　市	8	878	843
				西　都　市	93	9,750	9,270
				高　原　町	1	102	97
				国　富　町	15	1,680	1,610
				高　鍋　町	3	398	382
				新　富　町	29	2,700	2,600
				木　城　町	1	85	80
				鹿　児　島　県			
				鹿　屋　市	15	1,950	1,800
				志 布 志 市	31	4,050	3,930
				大　崎　町	1	150	145
				東 串 良 町	28	4,030	3,880
				肝　付　町	2	161	156
				沖　縄　県			
				南　城　市	2	132	116
				八 重 瀬 町	17	1,480	1,300

イ　夏秋ピーマン

主 要 産 地 市　町　村	作 付 面 積	収 穫 量	出 荷 量	主 要 産 地 市　町　村	作 付 面 積	収 穫 量	出 荷 量
	ha	t	t		ha	t	t
青　森　県				**長野県（続き）**			
青　森　市	8	131	97	筑　北　村	1	10	5
八　戸　市	12	540	498	木 島 平 村	2	30	23
平　内　町	5	79	63				
三　戸　町	11	501	447	野 沢 温 泉 村	0	9	6
五　戸　町	5	248	207	信　濃　町	2	40	27
				小　川　村	1	13	6
田　子　町	3	143	121	飯　綱　町	2	31	15
南　部　町	11	447	405	栄　村	1	10	6
階　上　町	1	29	24				
新　郷　村	5	216	211	**兵　庫　県**			
				豊　岡　市	20	524	382
				養　父　市	4	96	69
岩　手　県				朝　来　市	4	76	32
盛　岡　市	8	220	159	香　美　町	2	45	33
大 船 渡 市	2	76	62	新 温 泉 町	3	71	61
花　巻　市	22	1,120	949				
北　上　市	5	122	72	**愛　媛　県**			
遠　野　市	6	275	230	松　山　市	4	81	53
一　関　市	20	1,140	1,000	西 予 市	6	99	67
八 幡 平 市	11	340	296	久 万 高 原 町	16	606	545
奥 州 市	42	1,890	1,610	内　子　町	5	190	160
滝 沢 市	3	81	58				
雫　石　町	5	150	123	**熊　本　県**			
				高　森　町	2	42	38
葛　巻　町	1	27	15	南 阿 蘇 村	1	20	14
岩　手　町	28	884	797	御 船 町	1	23	22
紫　波　町	4	100	83	山　都　町	27	1,300	1,220
矢　巾　町	2	56	43				
金 ヶ 崎 町	2	67	53	**大　分　県**			
				大　分　市	7	154	141
大　槌　町	2	90	82	中　津　市	5	90	70
				臼　杵　市	23	1,840	1,800
				竹　田　市	12	636	613
福　島　県				豊 後 大 野 市	32	1,950	1,890
二 本 松 市	10	237	201				
田　村　市	14	1,000	942	九　重　町	2	230	225
伊　達　市	5	113	93	玖　珠　町	9	289	280
本　宮　市	2	66	51				
大　玉　村	1	9	7	**宮　崎　県**			
				小　林　市	9	390	357
三　春　町	7	465	435	え び の 市	4	177	159
小　野　町	3	194	181	高　原　町	2	91	82
茨　城　県							
神　栖　市	180	7,820	7,560				
長　野　県							
長　野　市	17	330	212				
松　本　市	7	131	100				
飯　田　市	6	147	112				
中　野　市	3	103	62				
飯　山　市	4	113	76				
塩　尻　市	8	168	151				
松　川　町	1	38	27				
高　森　町	1	26	15				
阿　南　町	1	40	36				
阿　智　村	1	17	12				
根　羽　村	0	4	3				
下　條　村	2	44	39				
天 龍 村	1	10	8				
泰　阜　村	1	40	37				
喬　木　村	1	21	17				
豊　丘　村	1	20	12				
麻　績　村	0	8	7				
山　形　村	1	13	12				

［付］ 調 査 票

← ← ← 入力方向

統計法に基づく基幹統計
作物統計

政府統計

統計法に基づく国の統計調査です。調査票情報の秘密の保護に万全を期します。

	年 産	都道府県	管理番号	市区町村	客体番号

平成　　年産
野菜収穫量調査調査票（団体用）

春植えばれいしょ用

○ この調査票は、秘密扱いとし、統計以外の目的に使うことは絶対ありませんので、ありのままを記入してください。

○ 黒色の鉛筆又はシャープペンシルで記入し、間違えた場合は、消しゴムできれいに消してください。

○ 調査及び調査票の記入に当たって、不明な点等がありましたら、下記の「問い合わせ先」にお問い合わせください。

★ 数字は、1マスに1つずつ、枠からはみ出さないように　　めて記入してください。

★ 該当する場合は、記入例のように点線をなぞってください。

記入例	8	8	8	9	8	7	6	5	4	0

つなげる　　すきまをあける

記入例	/	➡	/

★ マスが足りない場合に　　一番　　のマスにまとめて記入し　　ください。

記入例	1	1	2	3

記入していただいた調査票は、　　月　　日までに提出してください。
調査票の記入及び提出は、インターネットでも可能です。
詳しくは同封の「オンライン調査システム操作ガイド」を御覧ください。

【問い合わせ先】

【1】貴団体で集荷している春植えばれいしょの作付面積及び出荷量について

> 記入上の注意
> ○ 主たる収穫・出荷期間は、北海道は9月から10月まで、都府県は4月から8月までですが、この期間以降に出荷を予定している量も含めて記入してください。
> ○ 作付面積の単位は「ha」とし、小数点第一位（10a単位）まで記入してください。0.05ha未満の結果は「0.0」と記入してください。
> ○ 作付面積及び出荷量には種ばれいしょを含めないでください。
> ○ 出荷量の「うち加工向け」はでんぷん原料用及び加工食品用です。

作物名		作付面積	出荷量	うち加工向け
春植え ばれいしょ	前年産	ha	t	t
	本年産	.		

【2】作付面積の増減要因等について

作付面積の主な増減要因について記入してください。

主な増減地域と増減面積について記入してください。

貴団体において、貴団体に出荷されない管内の作付団地等の状況（作付面積、作付地域等）を把握していれば記入してください。

【3】収穫量の増減要因等について

前年産に比べて本年産の作柄の良否、被害の多少、主な被害の要因について記入してください。
（該当のある場合は、点線を鉛筆などでなぞってください。）

作物名	作柄の良否			被害の多少			主な被害の要因（複数回答可）									
	良	並	悪	少	並	多	高温	低温	日照不足	多雨	少雨	台風	病害	虫害	鳥獣害	その他
春植えばれいしょ																

被害以外の増減要因（品種、栽培方法などの変化）があれば、記入してください。

秘
農林水産省

統計法に基づく基幹統計
作物統計

政府統計

統計法に基づく国の
統計調査です。調査
票情報の秘密の保護
に万全を期します。

年産	都道府県	管理番号	市区町村	客体番号

平成　　年産
野菜作付面積調査・収穫量調査調査票（団体用）

○ この調査票は、秘密扱いとし、統計以外の目的に使うことは絶対ありませんので、ありのままを記入してください。
○ 黒色の鉛筆又はシャープペンシルで記入し、間違えた場合は、消しゴムできれいに消してください。
○ 調査及び調査票の記入に当たって、不明な点等がありましたら、下記の「問い合わせ先」にお問い合わせください。

★ 右づめで記入し、マスが足りない場合は
一番左のマスにまとめて記入してください。

記入例　1198653

★ 該当する場合は、記入例のように
点線をなぞってください。

記入例　／ → ／ つなげる　　きまをあける

記入していただいた調査票は、　　月　　日までに提出してください。
調査票の記入及び提出は、インターネットでも可能です。
詳しくは同封の「オンライン調査システム操作ガイド」を御覧ください。

【問い合わせ先】

【１】 貴団体で集荷している作付面積及び出荷量について

記入上の注意
○ 「作付面積」は、は種又は植え付け、発芽又は定着した作物の利用面積を記入してください。単位は「ha」とし、
小数点第一位（10a単位）まで記入してください。0.05ha未満の場合は「0.0」と記入してください。
○ 「出荷量」には、種子用や飼料用として出荷した量は含めません。
○ 「加工向け」は、加工場や加工を目的とする業者へ出荷した量を記入してください。
○ 「業務用向け」は、飲食店、学校給食、ホテルや総菜等を含む外食産業や中食産業に出荷した量を記入して
ください。

品目名／品目コード	主たる収穫・出荷期間	区分	作付面積	出荷量	うち加工向け	うち業務用向け
		前年産	ha	t	t	t
		本年産				
		前年産				
		本年産				
		前年産				
		本年産				
		前年産				
		本年産				

次のページに進んでください。

【１】 貴団体で集荷している作付面積及び出荷量について（続き）

品目名 / 品目コード	主たる収穫・出荷期間	区分	作付面積	出荷量	うち加工向け	うち業務用向け
		前年産	ha	t	t	t
		本年産				
		前年産				
		本年産				
		前年産				
		本年産				
		前年産				
		本年産				
		前年産				
		本年産				
		前年産				
		本年産				
		前年産				
		本年産				
		前年産				
		本年産				
		前年産				
		本年産				
		前年産				
		本年産				
		前年産				
		本年産				
		前年産				
		本年産				
		前年産				
		本年産				

【１】 貴団体で集荷している作付面積及び出荷量について（続き）

品目名／品目コード	主たる収穫・出荷期間	区分	作付面積	出荷量	うち加工向け	うち業務用向け
		前年産	ha	t	t	t
		本年産	.			
		前年産				
		本年産	.			
		前年産				
		本年産	.			
		前年産				
		本年産	.			
		前年産				
		本年産	.			
		前年産				
		本年産	.			
		前年産				
		本年産	.			
		前年産				
		本年産	.			
		前年産				
		本年産	.			
		前年産				
		本年産	.			
		前年産				
		本年産	.			
		前年産				
		本年産	.			
		前年産				
		本年産	.			
		前年産				
		本年産	.			
		前年産				
		本年産	.			

次のページに進んでください。

【１】 貴団体で集荷している作付面積及び出荷量について（続き）

品目名 品目コード	主たる収穫・出荷期間	区分	作付面積	出荷量	うち加工向け	うち業務用向け
		前年産	ha	t	t	t
		本年産	.			
		前年産				
		本年産	.			
		前年産				
		本年産	.			
		前年産				
		本年産	.			
		前年産				
		本年産	.			
		前年産				
		本年産	.			
		前年産				
		本年産	.			
		前年産				
		本年産	.			

【２】作付面積、生育、作柄及び被害の状況について

主な品目ごとの作付面積の増減要因について記入してください。

主な品目ごとの増減地域と増減面積について記入してください。

主な品目ごとの生育、作柄及び被害状況について記入してください。

← ← ← 入 力 方 向

秘
農林水産省

統計法に基づく基幹統計
作 物 統 計

政府統計

統計法に基づく国の
統計調査です。調査
票情報の秘密の保護
に万全を期します。

年 産	都道府県	管理番号	市区町村	客体番号

平 成　　　年 産

野菜作付面積調査・収穫量調査調査票（団体用）

指定産地（市町村）用

○ この調査票は、秘密扱いとし、統計以外の目的に使うことは絶対ありませんので、ありのままを記入してください。

○ 黒色の鉛筆又はシャープペンシルで記入し、間違えた場合は、消しゴムできれいに消してください。

○ 調査及び調査票の記入に当たって、不明な点等がありましたら、下記の「問い合わせ先」にお問い合わせください。

★ 数字は、1マスに1つずつ、枠からはみ出さないように丁づめ
　記入してください。

記入例	8	8	8	9	8	7	5	4	0

つなげる　　すきまをあける

★ マスが足りない場合は、一番左
　のマスにまとめて記入してください。

記入例	1	2	3

記入していただいた調査票は、　　月　　日までに提出してください。
調査票の記入及び提出は、インターネットでも可能です。
詳しくは同封の「オンライン調査システム操作ガイド」を御覧ください。

【問い合わせ先】

SAMPLE

【１】 貴団体で集荷している市町村別の作付面積及び出荷量について

記入上の注意
○ その品目の指定産地が存在する市町村について、指定産地の内外にかかわらず記入してください。
○ 「作付面積」は、は種又は植付けし、発芽又は定着した作物の利用面積を記入してください。単位は「ha」とし、
　 小数点第一位（10a単位）まで記入してください。0.05ha未満の場合は「0.0」と記入してください。
○ 「作付面積」及び「出荷量」には、種子用や飼料用は含めません。

品目名	主たる収穫・出荷期間	指定産地名	市町村名	作付面積 ha	出荷量 t	前年値 作付面積	出荷量

【１】 貴団体で集荷している市町村別の作付面積及び出荷量について（続き）

品目名	主たる収穫・出荷期間	指定産地名	市町村名	作付面積 ha	出荷量 t	前年値 作付面積	出荷量

品目名	主たる収穫・出荷期間	指定産地名	市町村名	作付面積 ha	出荷量 t	前年値 作付面積	出荷量

次のページに進んでください。

【1】 貴団体で集荷している市町村別の作付面積及び出荷量について（続き）

品目名	主たる収穫・出荷期間	指定産地名	市町村名	作付面積 ha	出荷量 t	前年値 作付面積	前年値 出荷量

品目名	主たる収穫・出荷期間	指定産地名	市町村名	作付面積 ha	出荷量 t	前年値 作付面積	前年値 出荷量

		都道府県	管理番号	市区町村	旧市区町村	農業集落	調査区	経営体

秘
農林水産省

統計法に基づく基幹統計
作物統計

政府統計

統計法に基づく国の統計調査です。調査票情報の秘密の保護に万全を期します。

平成　　年産

野菜収穫量調査調査票（経営体用）

春植えばれいしょ用

○ この調査票は、秘密扱いとし、統計以外の目的に使うことは絶対ありませんので、ありのままを記入してください。
○ 黒色の鉛筆又はシャープペンシルで記入し、間違えた場合は、消しゴムできれいに消してください。
○ 調査及び調査票の記入に当たって、不明な点等がありましたら、下記の「問い合わせ先」にお問い合わせください。

★ 右づめで記入し、マスが足りない場合は一番左のマスにまとめて記入してください。

★ 該当する場合は、記入例のように点線をなぞってください。

記入例　| 1 | 1 | 9 | 8 | 6 | 6 | 3 |

つなげる
すきまをあける

記入していただいた調査票は　　　月　　　日までに提出してください。

【問い合わせ先】

【1】本年の生産の状況について

本年の作付状況について教えてください。該当するもの1つに必ず点線をなぞって選択してください。

本年、作付けを行った	╱
本年、作付けを行わなかった	╱

【2】来年以降の作付予定について

来年以降の作付予定について教えてください。該当するもの1つに必ず点線をなぞって選択してください。

来年以降、作付予定がある	╱
来年以降、作付予定はない	╱
今のところ未定	╱
農業をやめたため、農作物を作付け（栽培）する予定はない	╱

・本年作付けを行った方は、【3】(裏面)に進んでください。

・本年作付けを行わなかった方はここで終了となりますので、調査票を提出していただくようお願いします。
御協力ありがとうございました。

【3】作付面積、出荷量及び自家用等の量について

本年産の作付面積、出荷量及び自家用等の量について記入してください。

記入上の注意

○ 「作付面積」は、被害等で収穫できなかった面積（収穫量のなかった面積）も含めてください。
　また、1年間のうち、同じほ場に複数回作付けした場合（収穫後、同じ作物を新たに植えた場合）は、その延べ面積としてください。
○ 「収穫量」は、「箱」、「袋」、「t」等で把握されている場合は、「kg」に換算して記入してください。
　（例：10kg箱で150箱出荷した場合→1,500kgと記入）
○ 「出荷量」は、農協や市場へ出荷したものや、消費者に直接販売したものなど、販売した全ての量を含めてください。また、販売する予定で保管されている量も「出荷量」に含めてください。
　なお、種子用のばれいしょは出荷量に含めないでください。
○ 「自家用、無償の贈答用、種子用等の量」は、ご家庭で消費したもの、無償で他の方にあげたもの、翌年産の種子用にするものなどを指します。
○ 北海道は、9月～10月に主に収穫、出荷したものについて記入してください。
　なお、9月以前に出荷した量、又は10月以降に出荷が予定されている場合はその量も出荷量に含めてください。
　都府県は、4月～8月に主に収穫、出荷したものについて記入してください。
○ 1a、1kgに満たない場合は四捨五入して整数単位で記入してください。
　（例：0.4a、0.4kg以下→「0」、0.5a、0.5kg以上→「1」と記入）
○ 「出荷先の割合」は、記入した「出荷量」について該当する出荷先に出荷した割合を％で記入してください。
　「直売所・消費者へ直接販売」は、農協の直売所、庭先販売、宅配便、インターネット販売などをいいます。
　「その他」は、仲買業者、スーパー、外食産業などを含みます。

作物名	作付面積 (町)(反)(畝) ha a	収穫量 出荷量（販売した量及び販売目的で保管している量） t kg	自家用、無償の贈与、種子用等の量 t kg
春植えばれいしょ			

○ 記入した出荷量について該当する出荷先に出荷した割合を記入してください。

【4】出荷先の割合について

作物名	加工業者	直売所・消費者へ直接販売	市場	農協以外の集出荷団体	農協	その他	合計
春植えばれいしょ	％	％	％	％	％	％	100％

【5】作柄及び被害の状況について

前年産に比べて本年産の作柄の良否、被害の多少、主な被害の要因について該当する項目の点線をなぞってください。

作物名	作柄の良否			被害の多少			→	主な被害の要因（複数回答可）									
	良	並	悪	少	並	多		高温	低温	日照不足	多雨	少雨	台風	病害	虫害	鳥獣害	その他
春植えばれいしょ	/	/	/	/	/	/		/	/	/	/	/	/	/	/	/	/

調査はここで終了です。御協力ありがとうございました。

秘
農林水産省

統計法に基づく基幹統計
統計法に基づく国の調査です。
統計調査票情報の秘密の保護に万全を期します。

政府統計

	作 物 計	統 計

都道府県	管理番号	市区町村	旧市区町村	農業集落	調査区	経営体

入力方向 ⇧⇧⇧

平成　年産

野菜収穫量調査調査票（経営体用）

〇〇〇用

SAMPLE（透かし）

○この調査票は、秘密扱いとし、統計以外の目的に使うことは絶対ありませんので、ありのままを記入してください。
○黒色の鉛筆又はシャープペンシルで記入し、間違えた場合は、消しゴムできれいに消してください。
○調査及び調査票の記入に当たって、不明な点等がありましたら、下記の「問い合わせ先」にお問い合わせください。

★ 右づめで記入し、マスが足りない場合は
　一番左のマスにまとめて記入してください。

記入例 | 1 | 9 | 8 | 6 | 5 | 3 |

★ 該当する場合は、記入例のように
　点線をなぞってください。

記入例 | つなげる | すきまをあける |

記入例 | ／ |

記入していただいた調査票は、　　月　　日までに提出してください。

【問い合わせ先】

【1】本年の生産の状況について

本年の作付状況について教えてください。該当するものの1つに必ず点線をなぞって選択してください。

本年、作付けを行った	／
本年、作付けを行わなかった	／

【2】来年以降の作付予定について

来年以降の作付予定について教えてください。該当するものの1つに必ず点線をなぞって選択してください。

来年以降、作付予定がある	／
来年以降、作付予定はない	／
今のところ未定	／
農業をやめたため、農作物を作付け（栽培）する予定はない	／

【1】本年の生産状況の確認で

・本年作付けを行った方は、（次のページ）に進んでください。
・本年作付けを行わなかった方は、ここで終了となりますので、調査票を提出していただくようお願いします。
　本年の生産状況の確認で　　調査票を提出していただきありがとうございました。

本年、作付けを行った方のみ記入してください。

【3】作付面積、出荷量及び自家用等の量について

本年産の作付面積、出荷量及び自家用等の量について記入してください。

記入上の注意

○ 「作付面積」は、被害等で収穫できなかった面積（収穫量のなかった面積）も含めてください。
　また、1年間のうち、同じほ場で複数回作付けした場合（収穫後、同じ作物を新たに植えた場合）は、その延べ面積としてください。

○ 「収穫量」は、「箱」、「袋」、「t」等で把握されている場合は、「kg」に換算して記入してください。
　（例：10kg箱で150箱出荷した場合→1,500kgと記入）

○ 「自家用、無償の贈与用」は、ご家庭で消費したもの、無償で他の方にあげたもの、翌年産の種子用にするものなどを指します。

○ 1kgに満たない場合は四捨五入して整数単位で記入してください。
　（例：0.4a、0.4kg以下→「0」、0.5a、0.5kg以上→「1」と記入）

○ 「出荷先の割合」は、記入した「出荷量」について該当する出荷先に出荷した割合を％で記入してください。
　「直売所・消費者へ直接販売」は、農協の直売所、庭先販売、農協以外の直売所、スーパー、外食産業などを含みます。
　「その他」は、仲買業者、スーパー、外食産業者などに記入してください。

○ 「主な被害の要因」は被害があった場合に記入してください。
　（例：「高温」、「多雨」、「台風」、「病害」、「虫害」等）

品目名	主な収穫・出荷期間	作付面積 （町）（反）（畝） ha a	収穫量 出荷量 t （贈答用の販売を含む。）kg	自家用、無償の贈与の販売を含む。 kg	出荷先の割合（各出荷先の合計が100％となるようにしてください。）加工業者	外食産業等の業者	直売所・消費者へ直接販売	市場	農協以外の集出荷団体	農協	その他	被害の多少 少	並	多	主な被害の要因

【3】作付面積、出荷量及び自家消費等の量について（続き）

品目名	主たる収穫・出荷期間	作付面積 (町)(反)(畝) ha a	収穫量 出荷量 (贈答用の販売を含む。) t kg	収穫量 自家用、無償の贈与 (贈答用の販売を含む。) t kg	出荷先の割合 (各出荷先の合計が100％となるようにしてください。) 加工業者	外食産業等の業者	直売所・消費者へ直接販売	市場	農協以外の集出荷団体	農協	その他	被害の多少 少	並	多	主な被害の要因

SAMPLE

【３】作付面積、出荷量及び自家消費等の量について（続き）

品目名	主たる収穫期間・出荷期間	作付面積 (町)(反)(畝) ha a	収穫量 出荷量（贈答用の販売を含む。） t kg	収穫量 自家用、無償の贈与等（贈答用の販売を含む。） t kg	出荷先の割合（各出荷先の合計が100％となるようにしてください。） 加工業者	外食産業等の業者	直売所・消費者へ直接販売	市場	農協以外の集出荷団体	農協	その他	被害の多少 少	並	多	主な被害の要因

SAMPLE

調査はここで終了です。御協力ありがとうございました。

平成30年産　野菜生産出荷統計

令和3年1月　発行　　　　　　　定価は表紙に表示してあります。

編　集　　〒100-8950　東京都千代田区霞が関1－2－1
　　　　　　農 林 水 産 省 大 臣 官 房 統 計 部

発　行　　〒153-0064　東京都目黒区下目黒3-9-13　目黒・炭やビル
　　　　　　一般財団法人　農 林 統 計 協 会
　　　　　　振替　　00190-5-70255　TEL 03(3492)2987

ISBN978-4-541-04345-0　C3061